智能家居体验馆实物照片

智能家居技术原理实训装置

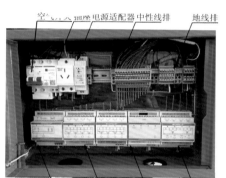

空气开关 插座 电源适配器 中性线排 地线排

调光控制器 开关控制器 远程控制器 窗帘控制器

智能家居控制箱照片

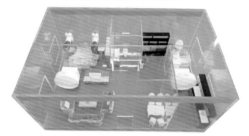

家居微缩模型

电动窗帘系统

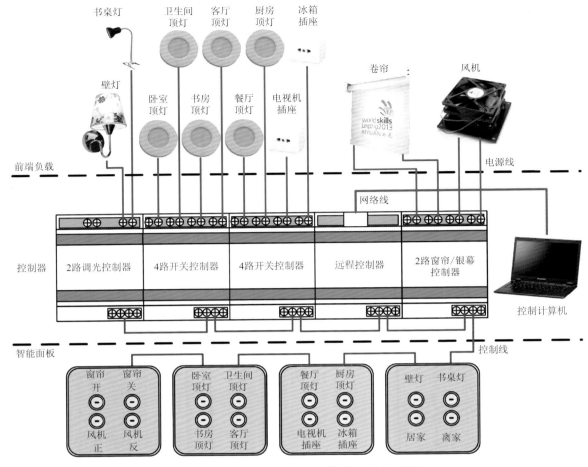

书桌灯　卫生间顶灯　客厅顶灯　厨房顶灯　冰箱插座

壁灯　卧室顶灯　书房顶灯　餐厅顶灯　电视机插座　卷帘　风机

前端负载　　　　　　　　　　　　　　　　　　　　　　电源线

网络线

控制器　　2路调光控制器　　4路开关控制器　　4路开关控制器　　远程控制器　　2路窗帘/银幕控制器　　　控制计算机

智能面板　　　　　　　　　　　　　　　　　　　　　　控制线

| 窗帘开 | 窗帘关 | 卧室顶灯 | 卫生间顶灯 | 餐厅顶灯 | 厨房顶灯 | 壁灯 | 书桌灯 |
| 风机正 | 风机反 | 书房顶灯 | 客厅顶灯 | 电视机插座 | 冰箱插座 | 居家 | 离家 |

智能家居技术原理实训装置系统原理图

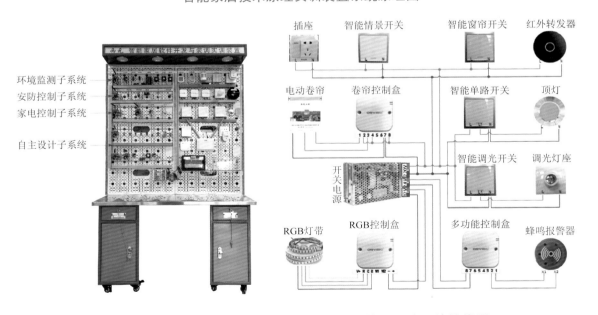

环境监测子系统
安防控制子系统
家电控制子系统
自主设计子系统

插座　智能情景开关　智能窗帘开关　红外转发器

电动卷帘　卷帘控制盒　智能单路开关　顶灯

开关电源　智能调光开关　调光灯座

RGB灯带　RGB控制盒　多功能控制盒　蜂鸣报警器

智能家居软件开发与装调实训装置图　　　　**装配调试系统接线图**

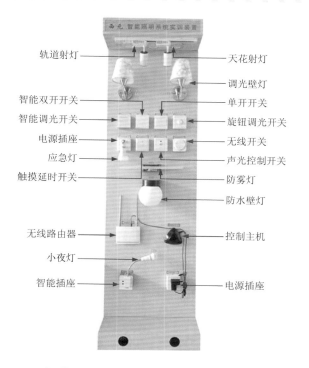

智能照明系统实训装置图（正面）

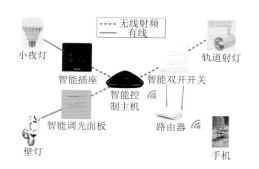

无线开关控制原理图

智能开关控制原理图

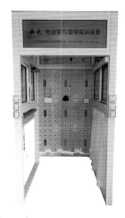

智能家居电动窗与窗帘实训装置

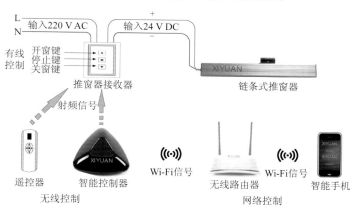

电动窗的工作原理示意图

智能家居电动窗与窗帘实训装置

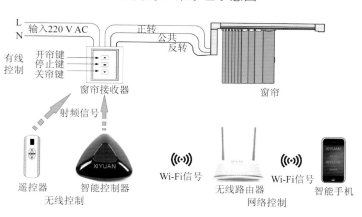

电动窗帘的工作原理示意图

智能电器控制系统
实训装置正面图

智能电器控制系统
实训装置背面图

智能电热水器实训
装置侧面图

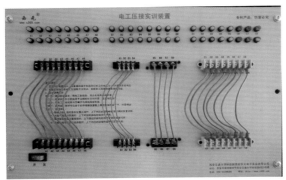
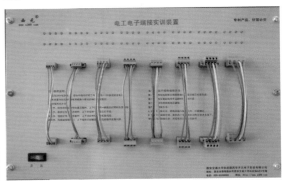

电工压接实训装置

电工电子端接实训装置

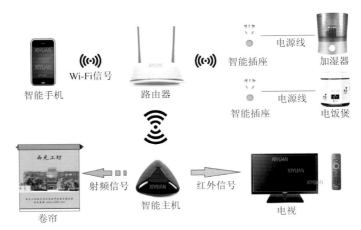

智能电器控制系统原理图

智能建筑工程实用技术系列丛书

智能家居系统工程实用技术

王公儒　主　编

冯义平　副主编

中国铁道出版社有限公司

CHINA RAILWAY PUBLISHING HOUSE CO., LTD.

内 容 简 介

　　本书以满足智能家居系统的教学实训需求，培养工程设计与安装人员专业技能为目的，依据《物联网智能家居　图形符号》等最新国标和技术编写而成。

　　全书内容按照典型工作任务、工程项目流程以及编者多年从事智能建筑项目的实践经验精心安排，突出项目设计和岗位技能训练，本书配图1 060余张，安排实训项目38个，配套有专业的实训设备和丰富的习题等，全书内容系统全面、图文并茂、层次分明、好学易记、实用性强，适合作为高等学校、职业院校物联网类、智能建筑类、智能家居类、计算机应用类等专业的教学实训教材，也可作为智能建筑、智能家居行业工程设计、施工安装与运维等专业技术人员的参考书。

图书在版编目（CIP）数据

智能家居系统工程实用技术/王公儒主编. —北京：
中国铁道出版社有限公司，2019.7
（智能建筑工程实用技术系列丛书）
ISBN 978-7-113-25770-5

Ⅰ.①智… Ⅱ.①王… Ⅲ.①住宅-智能化建筑-系统
工程-技术培训-教材 Ⅳ.①TU241

中国版本图书馆CIP数据核字(2019)第120922号

书　　名：智能家居系统工程实用技术
作　　者：王公儒

策　　划：翟玉峰　　　　　　　　　　编辑部电话：010-68513215 转 2067
责任编辑：翟玉峰　冯彩茹
封面设计：崔　欣
责任校对：张玉华
责任印制：郭向伟

出版发行：中国铁道出版社有限公司（100054，北京市西城区右安门西街8号）
网　　址：http://www.tdpress.com/51eds/
印　　刷：北京柏力行彩印有限公司
版　　次：2019年7月第1版　2019年7月第1次印刷
开　　本：787 mm×1 092 mm　1/16　印张：20.5　彩插：2　字数：490 千
印　　数：1～2 000 册
书　　号：ISBN 978-7-113-25770-5
定　　价：59.80 元

智 能 建 筑 工 程 实 用 技 术 系 列 丛 书

智能家居系统工程实用技术

主　　编：王公儒　西安开元电子实业有限公司

副主编：冯义平　西安开元电子实业有限公司

参　　编：

编写组

杨怡滨　广东省轻工业技师学院

杨　阳　天津电子信息职业技术学院

蒋　晨　西安开元电子实业有限公司

樊　果　西安开元电子实业有限公司

赵志强　西安开元电子实业有限公司

赵婵媛　西安开元电子实业有限公司

叶文龙　西安开元电子实业有限公司

于　琴　西安开元电子实业有限公司

近年来，基于物联网技术的智能家居系统已经在智能建筑中广泛应用，行业急需熟悉计算机网络技术的智能家居专业技术人才和高技能人才，急需大量智能家居系统工程的规划设计、安装施工、调试验收和运维等专业人员。可视对讲、视频监控、入侵报警、停车场、智能家居等已经成为相关专业的必修课程或重要的选修课程，也为高校和职业院校人才培养和学生对口就业提供了广阔的行业和就业领域。

本书融入和分享了编者多年研究成果和实际工程经验，以快速培养智能家居系统急需的规划设计、安装施工、调试验收和运维等专业人员为目标安排内容，依据最新《物联网智能家居　图形符号》等国家标准和技术编写。首先以看得见、摸得着的智能家居技术原理装置和典型工程案例开篇，图文并茂地介绍了常用器材和工具，精选最新智能家居系统相关标准，结合案例讲述；然后详细介绍了智能家居系统的规划设计、施工安装、调试与验收等专业知识；最后专门安排了智能家居系统的工程运维知识。

全书内容按照典型工作任务和工程项目流程精心安排，突出项目设计和岗位技能训练，全书配图1 060余张，安排了8个典型案例、38个实训，配套有专业的实训设备和丰富的练习题等。

全书按照从点到面、从理论到技术技能的叙述方式展开，每个单元开篇都有学习目标，首先引入基本概念和相关知识，再次给出具体的技术技能方法，最后给出了典型案例，同时在每个单元都配套了丰富的实训和习题。本书共分7个单元，单元1～单元4通过西元智能家居系统实训装置等产品认识智能家居系统，了解常用通信协议，熟悉常用标准，认识常用器材和工具。单元5～单元7介绍了工程设计、施工安装和调试验收等工程实用技术和技能方法。各单元的主要内容如下：

单元1，认识智能家居系统。结合西元智能家居技术原理装置和典型案例，快速认识智能家居系统，掌握基本概念和相关知识。

单元2，智能家居系统工程常用通信协议。介绍了智能家居行业主流的有线和无线通信协议，并给出了典型工程案例。

单元3，智能家居系统工程常用标准。介绍了有关国家标准和行业标准，并配套给出了典型工程案例。

单元4，智能家居系统工程常用器材和工具。以图文并茂的方式介绍了常用器材和工具。

单元5，智能家居系统工程设计。重点介绍了智能家居系统工程的设计原则、设计任务和设计方法，并给出了典型工程案例。

单元6，智能家居系统工程施工与安装。重点介绍了智能家居系统工程施工安装的相关规定和工程技术，并给出了典型工程案例。

单元7，智能家居系统工程的调试与验收。重点介绍智能家居系统工程调试与验收的关键内容和主要方法，并给出了典型工程案例。

全书共安排了如下8个典型案例：

典型案例1，西元智能家居体验馆。

典型案例2，西元智能家居技术原理实训装置。

典型案例3，智能家居软件开发与装调实训装置。

典型案例4，西元智能照明系统实训装置。

典型案例5，智能家居电动窗与窗帘实训装置。

典型案例6，电工配线端接实训装置。

典型案例7，智能电器控制系统实训装置。

典型案例8，智能电热水器实训装置。

全书共计安排了38个实训：

单元1，以西元智能家居体验馆为平台安排了9个实训。

单元2，以西元智能家居技术原理实训装置为平台安排了3个实训。

单元3，以西元智能家居软件开发与装调实训装置为平台安排了5个实训。

单元4，以西元智能照明系统实训装置为平台安排了4个实训。

单元5，以西元智能家居电动窗与窗帘实训装置为平台安排了8个实训。

单元6，以西元电工配线端接实训装置为平台安排了4个实训。

单元7，以西元智能电器控制系统实训装置为平台安排了3个实训；以西元智能电热水器实训装置为平台安排了2个实训。

本书采用企业、学校、标准融合方式编写，由西安开元电子实业有限公司牵头，邀请全国多所院校一线专业课教师参加，围绕最新工程标准和典型工作任务需求编写。西安开元电子实业有限公司王公儒任主编；西安开元电子实业有限公司冯义平任副主编；西安开元电子实业有限公司蒋晨、樊果、赵志强、赵婵媛、叶文龙、于琴，广东省轻工业技师学院杨怡滨，天津电子信息职业技术学院杨阳等参编。

王公儒规划了全书框架结构和主要内容，并编写了单元1～单元3；冯义平编写了单元4～单元7；杨怡滨、杨阳、蒋晨、樊果、赵志强等参加了部分单元编写；叶文龙绘制了全书大部分插图；于琴、赵婵媛等整理或编写了典型案例、实训和练习题。

在本书的编写过程中，陕西省智能建筑产教融合科技创新服务平台、广东省轻工业技师学院世行贷款项目、天津电子信息职业技术学院和西安开元电子实业有限公司等单位提供了资金、人员和策划支持，西安市总工会西元职工书屋提供了大量的参考书，并给予大力支持，在此表示感谢。

本书编写中参考和应用了多个国家标准，也有少量图片和文字来自厂家的产品手册或说明书，部分典型案例来自网络，在出版前没有联系到作者，在此先表示感谢，如涉及知识产权问题，请联系本书作者；也欢迎相关单位提供最新技术和产品信息，以便在本书改版时丰富内容，推动行业发展。

本书配套有PPT课件和大量的教学实训指导视频，请访问www.s369.com网站/教学资源栏或者中国铁道出版社有限公司资源网站www.tdpress.com/51eds/下载。

由于智能家居系统是快速发展的综合性学科，编者希望与读者共同探讨，持续丰富和完善本书。作者邮箱：s136@s369.com。

王公儒

2019年4月

目录

单元 ①

认识智能家居系统

本单元主要介绍了智能家居系统的基本概念、主要组成和几种系统结构模式、智能家居系统的特点和工程应用，以帮助读者快速认识智能家居系统。

学习目标：

- 掌握智能家居系统的基本概念、主要组成和几种系统结构模式。
- 了解智能家居系统的特点和工程应用。
- 掌握智能家居系统的基本组成及系统结构。

1.1 智能家居系统概述

智能家居是在物联网环境下的物联化应用，具备网络通信、智能家电与设备自动化等功能。智能家居为集系统、结构、管理、服务于一体的高效、快捷、安全、环保的居住环境，它为人们提供全方位信息交互的功能，同时支持家庭与外部环境信息的交流，既增强了人们家居生活的安全性、舒适性，还能节约成本、低耗环保。

1.1.1 智能家居起源

智能家居的概念最早出现在美国，1984 年首栋"智能型建筑"在美国出现，将建筑设备自动化、整合化概念应用于美国康涅狄格州哈特佛市的城市建筑中，揭开了全世界建造智能家居的序幕。

从智能家居概念的提出到智能家居实体的面世，大致经历了以下 3 个阶段：

第一阶段：住宅电子化（Electronic Housing）

20 世纪 80 年代初期，随着智能电子产品的大量应用，诞生了住宅电子化（Electronic Housing）概念。

第二阶段：住宅自动化（Home Automation）

20 世纪 80 年代中期，随着智能电子产品的多种功能集成与综合应用，形成了住宅自动化（Home Automation）概念。

第三阶段：智能家居（Smart Home）

20 世纪 80 年代末期，随着通信与信息技术的快速发展，催生对各种智能电子产品系统进行监视、控制与管理的智能控制系统，在美国被称为 Smart Home，也就是现在智能家居的原型。

1.1.2　智能家居系统的定义

智能家居是一种理想化的居住环境，它集智能安防监控系统、智能照明控制系统、智能家电控制系统、背景音乐系统、家庭影院系统以及环境控制系统于一体，通过配套的软件，实现本地或远程的集中控制。

智能家居以住宅为平台，是综合布线技术、网络通信技术、安全防范技术、自动控制技术、音视频技术等相关技术的集成体，是一种高效的住宅设施与家庭日常事务的管理系统。

智能家居又称智能住宅，关于智能家居的称谓多种多样，如家庭自动化（Home Automation）、数字家庭（Digital Family）、家庭网络（Home Net/Networks for Home）、网络家电（Network Appliance）、智能化家庭（Intelligent home）等，这些概念既相互关联，但其所包含的内容又不尽相同。

家庭自动化是指利用微电子技术，来集成或控制家中的电子电器产品或系统，如照明灯、计算机设备、安保系统、暖气及冷气系统、影音系统等，其核心部件为一个中央微处理机。

数字家庭是指以计算机网络技术为基础，各种家电进行通信及数据交换，实现家电之间的互联互通，使人们足不出户就可以方便、快捷地获取信息，从而极大地提高舒适性和娱乐性。

家庭网络是指集家庭控制网络和多媒体信息网络于一体的家庭信息化平台，能在家庭范围内实现信息设备、通信设备、娱乐设备、家用电器、自动化设备、照明设备、安保装置、监控装置及水电气热表设备、家庭求助报警设备的互联和管理，并且进行数据和多媒体信息的共享。

网络家电是一种具有信息互联互通、互操作特征的家电终端产品。现阶段，网络家电的主要实现方法是利用数字技术、网络技术及智能控制技术设计和改造普通家用电器。

智能化家庭首先指的是一个家庭，这个家庭更加智能化，更加人性化，更加舒适化。通过对家庭的电器、音响等设备的智能化控制，给人们带来非凡的生活体验，实现真正意义上的智能化。

目前，通常把智能家居系统定义为利用计算机、网络和综合布线技术，通过物联网技术将家中的多种设备，如照明设备、音视频设备、家用电器、安防监控设备、窗帘设备等连接到一起，并提供多种智能控制方式的管理系统。

1.2　智能家居系统的发展

1.2.1　智能家居系统的发展历程

自从 1984 年世界第一个智能建筑问世以来，智能家居系统一直在不断地更新。国外智能家居产品传入中国已有 30 多年的历史，从最初的高大上产品体验，到如今的平民化产品深入人心，产品价格也越来越亲民。

早期智能家居产品主要以灯光遥控控制、电器远程控制和电动窗帘控制为主，随着行业的发展，智能控制的功能越来越多，控制的对象不断扩展，控制的联动场景要求更高，其不断延伸到家庭入侵报警、可视对讲、视频监控、背景音乐等领域，可以说智能家居几乎可以涵盖所有传统的弱电行业。

从产品形态上来看，智能家居发展大致经历了 3 个阶段：

第一个阶段：智能单品阶段

鉴于智能家居庞大的市场，诸多厂家纷纷涌入这股发展浪潮中，在这种情况下，各种各样的智能单品应运而生。

诸如传统家电行业的海尔、美的以及国外的 LG 等均以智能冰箱、智能空调、智能洗衣机进入智能家居市场，而互联网企业如百度、小米等则是以路由器、电视机顶盒、摄像头等智能产品进军智能家居行业。

第二个阶段：产品联动阶段

该阶段产生了两种主要模式：一种模式为同类的智能产品之间的信息交互，多为合作企业之间共同搭建智能家居平台，在该平台上，可进行同类设备信息查看，还可进行同类产品的数据共享与交流；另一种模式则为本公司内部不同单品通过小型系统的搭建，实现产品间信息的交流。

第三个阶段：智能系统集成阶段

智能系统集成阶段主要表现为不同品牌产品之间信息的交流。智能家居是一个平台，同时也是一个集成了多种智能设备的系统，在该系统中，要做到智能化，就必须满足产品与产品之间自主性的互通互融。

国内已有部分公司在做智能家居控制系统的集成，主要用到的设备多为智能传感器和智能控制器，少数公司可根据客户需求，定制各种场景控制设备，提供个性化的智能家居方案。除此之外，一些传统电商也走上了智能家居系统集成的道路，如海尔打造的智慧生活，该智能控制系统可实现智能产品跨品牌、跨系统的互联互通。

1.2.2 国外智能家居的发展现状

美国、加拿大、欧洲、澳大利亚和东南亚一些经济较为发达的国家先后提出各自的智能家居方案。

1995 年，美国家庭自动化设备的使用率为 0.33%；1998 年，新加坡的"未来之家"出现在"98 亚洲家庭电器与电子消费品国际展览会"；日本的智能化系统发展较为迅速，不仅实现了家庭电器自动化联网，还通过生物认证实现了自动门识别系统；澳大利亚则是做到百分之百自动化，看不到任何手动开关；韩国电信用 4A（Any Device、Any Service、Any Where、Any Time）来描述他们的数字化家庭系统。

各大运营商和互联网公司推出的智能家居产品和系统主要有以下几种形式：

1. 运营商整合捆绑自有业务

运营商在经过资源整合后，推出自己的业务平台、智能化设备和智能家居系统。例如，德国电信、三星、德国海格家电等都推出了各自的智能家居业务平台。有的公司如 Verizon 则推出了自己的智能化产品，还有的公司则侧重于打造一个智能化系统，以实现本地或远程控制。自有业务主要有以下几个代表：

1）Qivicon 智能家庭业务平台

德国电信联合德国公用事业、德国意昂电力集团（Eon）、韩国三星（Samsung）等公司共同构建了一个智能家庭业务平台 Qivicon，这个平台旨在提供解决方案，包括向用户提供智能家庭终端，向企业提供应用软件开发和维护平台等。

Qivicon 平台的服务领域包括家庭宽带、娱乐、消费和各类电子电器应用等。

2）Verizon 打包销售智能设备

Verizon 通过捆绑客户来打包销售智能设备，捆绑的主要方式为提供多样化的服务。

2012 年，Verizon 公司推出了自己的智能化产品，其产品主要应用于家庭远程监控和能源管理，可通过计算机或手机远程控制家中的空调温度的调节、摄像机的激活与云台控制、灯具和电器的开关等。

3）AT&T 收购关联企业

2010 年，AT&T 收购家庭自动化创业公司 Xanboo；2013 年，AT&T 联合思科、高通公司推出了全数字无线家庭网络监视业务，用户可通过手机等设备进行远程监控家中相关设备；2014 年，AT&T 收购了美国卫星电视服务运营商 Direc TV，加快了其在互联网电视服务领域的布局速度。

2. 终端企业发挥优势力推平台化运作

基于 TCP/IP 的家居智能终端已经活跃在智能家居市场，这些终端在集成多个独立系统的同时，还具备了某些新的功能，我们称开发这些智能终端的企业为终端企业，诸如苹果和三星，他们在智能终端这个领域排兵布阵，使得更多的企业深入参与。

智能终端作为移动应用的主要载体，数量的增长和性能的提高让移动应用能尽可能地发挥其作用。

1）苹果 iOS 操作系统

苹果依托 iOS 操作系统，通过与智能家居设备厂商的合作，实现智能家居产品平台化运作。2014 年 6 月，苹果在全球开发者大会上发布了他们自有的 Home Kit 平台。Home Kit 平台是 iOS 8 的一部分，用户可以用 Siri 语音功能控制家中的智能门锁、探测器、空调等智能设备。

苹果公司的智能家居硬件设备主要来源于第三方合作伙伴，如 iDevices、飞利浦等。这些厂商在操作系统上可互动协作，他们的智能单品之间也可以直接进行信息交互。同时，Home Kit 平台会开放数据接口给开发者，以便于智能家居产品的创新，保证平台的实时性和高效性。

2）三星 Smart Home 智能家居平台

2014 年，三星推出了 Smart Home 智能家居平台，利用 Smart Home 平台，智能手机、平板计算机、智能电视等都可以通过网络连接并控制智能家居产品。三星 Smart Home 平台主要作用的对象是三星自己的智能化产品。

3. 互联网企业加速布局

2014 年 1 月，谷歌收购了智能家居设备制造商 Nest，引发了世界对于智能家居行业的广泛关注。

Nest 主要致力于自动恒温器和烟雾报警器的研发。另外，对于智能家居平台也有所涉猎，在 Nest 智能家居平台上，开发者利用 Nest 的硬件和算法，通过 Nest API 将 Nest 的产品与其他品牌的智能家居产品连接在一起，进而实现对智能家居的系统化控制。

1.2.3 国内智能家居的发展现状

随着智能家居概念的普及、智能化技术的发展和中国市场对于智能家居行业资金的引入，国内各大运营商和互联网企业巨头、传统家电厂商、IT 行业公司纷纷进入智能家居领域。综合来看，国内智能家居行业的发展概况如下：

1. 布局缓慢，重量级产品种类少

国内智能家居的发展相较于国外来说，布局略显迟缓。

1）仍处于产品初级阶段

中国移动推出的灵犀语音助手，可以对智能家居系统实现语音控制；中国电信推出的"悦me"，可为用户提供有关于家庭信息化服务的多种解决方案。

2）平台化运作模式还未成型

中国移动推出的"和家庭"是一个为客户提供视频娱乐、智能家电、健康、教育等一系列服务的智能化平台，它的核心设备和一站式服务的入口是"魔百盒"。现阶段"和家庭"的重点是推广互联网电视应用，而"和家庭"的一站式服务还只是一个发展方向和目标。

2. 企业打造智能家居平台

国内的互联网企业纷纷打出智能家居的旗号，依托自己独有的核心技术推出智能化产品，并以此大力规划智能家居市场。

1）阿里巴巴依靠自有操作系统

2014年，阿里巴巴集团的智能客厅在中国移动全球合作伙伴大会上亮相。阿里巴巴携自有操作系统阿里云OS（Yun OS）联合各大智能家居厂商共同打造智能家居环境，称为智能客厅，其包含有阿里云智能电视、天猫魔盒、智能空调、智能热水器等多种智能家居设备。

2015年，在中国家电博览会召开之后，阿里宣布成立阿里巴巴智能生活事业部，自此全面进军智能家居领域，将集团下的天猫电器城、阿里智能云和淘宝众筹3个业务部分加以整合，并调用内部资源，大力支持智能产品的推进，加速智能硬件孵化，以提高市场竞争力和市场占有率。其中，阿里智能云主要负责为各大厂商提供技术支持和云端服务；天猫电器城主要为各大厂商提供规模化的销售渠道；淘宝众筹主要面对的是各中小厂商，为其提供个性化的销售渠道。

2）京东、腾讯、百度利用自身平台优势

京东云服务智能硬件管理平台包含智能家居、健康生活、汽车服务和云空间4个模块，这4个模块的智能产品都可以通过京东超级APP实现统一控制和管理。

腾讯主要利用QQ、微信、应用宝这些软件的客户资源构建了QQ物联社交智能硬件开放平台，将第三方硬件快速覆盖到用户，通过此平台向用户分发软件、产品及营销。

百度推出的百度智家，是一个涵盖了路由器、智能插座、体重秤等智能设备的智能互联开放平台，可实现智能设备的互联互通。

3. 传统家居业推出各类产品

在智能家居的大形势下，传统家居行业也不甘落后，纷纷推出各自品牌的智能家居产品。例如，海尔推出"海尔U-home"智慧居；美的推出空气、营养、水健康、能源安防四大智慧家居管家系统；长虹推出CHiQ系列产品；TCL与360联合推出智能空气净化器等。

另一方面，传统家居行业开始与互联网企业联手，合力布局智能家居市场。例如，美的和小米签署了战略合作协议，TCL与京东开启首款定制空调的预约，长虹推进与互联网企业合作的业务，阿里巴巴入股海尔电器公司等。

4. 陕西省智能建筑产教融合科技创新服务平台

陕西省智能建筑产教融合科技创新服务平台为2019年陕西省科技厅立项和政府财政支持项目，由西安开元电子实业有限公司负责建设，项目负责人为王公儒教授级高级工程师，该平台定位在科技创新与技术服务、产品研发与中试业务，服务智能建筑行业和高校与职业院校，培养大批智能建筑、智能家居工程设计、安装施工、运营维护的高技能人才，推动智能建筑行业科技创新和转型升级。

平台主要服务方向包括信息共享服务平台、技术创新与研发平台、教学实训平台、技术培训服务平台。开展深度产教融合，进行产学研合作，进行智能建筑类技术和新产品的创新研发等。开展校企合作，编写智能建筑工程实用技术丛书。建立智能建筑工程坊、智能家居工程坊、智能建筑标准应用培训平台等，开展相关国家标准应用展示和宣贯推广，建立"西元智能建筑共享书屋"，为行业和人才培养服务等内容。

1.2.4　智能家居的发展策略

早期的智能家居，长时间处于概念炒作阶段，并伴随着价格昂贵、操作烦琐、标准不统一等多种缺陷，直到 2015 年，智能家居开始脱离概念层面，逐渐进入产品层面和应用层面。

1．智能家居产品技术创新

在互联网的大时代背景下，在物联网、云计算、大数据等技术的交互影响下，传统家电企业、IT 行业、互联网产业纷纷进入智能家居行业。智能家居行业硬件、软件的多样化和产品的同质化，导致了多数企业仍处于"头脑发热"阶段，真正脚踏实地致力于智能家居产品研发的较少，存在的主要问题如下：

（1）行业标准不统一。厂家各自研发智能化产品，没有实现资源共享和信息的交互。

（2）智能家居产业链不成熟。大多数厂家仍以"闭门造车"的模式制造智能家居产品，这种模式始终难以打破，很难形成一条成熟有效的产业链。

（3）系统集成技术不完善。系统集成技术还处于摸索前进阶段，没有形成稳定的可满足需求的集成系统。

智能家居集合了硬件、芯片、软件、通信、云计算、大数据处理等多个模块。从领域上划分，智能家居包含了家电控制、环境监测、个人医疗健康等多个层面。因此，想要立足智能家居市场，就必须有强大的技术支撑，还要有能紧跟时代步伐的创新力，面对日益严重的同质化现状，企业必须积极寻求突破口，努力发挥自身优势的同时，还需进行技术的储备和更新，提高企业的竞争力。

对于产品创新，不仅要加大创新力度和扩展产品功能，还要提升用户体验。企业要发展，就需要不断的创新，形成自己的特色产品，从行业中脱颖而出。市场上的同质化产品就是企业相互模仿的结果，没有形成自己的品牌，很难真正立足于智能家居行业。

2．建立智能家居产业生态圈

一个产业仅靠自身的努力发展是不够的，身处产业的大环境下，必定和产业生态圈有着千丝万缕的关系，同时也离不开产业环境的影响。一个企业若想做大，除了扩大地盘、占领市场、抓住客户外，生态圈的构建也是必不可少的。

海尔的 U+ 智慧生活实现了智能战略的规模化落地战略，通过与用户的交流，从消费者角度出发，打破产品和技术创新的思维束缚，打造出全新的智能家居生态圈。

智能家居需要一个相互协作的生态圈，加强企业合作、重铸行业形态、构建生态圈是智能家居产品未来的一个重要趋势。

3．统一产品和市场规范标准

在没有统一行业标准的情况下，不同领域、不同企业之间各自为战，自成体系，导致智能家居产品五花八门，难以实现系统兼容、信息共享和互联互通，极大地影响了消费者的体验。要想让碎片化、"独裁专政"的智能家居产品有序发展，标准的建立刻不容缓。

4．有效利用大数据和云计算

把物联网、云计算、大数据和人工智能等一系列新技术更好地应用到智能家居行业，能让人们的生活变得更加便利。

以物联网技术推出的智能家居系统，通过云计算技术，汇集全国各地的智能家居用户，然后在同一平台上进行分析、处理，形成一个融合式的集成控制模式。从数据上看，一个家庭一年产生的数据量相当于半个国家图书馆的数据总量，庞大的数据量必须借助大数据和云计算进行处理。因此，智能家居只有与大数据和云计算联手，才有推广的可能。

在智能家居云平台上，用户不需要购买数据存储设备，这些设备将会被"云存储"平台所替代，用户只需要通过手机、平板计算机等设备，登录云平台，即可随时随地查看和控制家居设备，也可查询和处理智能家居系统发送的各种消息。

5. 积极响应政策扶持

2011 年，工信部印发《物联网"十二五"发展规划》，首次把智能家居列入物联网发展的重要工程之一。

2013 年 9 月，发改委、工信部等 14 个部门共同发布《国家物联网发展专项行动计划》，明确将智能家居作为战略性新兴产业来培育发展，把"推动智能家居应用"列为 14 个重点任务之一，同时将智能家居列入九大重点领域应用示范工程中，并计划选择 20 个左右的重点社区，开展 1 万户以上的家庭安防、老人及儿童看护、远程家电控制，以及水、电、气智能计量等智能家居的示范应用。

除此之外，很多地区也出台了多个政策和规划以支持智能家居产业的迅速发展。对于智能家居领域而言，政策的扶持与监管将有效地改变现有的混乱局面。

综上所述，智能家居行业的发展虽然波折不断，但是前途一片光明，发展形势一片大好。

1.3　智能家居系统的特点和应用

1.3.1　智能家居系统的特点

由于智能家居系统产品种类比较多，并且不断有新技术融入智能家居这个领域，因此业界对于智能家居的定义也是众说纷纭，但是无论如何定义智能家居，智能家居都具有以下特点：

1. 控制系统多样化

智能家居系统由多个子系统组成，能够集中控制，设备功能主要是由控制系统决定。现如今，智能家居控制系统多种多样，且灵活性强，用户可根据自身的需求，选用最合适的控制系统，减少或者增加系统，达到高效的应用。

2. 操作管理方便

智能家居设备可通过配套的智能终端进行本地控制，也可通过手机、平板计算机等终端进行本地和远程控制，操作简单，管理方便，能让用户更好地体验智能家居带来的便利。

3. 控制功能丰富

智能家居控制系统功能丰富，有离家模式、回家模式、会客模式等，也可根据自身需求设置阅读模式、娱乐模式、浪漫模式等，多样化的模式能满足不同的生活需求，用户在使用控制功能时，可根据需求随意调节。

4. 资源共享

智能家居系统可进行资源共享，如将家庭的温度、湿度等数据信息发布到网上，为环境监测提供有效的信息。

5. 安装方便

智能家居设备安装方便，可直接替换原有设备，无须重新布线，无线设备可根据用户需求安装在家中任何位置，安全便捷。

6. 以家庭网络为基础

无论是早期西屋电气公司的工程师吉姆·萨瑟兰的家庭自动化系统，还是后来的 X-10，以及发展到现在的 ZigBee、Wi-Fi 等，智能家居都是以家庭网络为基础，借助家庭网络设备实现信息互联。

7. 以设备互操作为条件

智能家居系统是将家庭中各种通信设备、家用电器和家庭安保装置，通过家庭网络实现集中的本地或远程监视、控制和管理，并保持这些家庭设施与住宅环境协调工作的系统。接入家庭网络的设备，不仅支持设备之间信息的连通，还应支持控制终端设备与接入设备能够相互识别与操作，只有这样，才能真正实现智能家居的预期功能。

8. 以提升家居的生活质量为目的

进入 21 世纪，各种新技术大量涌现，在智能家居领域出现了诸多新产品。消费者追求的不是日渐成熟的技术，而是一种生活品质的提升，因此智能家居的主要目的在于为住户提供安全、便利、舒适的家居环境，提高人们的生活质量。

1.3.2 智能家居的主要应用系统

智能家居系统就是把各个子系统整合管理控制，一般的智能家居系统需要整合以下八大系统：

1. 网络综合布线系统

网络综合布线系统是通过网络双绞线、电缆、光缆、音频线、视频线、控制线等，把住宅内部的全部子系统或者模块集中在一个控制器上或一个控制系统中，通过手机、平板计算机等终端设备控制和管理。

2. 智能照明系统

智能照明系统实现对住宅全部灯光的智能管理，包括定时延时控制、计算机本地及互联网远程控制等。例如，使用手机、平板计算机等对灯光进行控制，实现遥控开关、灯光调光和一键场景等功能。

3. 安防监控系统

智能家居的核心在于提供安全、舒适和健康的生活环境，因此，安防监控系统是一个非常重要的子系统。

安防监控系统包括门禁系统、入侵报警系统、视频监控系统等。其中门禁系统主要是进行访客识别，控制人员的出入，同时该系统加快了智能锁的应用和普及，使得门禁系统具备防盗报警功能，起到保障家居安全的作用。

入侵报警系统主要是各种探测器的使用，诸如人体红外探测器，可通过探测工作范围内的人物的移动，预防不法分子的入侵，起到防盗作用，保证家庭财产和人身安全。烟感报警器、可燃气体报警器、水浸探测器等主要监测家庭内部安全隐患，及时发现，及时预防。

视频监控系统主要是摄像机的使用，方便用户远程实时查看家中情况，如看护老人和孩童等，保障家人安全。

4. 背景音乐系统

家庭背景音乐是一种新型背景音乐系统。简单地说，在任何一间房子中，均可布上背景音乐线，通过1个或多个音源，让每个房间都能听到美妙的音乐。

结合配套产品，用最低的成本，实现各房间独立的遥控选择背景音乐信号源，也可对每个房间音频和视频信号进行共享。该系统可以远程开机、关机、换台、快进、快退等，是音视频、背景音乐共享最佳的实现方式。

5．家庭影院系统

在家庭环境中搭建的一个可欣赏电影以及享受音乐的系统，称为家庭影院系统。家庭影院系统可让用户在家即可直接欣赏影院效果的电影，让用户对于智能家居有更直观的体验。

6．电器控制系统

电器控制系统是指用手机、平板计算机等实现对家用电器的控制，控制方式包括遥控和定时控制等，受控电器包括饮水机、插座、空调、地暖、电视机等。例如，控制饮水机不要在夜间反复加热影响水质，控制电器开关或者插座避免安全隐患，控制空调或者地暖提供舒适温度等。

7．环境控制系统

环境控制系统可分为两部分：第一部分是根据室内的环境，启动空气净化器、加湿器、新风系统等设备；第二部分则是根据室外环境，通过控制窗帘、窗户开关等设备，调节室内光线、温度等环境因素，让环境更舒适健康。

8．智能控制系统

智能控制系统是指具有智能家居系统控制功能的控制器硬件和软件，通过控制主机实现对各种终端产品的控制。

1.4 典型案例：西元智能家居体验馆

1.4.1 典型案例简介

为了使读者快速认识智能家居系统，以西元智能家居体验馆作为典型应用案例，介绍智能家居系统的主要结构和组成。如图1-1和图1-2所示，西元智能家居体验馆为两室两厅一厨一卫建筑结构，包括卧室1间、书房1间、客厅1个、餐厅1个、厨房1间、卫生间1间、玄关1个，共7个物理空间，配套有平开窗户和入户玻璃门。建筑结构采用铝合金搭建，墙面安装有钢化玻璃，整体美观大方。

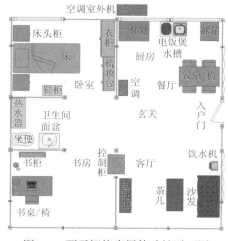

图1-1 西元智能家居体验馆平面图

图1-2 西元智能家居体验馆实物照片

西元智能家居体验馆安装有全套智能家居应用系统，包括空调、电视机、热水器等家用电器，配套有床、写字台、沙发、餐桌等实物家具。

西元智能家居体验馆的技术规格与参数如表1-1所示。

表1-1 西元智能家居体验馆技术规格与参数

序 号	类 别	技术规格和参数		
1	产品型号	KYJJ-571	外形尺寸	6 000 mm × 7 000 mm × 2 400 mm
2	产品重量	2 000 kg	电压/功率	AC 220 V/4 000 W
3	实训人数	每台设备能够满足10～12人同时实训		

1.4.2 智能家居应用系统

西元智能家居体验馆安装有全套智能家居应用系统，下面逐一进行介绍。

1. 智能家居电器控制系统

图1-3所示为智能家居电器控制系统的设备和位置等，这些电器设备都能够通过手机、平板计算机等进行远程控制。例如，通过手机远程控制电热水器的水温设置、开关等，实现提前加热。通过手机远程控制电视机电源插座，避免儿童长期观看电视。

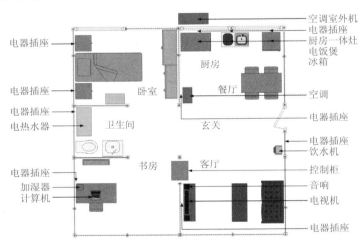

图1-3 智能家居电器控制系统的设备和位置图

西元智能家居电器控制系统配置的主要电器设备产品如下：

（1）饮水机1台，放置在客厅沙发旁边。

（2）电热水器1台，安装在卫生间墙面。

（3）加湿器1台，放置在书房书桌上。

（4）冰箱1台，放置在厨房。

（5）空调1台，安装在玄关。

（6）电饭煲1台，放置在厨房。

（7）电器插座13个，分别安装在各个电器附近铝合金横档上。

2. 智能家居照明控制系统

图1-4所示为西元智能家居照明控制系统的智能面板和照明灯具设备与位置等，全部采用

智能面板，分别安装在房间出入口附近，可通过智能面板对灯具进行一对一控制，也可通过场景设置对灯具进行场景控制，场景设置主要有"回家"、"离家"、"居家"、"工作"、"娱乐"、"就餐"和"就寝"等。

主人既能通过门口附近智能面板上的情景按钮手动控制照明灯具，又能通过手机、平板计算机等远程控制照明灯具。例如，通过按下"离家"开关按钮，能够关闭全部照明灯具，避免长明灯。

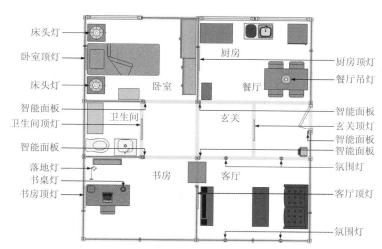

图1-4　智能家居照明控制系统的智能面板和照明灯具设备与位置图

智能家居照明控制系统配置的主要照明灯具如下：

（1）卧室顶灯1个，一般安装卧室顶部居中位置或者床头上方，西元体验馆实际安装在床头上方位置的铝合金下面。

（2）床头灯2个，一般分别安装在床头两侧或者放置在床头柜上，西元体验馆实际放置在两个床头柜上。

（3）书房顶灯1个，一般安装在书房顶部居中位置或者书桌上方，西元体验馆实际安装在书房书桌上方铝合金下面。

（4）落地灯1个，放置在书房书桌左前方地面上。

（5）书桌灯1个，放置在书房书桌上。

（6）客厅顶灯1个，一般安装在客厅顶部居中位置，西元体验馆实际安装在电视机上方居中位置铝合金下面。

（7）氛围灯4个，一般分散安装在客厅顶部位置，西元体验馆实际分散安装在客厅顶部铝合金下面。

（8）餐厅吊灯1个，一般安装在餐厅顶部居中位置或者餐桌上方，西元体验馆实际吊装在餐桌上方居中位置。

（9）厨房顶灯1个，一般安装在厨房顶部居中位置，西元体验馆实际安装在厨房顶部铝合金下方。

（10）卫生间顶灯1个，一般安装在卫生间顶部居中位置，西元体验馆实际安装在卫生间铝合金门框的下面。

（11）玄关顶灯1个，一般安装在玄关顶部居中位置，西元体验馆安装在玄关横梁铝合金下面。

3. 智能家居入侵报警系统

图 1-5 所示为智能家居入侵报警系统的探测器类设备和安装位置等，当有人非法入侵时，前端探测器探测到入侵信号，通过报警主机发出报警信号。例如，家中无人时，把报警系统设置为"布防"状态，当有人从室外非法进入，或者室内布防区域有人移动时，将会触发报警系统，警号鸣响，警灯闪烁，同时报警主机自动拨打主人电话。

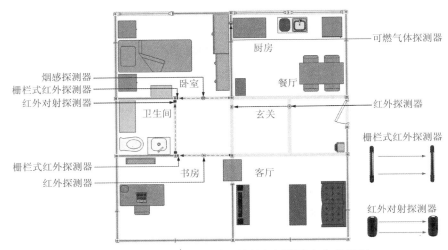

图1-5　智能家居入侵报警系统的探测器设备与位置图

西元智能家居入侵报警系统配置的主要设备如下：

（1）卧室烟感探测器 1 台，一般安装在卧室顶上居中位置，西元体验馆实际安装在卧室门框铝合金下方，距离地面高度 2.4 m。

（2）卧室栅栏式红外探测器 1 套，一般对称安装在窗户外面，为了方便教学与实训，西元体验馆实际对称安装在卧室门框两侧铝合金上，距离地面高度 1.2 m（探测器下沿）。

（3）书房红外探测器 1 台，一般安装在书房顶上居中位置，为了方便教学与实训，西元体验馆实际安装在书房门框铝合金下方，距离地面高度 2.4 m。

（4）书房栅栏式红外探测器 1 套，一般对称安装在窗户外面，西元体验馆实际对称安装在书房门框两侧铝合金上，距离地面高度 1.2 m（探测器下沿）。

（5）厨房可燃气体探测器 1 台，一般安装在可燃气体阀门、管道接口、出气口或易泄漏处，西元体验馆实际安装在一体灶上方铝合金下面，距离地面高度 2.4 m。

（6）卫生间红外对射探测器 1 套，一般对称安装在窗户外面，西元体验馆实际安装在卫生间门框两侧铝合金上，距离地面高度 1.2 m（探测器下沿）。

（7）玄关红外探测器 2 台，一般安装在玄关顶部居中位置，西元体验馆实际分别安装在玄关顶部两个横向铝合金下面，距离地面高度 2.4 m。

4. 智能家居视频监控系统

用户通过手机或者平板计算机，能够实时远程监控住宅内外的情况，既能看到摄像机实时监控画面，又能远程控制摄像机的转动以及画面的放大，如远程监护老人和小孩等，也具有防盗功能。图 1-6 所示为智能家居视频监控系统的摄像机设备和位置等。

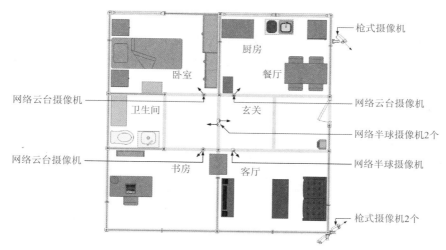

图1-6　智能家居视频监控系统的摄像头设备与位置图

西元智能家居视频监控系统配置的主要设备如下：

（1）卧室网络云台摄像机1台，一般安装在房间一角，对准需要监看区域，顺光方向，用于监看儿童或者老人。为了教学方便，西元体验馆实际安装在卧室入口顶部铝合金下方，距离地面高度2.4 m。

（2）书房网络云台摄像机1台，一般安装在房间一角，对准需要监看区域，顺光方向，用于监看儿童学习。为了教学方便，西元体验馆实际安装在书房入口顶部铝合金下方，距离地面高度2.4 m。

（3）客厅网络半球摄像机1台，一般安装在房间一角，对准需要监看区域，顺光方向。西元体验馆实际安装在客厅铝合金下方，距离地面高度2.4 m。

（4）餐厅网络云台摄像机1台，一般安装在房间一角，对准易燃易爆部位。西元体验馆实际安装在餐厅铝合金下方，距离地面高度2.4 m。

（5）玄关网络半球摄像机2台，一般安装在中央位置，监看儿童和老人。西元体验馆吸顶安装在玄关铝合金下方，距离地面高度2.4 m。

（6）室外枪式摄像机3台，一般安装入口或者拐弯位置，监看室外人员活动情况。西元体验馆实际安装在室外围墙上，门口附近1台，围墙拐弯处2台，距离地面高度2.3 m（摄像机支架下沿）。

5.　智能家居门禁系统

门禁系统主要是进行访客识别，起到保障家居安全的作用。例如，来访的客人在单元入口通过室外可视对讲门口机呼叫主人开门，主人在家里听到呼叫后，接通室内机可与客人进行视频通话，同意后通过开门按钮或室内机的开门按键进行开门。

图1-7（a）所示为西元智能家居门禁控制系统的设备和位置等，配置主要设备如下：

（1）可视对讲门口机，安装在入室门外侧门框上方，距离地面高度1.2 m（可视对讲门口机下沿）如图1-7（b）所示。

（2）室内对讲机，安装在西元体验馆入室门内侧门框上，距离地面高度1.4 m（室内对讲机下沿）如图1-7（c）所示。

（3）开门按钮，安装在西元体验馆入室门内侧门框上，距离地面高度1.2 m（室内对讲机下沿）如图 1-7（c）所示。

（4）门禁电源，安装在西元体验馆入室门顶部铝合金横梁上。

（5）电磁锁与支架等，锁体与支架组合安装在门框上，磁铁与支架组合安装在门上方，如图 1-7（d）所示。

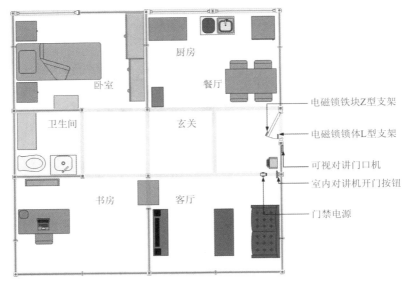

电磁锁铁块Z型支架

电磁锁锁体L型支架

可视对讲门口机

室内对讲机开门按钮

门禁电源

（a）智能家居门禁系统的设备与位置图

（b）可视对讲门口机　　　　　（c）室内对讲机和开门按钮　　　　　（d）电磁锁与支架

图1-7

6. 智能家居环境监测系统

环境监测系统能够监测室内的温度、湿度、光照等，并根据环境情况自动控制窗帘和窗户。例如，当太阳光线强度达到设定值时，窗帘会自动关闭遮挡阳光；当室外雨量和风速达到设定值时，平移推窗器会自动关闭窗户，使居住环境更舒适健康。

图 1-8 所示为智能家居环境监测系统的设备和位置，主要设备如下：

（1）平移推窗机 2 台，一般安装于平推窗上方或下方，为了教学方便，西元体验馆实际安装在厨房两个平推窗的上方，如图 1-8（a）所示。

（2）风光雨探测器 2 台，一般安装于室外靠近窗户位置，为了教学方便，西元体验馆实际安装在厨房两个窗户顶部，如图 1-8（a）所示。

（3）风光雨感应控制器 2 台，一般安装在室内窗台上，为了教学方便，西元体验馆实际安装在厨房两个窗户顶部位置，如图1-8（b）所示。

（4）智能窗帘2套，安装于西元体验馆入户门两侧窗户外面，如图1-8（b）所示。

（5）数显温湿度计1个，放置于客厅茶几上，如图1-8（b）所示。

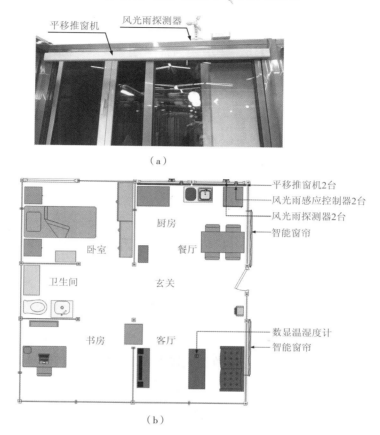

图1-8 智能家居环境监测系统的设备和位置图

7. 智能家居家庭影音系统

家庭影音系统将全部设备自带的遥控器，逐一学习到红外转发器上，再将红外转发器连接无线路由器，搭建室内无线局域网，实现通过平板计算机或手机控制整个家庭影音系统的功能，同时设备原有的遥控器能够继续正常使用。例如，使用手机播放视频，并实现控制音量、快进、暂停、选择播放等功能，体验手机控制家庭影音系统的快乐。

图1-9所示为智能家居家庭影音系统的设备和位置图，主要设备如下：

（1）液晶电视1台，放置在客厅电视柜台面上。

（2）音柱2个，一般放置在客厅电视柜台面上。

（3）功放1台，放置在客厅电视柜下层。

（4）吸顶音箱4个，一般分散安装在室内各个房间。

（5）智能媒体播放器1个，放置在客厅电视柜台面。

（6）硬盘播放器1个，放置在客厅电视柜台面。

（7）红外转发器1个，放置在客厅电视柜台面。

（8）音量旋钮开关4个，一般分别安装在房间入口附近墙面上，西元体验馆实际安装在卧室、书房、客厅、餐厅入口的铝合金立柱上。

（9）卫星接收器 1 套，一般放置在室外朝向卫星的高处，西元体验馆实际放置在室外空调室外机上，使用时请移到室外朝向卫星的高处。

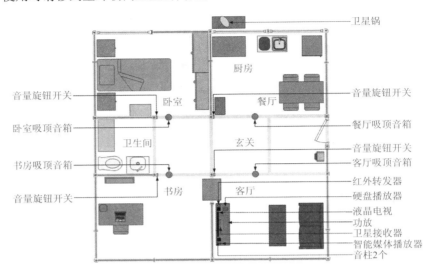

图1-9　智能家居影音系统的设备与位置图

8. 智能家居中央控制系统

图 1-10 所示为西元智能家居中央控制系统设备布置图和实物照片，主要配置有智能家居控制箱、安防报警控制箱、报警键盘、强电配电箱、POE 交换机、无线路由器、PDU 电源等，为了方便教学与实训，将全部设备集成在西元智能家居中央控制柜中。

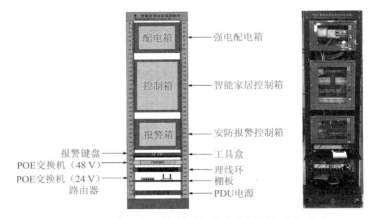

图1-10　智能家居中央控制系统设备布置图和实物照片

智能家居中央控制系统是智能家居的核心，也是智能家居的控制平台，以家居电器为控制对象，利用综合布线技术、网络通信技术、安全防范技术、自动控制技术、音视频技术等将相关电器的控制高度集成，提升了家居的智能化、安全性、便利性、舒适化。

1.4.3　西元智能家居体验馆产品特点

（1）软硬结合。该产品配置物联网智能家居系统常见电器、探测器、灯具、家具等，便于学生认知智能家居相关器材和设备，同时能够进行硬件安装和软件调试。

（2）资料丰富。该产品配置有单个系统的工作原理图，便于学生对产品原理认知和实训操作。

（3）情景设计。该产品具有情景化功能，可根据不同需求设定多种情景模式。

（4）工学结合。该产品严格按遵守工程施工规范，搭建真实工程，可满足原理演示和教学实训操作。

（5）控制方式多样。该产品控制方式多种多样，包括本地开关控制、本地控制器控制、本地计算机客户端控制、远程手持终端控制和智能手机客户端控制等，可满足日常教学实训。

（6）结构合理。该产品结构设计合理，划分为7个独立空间，各个空间有独立的系统，各个系统既能单独进行教学演示与实训，也能用于综合展示与实训。

1.4.4 西元智能家居体验馆产品功能实训与课时

西元智能家居体验馆具有如下9个实训项目，共计18个课时，具体如下：

实训1：智能家居系统认知与实操体验（2课时）。
实训2：智能家居电器控制系统的安装与调试（2课时）。
实训3：智能家居照明控制系统的安装与调试（2课时）。
实训4：智能家居报警系统的安装与调试（2课时）。
实训5：智能家居视频监控系统的安装与调试（2课时）。
实训6：智能家居门禁系统的安装与调试（2课时）。
实训7：智能家居环境控制系统的安装与调试（2课时）。
实训8：智能家居家庭影音系统的安装与调试（2课时）。
实训9：智能家居远程控制终端调试（2课时）。

1.5 实 训

实训1 智能家居系统认知与实操体验

1. 实训目的

快速认知智能家居系统的设备器材和工作原理，并亲自操作体验。

2. 实训要求和课时

（1）认识智能电器、各类探测器等相关设备器材。

（2）能够独立操作控制智能家居系统。

（3）分组轮转实训，在2个课时内完成实训内容和实训报告。

3. 实训设备

西元智能家居体验馆，产品型号KYJJ-571。

4. 实训步骤

西元智能家居体验馆包括8个系统：电器控制系统、照明系统、报警系统、视频监控系统、门禁系统、影音系统、环境控制系统、中央控制系统，认识各个系统中的设备，快速完成对智能家居系统的认知。

第一步：设备认知。将智能家居系统的设备名称与实物逐一对应，认识每种设备的名称、规格型号、工作原理、主要功能、安装方法等。

第二步：布线认知。观察设备之间布线路由和接线方式。

第三步：实操体验。分别操作各个子系统的设备器材，体验本地开关控制、本地控制器控制、智能手机和平板计算机无线控制、远程计算机控制等，加深对工作原理和系统图的理解。

5. 实训报告

（1）给出智能家居系统的特点（参考 1.3.1 节）。

（2）给出智能家居的应用系统（参考 1.3.2 节）。

（3）给出西元智能家居体验馆的全部子系统名称和对应主要设备（参考 1.4 节）。

（4）选择西元智能家居体验馆其中 1 个子系统，画出设备安装位置图（参考 1.4 节）。

（5）描述智能家居系统的操作体验感受。

（6）给出 2 张实际操作照片，其中 1 张为本人出镜照片。

实训2　智能家居电器控制系统的安装与调试

1. 实训目的

（1）掌握智能家居电器控制系统的硬件安装。

（2）掌握智能家居电器控制系统的软件调试。

2. 实训要求和课时

（1）对照智能家居电器控制系统原理图，理解其工作原理。

（2）2 人 1 组，2 课时完成。

3. 实训设备、材料和工具

1）实训设备

（1）西元智能家居体验馆，产品型号 KYJJ-571。

（2）笔记本计算机。

（3）"西元智能家居体验馆调试"软件。

2）实训材料

超五类 RJ-45 网络跳线 1 根，长度为 5 m。

3）实训工具

（1）智能化系统工具箱，产品型号 KYGJX-16。在该实训中用到的工具主要有电烙铁、带焊锡盒的烙铁架、焊锡丝。

（2）西元物联网工具箱，产品型号 KYGJX-51。在该实训中用到的工具主要有数字万用表、多功能剥线钳、测电笔、斜口钳、十字螺钉旋具、微型螺丝批、十字头微型螺钉旋具、一字头微型螺钉旋具。

4. 实训步骤

智能家居电器系统主要包括控制器、路由器、笔记本计算机和饮水机、柜式空调、冰箱、热水器、电饭煲等电器，图 1-11 和图 1-12 所示为智能家居电器控制系统原理图，其中图 1-11 是以实物照片为图例设计的控制系统原理图，图 1-12 是按照 GB/T 34043—2017《物联网智能家居 图形符号》国家标准中规定的图形符号设计的控制系统原理图，为了方便快速学习和理解，在图中增加了产品名称。

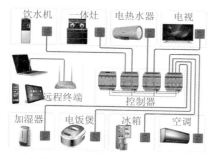

图1-11 智能家居电器控制系统实物照片原理图

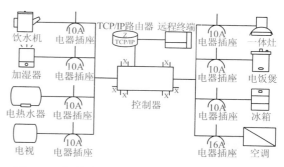

图1-12 智能家居电器控制系统图形符号原理图

第一步：将电器设备分别安装到设计位置。

建议教师指定或学生自主选择1～2台电器设备，进行实际安装或模拟安装。例如，对加湿器、饮水机、电饭煲、冰箱等可移动电器设备进行实际安装。对空调、电热水器等设备进行模拟安装。

第二步：电源布线。

鉴于电源布线需要持证电工才能安装，西元智能家居体验馆已经将全部电源线暗埋在铝合金框架中，并且将电源插座安装到位。

实训时，请教师首先详细介绍电源线的布线路由、线缆规格，然后指导学生安装电源插线板，或者将电器设备插头直接插到电源插座上，实现给设备供电。

第三步：控制器接线。

西元智能家居体验馆控制线已经全部接好，请勿随意拆卸。在教师指导下接线。

建议实训时，教师断开设备电源，首先选择1～2台电器设备，拆除原有接线，然后在教师的亲自监督下，由学生连接控制线。注意红色线为相线，蓝色线为中性线，切勿接错。

第四步：系统通电。

系统通电前，请教师认真仔细检查全部设备安装正常，电器插头连接正确，没有外露的接线端子，确认无误后再给系统通电。

第五步：绘制电子地图。

使用Visio或CAD软件绘制智能家居平面布局图，包括电器设备安装位置和编号。

西元智能家居体验馆配置的笔记本计算机中已经安装了电子地图。

实训时，教师首先给学生介绍电子地图，然后安排学生独立绘制电子地图，掌握绘制电子地图的方法和步骤。

第六步：软件调试。

（1）创建环境。

① 打开西元智能家居体验馆配置的笔记本计算机，找到《智能家居软件系统》调试软件，并且双击打开。

② 单击"添加设备"→"新建层"命令，在弹出的对话框中输入楼层ID、楼层名称，如图1-13和图1-14所示。

③ 单击"户型平面"命令，选择第五步绘制的电子地图作为户型平面图，如图1-15所示。双击电子地图，进入预览模式，单击"确定"按钮，即可完成电子地图的插入，如图1-16所示。

图1-13 选择"新建层"命令

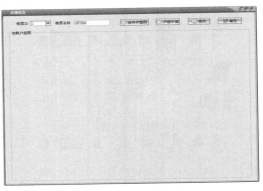

图1-14 输入楼层ID和楼层名称

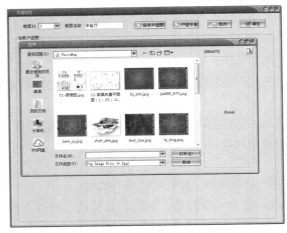

图1-15 选择电子地图

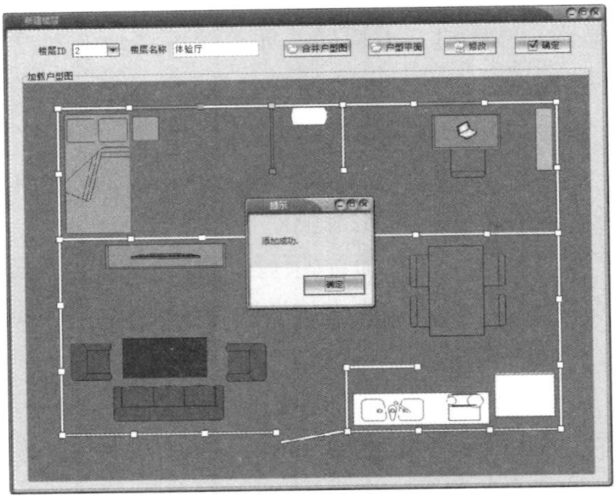

图1-16 插入电子地图

④ 单击"添加设备"→"新建房间"命令，可根据需要自由定义房间的编号、房间名称，单击"确定"按钮，即可完成房间的添加，如图1-17所示。图1-18所示为房间添加完成，单击"关闭"按钮。

图1-17 添加房间

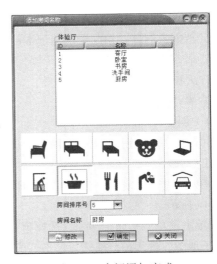

图1-18 房间添加完成

退出房间添加步骤，至此，完成整个家居环境的创建。

（2）添加设备。在软件页面左侧"添加设备栏"中选择设备，单击户型图即可弹出"设备信息添加"对话框。

① 在"房间名称"下拉列表中选择需要添加设备的房间，如图1-19所示。

② 在"设备编号"下拉列表中对添加的设备进行编号，如图1-20所示。

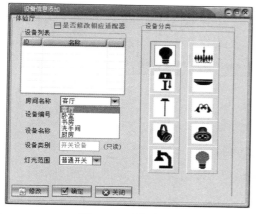

图1-19　选择房间

图1-20　修改设备编号

③ 在"设备名称"下拉列表中修改添加设备的名称。如果添加设备为灯具，还需要在"灯光范围"下拉列表中选择"普通开关"或"亮度调节"，如图1-21和图1-22所示。

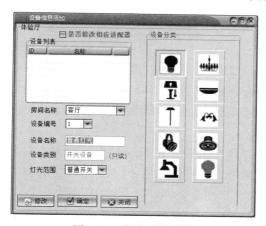

图1-21　修改设备名称

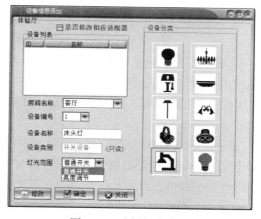

图1-22　选择灯光范围

（3）通信设置。

① 网线连接：用网络跳线将远程控制器与笔记本计算机连通。

② 网关设置：单击"设置"→"网关（CAN-TCPIP）设置"命令，弹出网关设置界面，单击"清空"按钮，清空已有的SN序列码，然后按压远程控制器的LAN指示灯所对应的按钮，获取新的SN序列码，如图1-23所示。

③ 通讯设置：单击"设置"→"通讯设置"命令，弹出"通讯方式"对话框，选择"网络方式"单选按钮，单击"确定"按钮，进行网络连接，如图1-24所示。

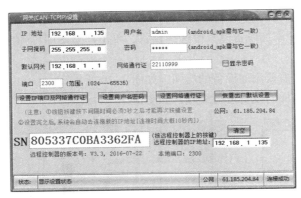 

图1-23　网关设置　　　　　　图1-24　"通讯方式"对话框

（4）设备地址学习。

① 控制器通道地址的学习。

a. 单击"设置"→"设备地址学习"命令，弹出地址编程界面。

b. 选中需要编写地址的设备，选择通道，该通道即为控制器通道，如图1-25所示。

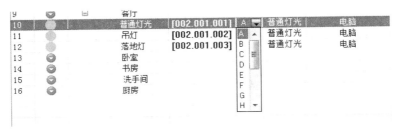

图1-25　选择通道

c. 按压控制器通道对应的按键大约5 s，通道指示灯闪烁一下，在地址编程界面选中需要编写地址的设备，右击，选择"编程"命令，右侧"指令显示"处将显示一组编码，在编码学习倒计时结束前，连续按5下控制器按键，即可在"指令显示"处显示学习成功与否。若学习失败，则需要重新学习。

② 智能面板与软件界面联动。同时按住智能面板两个水平按键，长鸣一声后放开，双击需要控制的软界面中的设备图标，然后选择智能面板两个水平按键中的一个先按一下，长鸣一声再连续按四下即可。

第七步：控制演示。

（1）控制器控制：按压电器插座对应连接的控制器按钮，实现控制插座电源的通断。

（2）智能面板控制：按压设置为电器插座开关的智能面板按钮，实现控制插座电源的通断。

（3）笔记本计算机控制：单击软件界面对应的插座图标，实现控制插座电源的通断。

5. 实训报告

（1）掌握智能家居电器控制系统的工作原理，并绘制系统原理图（参考图1-11和1-12）。

（2）描述控制器的接线方法，附接线照片（参考"第三步：控制器接线"）。

（3）描述绘制电子地图的方法，并且给出自己绘制的电子地图（参考图1-16）。

（4）描述系统软件调试的步骤和方法，给出在软件中添加设备、通信设置、设备地址学习截图（参考"第六步：软件调试"）。

实训3　智能家居照明控制系统的安装与调试

1. 实训目的

（1）掌握智能家居照明控制系统的硬件安装。

（2）掌握智能家居照明控制系统的软件调试。

2. 实训要求和课时

（1）对照智能家居照明控制系统原理图，理解其工作原理。

（2）2人1组，2课时完成。

3. 实训设备、材料和工具

1）实训设备

（1）西元智能家居体验馆，产品型号KYJJ–571。

（2）笔记本计算机。

（3）"西元智能家居体验馆调试"软件。

2）实训材料

超五类RJ–45网络跳线1根，长度为5 m。

3）实训工具

（1）智能化系统工具箱，产品型号KYGJX–16。在本实训中用到的工具主要有电烙铁、带焊锡盒的烙铁架、焊锡丝。

（2）西元物联网工具箱，产品型号KYGJX–51。在本实训中用到的工具主要有数字万用表、多功能剥线钳、测电笔、斜口钳、十字螺钉旋具、微型螺丝批、十字头微型螺钉旋具、一字头微型螺钉旋具。

4. 实训步骤

智能家居照明控制系统包括吸顶灯、吊灯、书桌灯、落地灯、床头灯。图1–26和图1–27所示为智能家居照明控制系统原理图，其中图1–26是以实物照片为图例设计的控制系统原理图，图1–27是按照GB/T 34043—2017《物联网智能家　居图形符号》国家标准中规定的图形符号设计的控制系统原理图，为了方便快速学习和理解，在图中增加了产品名称。

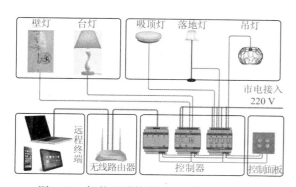

图1–26　智能照明控制系统实物照片原理图　　　　图1–27　智能照明控制系统图形符号原理图

第一步：将照明设备分别安装到设计位置。

建议教师指定或学生自主选择1～2台照明设备，进行设备安装实训。

第二步：电源布线。

鉴于电源布线需要持证电工才能安装，西元智能家居体验馆已经将全部电源线暗埋在铝合金框架中，并且已经预留足够长度的灯具电源线。

实训时，请教师首先详细介绍电源线的布线路由、线缆规格，然后指导学生进行灯具接线，实现给设备供电。

第三步：控制器接线。

西元智能家居体验馆控制线已经全部接好，请勿随意拆卸。必须在教师指导下接线。

建议实训时，教师断开设备电源，首先选择 1～2 台照明设备，拆除原有接线，然后在教师的亲自监督下，由学生连接控制线。注意红色线为相线，蓝色线为中性线，切勿接错。

第四步：系统通电。

系统通电前，请教师认真仔细检查全部设备安装正常，线缆中间接头处应处理妥当，线缆端头应可靠连接，确认无误后再给系统通电。

第五步：软件调试。

参考实训 2 中的软件调试内容。

第六步：控制演示。

（1）控制器控制：按压照明灯具对应连接的控制器按钮，控制灯具的亮灭。

（2）智能开关控制：按压对应的照明灯具智能开关按钮，控制灯具的亮灭。

（3）笔记本计算机控制：单击软件界面对应的灯具图标，控制灯具的亮灭和亮度调节。

5. 实训报告

（1）掌握智能家居照明控制系统的工作原理，并绘制系统原理图（参考图 1-26 和图 1-27）。

（2）描述控制器的接线方法，附接线照片（参考"第三步：控制器接线"）。

（3）描述系统软件调试的步骤和方法，给出在软件中添加设备、通信设置、设备地址学习等截图（参考"第五步：软件调试"）。

实训4　智能家居报警系统的安装与调试

1. **实训目的**

（1）掌握智能家居报警系统的硬件安装。

（2）掌握智能家居报警系统的软件调试。

2. **实训要求和课时**

（1）对照智能家居报警系统原理图，理解其工作原理。

（2）2 人 1 组，2 课时完成。

3. **实训设备、材料和工具**

1）实训设备

西元智能家居体验馆，产品型号 KYJJ-571。

2）材料

RV0.5 红、蓝、黄、绿线各 1 卷。

3）实训工具

（1）智能化系统工具箱，产品型号 KYGJX-16。在本实训中用到的工具主要有电烙铁、带焊锡盒的烙铁架、焊锡丝。

（2）西元物联网工具箱，产品型号 KYGJX-51。在本实训中用到的工具主要有数字万用表、多功能剥线钳、斜口钳、十字螺钉旋具、十字头微型螺钉旋具、一字头微型螺钉旋具。

4. 实训步骤

智能家居入侵报警系统包括报警主机、控制键盘、红外对射探测器、红外探测器、烟感探测器、栅栏式红外探测器、可燃气体探测器等。图1-28和图1-29所示为智能家居报警系统原理图，其中图1-28是以实物照片为图例设计的系统原理图，图1-29是按照 GB/T 34043—2017《物联网智能家居　图形符号》国家标准中规定的图形符号设计的系统原理图，为了方便快速学习和理解，在图中增加了产品名称。图1-30所示为报警主机接线图。

第一步：将报警探测设备分别安装到设计位置。

建议教师指定或学生自主选择 1～2 台报警探测设备，进行设备安装实训。对于红外对射和栅栏式报警探测器，学生需掌握外壳的拆装和底座的固定方式。对于吸顶安装的报警探测器，学生需要掌握底座的固定方式。

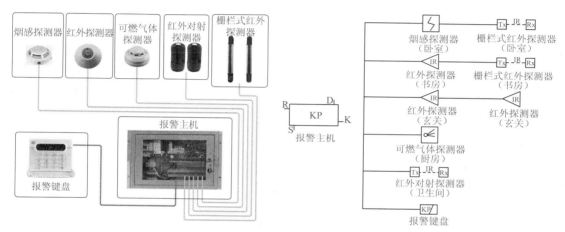

图1-28　智能家居入侵报警系统实物照片原理图　　图1-29　智能家居入侵报警系统图形符号原理图

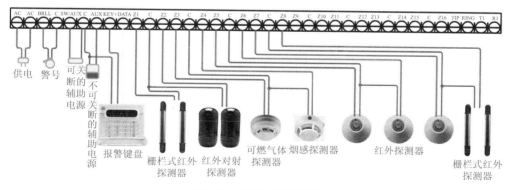

图1-30　报警主机接线图

第二步：布线。

报警探测设备需要连接电源线和信号线，因此在布线时，要注意单独布线。

鉴于电源布线需要持证电工才能安装，西元智能家居体验馆已经将全部电源线暗埋在铝合金框架中，并且已经预留足够长度的报警探测器电源线。在布信号线时，应注意与电源线保持距离，避免电流造成的信号干扰，一般采用钢管进行穿线布线。

实训时，请教师首先详细介绍电源线与信号线的布线路由、线缆规格，然后指导学生进行报警探测器设备接线，实现给设备供电与信号传输。

第三步：接线。

西元智能家居体验馆报警主机电源线与信号线已经全部接好，请勿随意拆卸。在教师指导下接线。

建议实训时，教师断开设备电源，首先选择 1 ~ 2 台报警探测设备，拆除原有接线；然后在教师的亲自监督下，由学生连接电源线和信号线。注意红色线为相线，蓝色线为中性线，黄色为高电平信号线，绿色为低电平信号线，切勿接错。

第四步：系统通电。

系统通电前，请教师认真仔细检查全部设备安装正常，线缆中间接头处应处理妥当，线缆端头应可靠连接，确认无误后再给系统通电。

第五步：布防实训。

在报警键盘准备指示灯亮时，输入"1 2 3 4 #"，进行布防，听到连续两声"滴滴"声时，表示布防成功，此时布防指示灯亮起。

注意：正在布防时，如果防区报警指示灯亮，就无法布防，造成布防失败。

第六步：撤防实训。

在布防状态下，需要撤防时，输入"1 2 3 4 #"，即可撤防。撤防后，消除警铃和警号鸣响。

第七步：消除报警记录实训。

在撤防之后或者布防前，在报警键盘上输入"* 1 #"消除报警记忆，发生报警的防区指示灯停止闪烁并熄灭。

5. 实训报告

（1）给出智能家居入侵报警系统的主要器材名称（参考图 1-28 和图 1-29）。

（2）掌握智能家居入侵报警系统的工作原理，并绘制系统原理图（参考"4.实训步骤"）。

（3）描述安防报警的接线方法，附接线照片（参考"第三步：接线"）。

（4）描述布防、撤防、消除报警记录的方法，给出实训操作照片（参考"第五步~第七步"）。

实训5　智能家居视频监控系统的安装与调试

1. 实训目的

（1）掌握智能家居视频监控系统的硬件安装。

（2）掌握智能家居视频监控系统的软件调试。

2. 实训要求和课时

（1）对照智能家居视频监控系统原理图，理解其工作原理。

（2）2 人 1 组，2 课时完成。

3. 实训设备、材料和工具

1）实训设备

（1）西元智能家居体验馆，产品型号 KYJJ-571。

（2）笔记本计算机。

（3）摄像机搜索与监控软件。

2）实训材料

超五类网线 1 箱，RJ-45 透明水晶头 100 个。

3）实训工具

（1）西元智能化系统工具箱，产品型号 KYGJX-16。在本实训中用到的工具主要有 RJ-45 网络压线钳、旋转剥线器。

（2）西元物联网工具箱，产品型号 KYGJX-51。在本实训中用到的工具主要有多功能剥线钳、斜口钳、十字螺钉旋具、十字头微型螺钉旋具、一字头微型螺钉旋具。

4. 实训步骤

智能家居视频监控系统包括 POE 交换机、POE 分离器、网络云台摄像机、网络半球摄像机、枪式摄像机等。图 1-31 和图 1-32 所示为智能家居视频监控系统原理图，其中图 1-31 是以实物照片为图例设计的系统原理图，图 1-32 是按照 GB/T 34043—2017《物联网智能家居　图形符号》国家标准中规定的图形符号设计的系统原理图，为了方便快速学习和理解，在图中增加了产品名称。

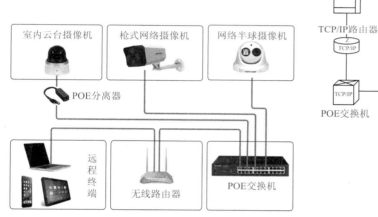

图1-31　智能家居视频监控系统实物照片原理图　　图1-32　智能家居视频监控系统图形符号原理图

第一步：将摄像机分别安装到设计位置。

建议教师指定或学生自主选择 1～2 台摄像机，进行设备安装实训。对于枪式摄像机，学生应掌握摄像机和护罩的拆装技能，对于半球摄像机，学生应掌握底座的固定方法。

第二步：布线。

该系统中摄像机均为 POE 供电，因此只需布网线，不需要额外连接电源线。在进行网线布线时，应该用线管或线槽，实际工程一般使用镀锌钢管，将摄像机网线与其他设备电源线隔离开，避免电源线对摄像机的图像质量造成影响。

实训时，请教师首先详细介绍摄像机网线的布线路由、线缆规格，然后指导学生进行摄像机接线，制作超五类 RJ-45 水晶头跳线并且连接，实现给设备供电与通信。

第三步：软件调试。

（1）安装软件。安装摄像机监控相关软件："设备网络搜索"软件是用于摄像机的激活及相关参数的修改；"iVMS-4200 客户端"软件是摄像机的监控软件。

（2）摄像机激活，修改参数。

① 摄像机激活。运行设备网络搜索（SADP）软件，软件会自动搜索局域网内的所有在线设备，选中需要激活的摄像机，将在列表右侧显示 IP 地址、设备序列号等信息，在"激活设备"栏处设置摄像机密码，单击"确定"按钮完成激活，如图 1-33 所示。

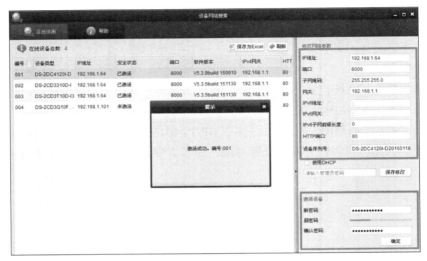

图1-33 激活摄像机

② 修改摄像机参数。在"修改网络参数"栏处修改设备 IP 地址并输入管理员密码，单击"保存修改"按钮，便于设备的区别和管理，如图 1-34 所示。

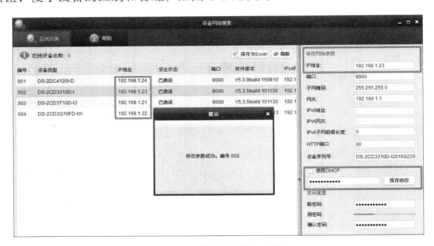

图1-34 修改摄像机参数

（3）添加摄像机。进入监控软件界面，单击"设备管理"按钮，软件会自动检测出所有在线设备，单击"添加所有设备"按钮，摄像机便会添加到"管理的设备"栏中，如图 1-35 所示。

（4）云台控制。选择已经添加的云台摄像机，通过软件界面的方向键，可进行上、下、左、右旋转摄像机镜头，以便于选择更好的监控方位与角度。

（5）移动终端控制。通过移动终端客户端，添加系统中所有的网络摄像机，并对网络摄像机进行修改名称、分组、画面查看和录像。

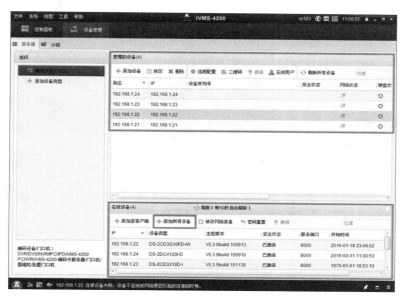

图1-35 添加摄像机

5. 实训报告

（1）给出智能家居视频监控系统的主要器材名称（参考"4. 实训步骤"）。

（2）掌握智能家居视频监控系统的工作原理，并绘制系统原理图（参考图1-31和图1-32）。

（3）描述视频监控的布线和接线方法，附接线照片（参考"第二步：布线"）。

（4）描述软件调试中的摄像机激活与修改参数、添加摄像机、云台控制、移动终端控制等操作方法，给出实训操作照片（参考"第三步：软件调试"）。

实训6 智能家居门禁系统的安装与调试

1. 实训目的

（1）掌握智能家居门禁系统的硬件安装。

（2）掌握智能家居门禁系统的软件调试。

2. 实训要求和课时

（1）对照智能家居门禁系统原理图，理解其工作原理。

（2）2人1组，2课时完成。

3. 实训设备、材料和工具

1）实训设备

西元智能家居体验馆，产品型号 KYJJ-571。

2）实训材料

超五类网线 20 m，RJ-45 水晶头 10 个，RV0.5 红、蓝线各 20 m。

3）实训工具

（1）智能化系统工具箱，产品型号 KYGJX-16。在本实训中用到的工具主要有 RJ-45 网络压线钳、旋转剥线器、电烙铁、带焊锡盒的烙铁架、焊锡丝。

（2）西元物联网工具箱，产品型号 KYGJX-51。在本实训中用到的工具主要有数字万用表、多功能剥线钳、斜口钳、十字螺钉旋具、十字头微型螺钉旋具、一字头微型螺钉旋具。

4. 实训步骤

智能家居门禁系统包括可视对讲门口机、室内可视对讲分机、POE 交换机、门禁电源、电磁锁、电磁锁支架（ZL 型）、开门按钮。图 1-36 和图 1-37 所示为智能家居门禁系统原理图，其中图 1-36 是以实物照片为图例设计的系统原理图，图 1-37 是按照 GB/T 34043—2017《物联网智能家居 图形符号》国家标准中规定的图形符号设计的系统原理图，为了方便快速学习和理解，在图中增加了产品名称。

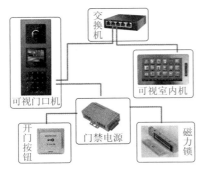

图1-36 智能家居门禁系统实物照片原理图　　图1-37 智能家居门禁系统图形符号原理图

第一步：将门禁设备分别安装到设计位置。

建议教师指定或学生自主选择 1～2 台门禁设备，进行设备安装实训。

第二步：电源布线。

鉴于电源布线需要持证电工才能安装，西元智能家居体验馆已经将全部电源线暗埋在铝合金框架中，并且已经预留了门禁设备电源线。

实训时，请教师首先详细介绍电源线的布线路由、线缆规格，然后指导学生进行门禁设备接线，实现给设备供电。

第三步：控制线接线。

西元智能家居体验馆控制线已经全部接好，请勿随意拆卸，图 1-38 所示为智能家居门禁系统接线图。请在教师指导下接线。

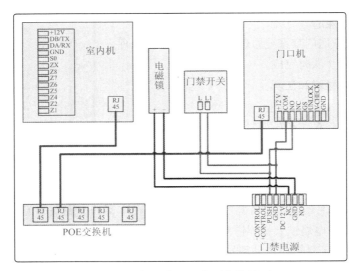

图1-38 智能家居门禁系统接线图

建议实训时，教师断开设备电源，首先选择 1～2 台门禁设备，拆除原有接线，然后在教师的亲自监督下，由学生连接控制线。接线时，应按照门禁系统接线图接线，切勿接错。

第四步：系统通电。

系统通电前，请教师仔细检查全部设备安装正常，线缆中间接头处应处理妥当，线缆端头应可靠连接，确认无误后再给系统通电。

第五步：开锁。

（1）刷卡开锁。将已经注册过的卡贴近门口机上的刷卡区即可开锁。

（2）密码开锁。公共密码开锁：# + 公共密码 + #

用户密码开锁：* + # + 房号 + 用户密码 + #

第六步：呼叫。

（1）呼叫住户。访客输入房号（如 0101），开始呼叫。门口机振铃，振铃过程中按 * 键取消呼叫，如果 30 s 内住户无应答，则自动结束呼叫。

（2）呼叫管理中心。待机时，访客按门口机的呼叫键，可呼叫小区管理中心。

第七步：监视。

单击室内机待机界面的"监视"按钮，选择监视的设备类型，开启监视功能。

监视开锁：监视过程中，住户单击室内机"开锁"按钮，可为访客开锁。单击"返回"按钮结束监视。

监视抓拍：监视过程中，单击"抓拍"按钮，可手动抓拍图片。

第八步：布 / 撤防。

单击"布 / 撤防"按钮，进入布 / 撤防操作界面。

布防：输入用户密码，进入布防延时，住户需在延时时间内离开防区。出厂密码一般为666666。

撤防：布防状态下，输入用户密码，进行撤防。

5. 实训报告

（1）给出智能家居门禁系统的主要器材名称（参考"4.实训步骤"）。

（2）掌握智能家居门禁系统的工作原理，并绘制系统原理图（参考图 1-36 和图 1-37）。

（3）描述门禁的布线和接线方法，并且设计接线图，附接线照片（参考图 1-38 和"第三步：控制线布线"）。

（4）描述密码开锁、刷卡开锁、呼叫住户、呼叫管理中心、监视、布防、撤防等操作方法，给出实训操作照片（参考"第五步～第八步"）。

实训7　智能家居环境控制系统的安装与调试

1. 实训目的

（1）掌握智能家居环境控制系统的硬件安装。

（2）掌握智能家居环境控制系统的软件调试。

2. 实训要求和课时

（1）对照智能家居环境控制系统原理图，理解其工作原理。

（2）2 人 1 组，2 课时完成。

3. 实训设备、材料和工具

1）实训设备

西元智能家居体验馆，产品型号 KYJJ-571。

2）实训材料

超五类 RJ-45 网络跳线 1 根，长度为 5 m。

3）实训工具

（1）智能化系统工具箱，产品型号 KYGJX-16。在本实训中用到的工具主要有电烙铁、带焊锡盒的烙铁架、焊锡丝。

（2）西元物联网工具箱，产品型号 KYGJX-51。在本实训中用到的工具主要有数字万用表、多功能剥线钳、斜口钳、十字螺钉旋具、十字头微型螺钉旋具、一字头微型螺钉旋具。

4. 实训步骤

智能家居环境控制系统包括平移推窗机、电动卷帘、风光雨探测器、风光雨感应控制器、2频遥控器、数显温湿度计等。图 1-39 和图 1-40 所示为智能家居环境无线控制系统原理图，图 1-41 和图 1-42 所示智能家居环境总线控制系统原理图。其中图 1-39 和图 1-41 是以实物照片为图例设计的系统原理图，图 1-40 和图 1-42 是按照 GB/T 34043—2017《物联网智能家居 图形符号》国家标准中规定的图形符号设计的系统原理图，为了方便快速学习和理解，在图中增加了产品名称。

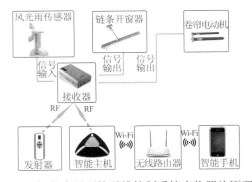

图1-39 智能家居环境无线控制系统实物照片原理图

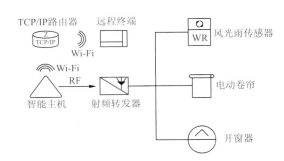

图1-40 智能家居环境无线控制系统图形符号原理图

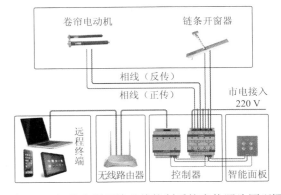

图1-41 智能家居环境总线控制系统实物照片原理图

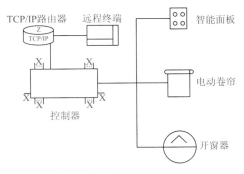

图1-42 智能家居环境总线控制系统图形符号原理图

第一步：将环境控制设备分别安装到设计位置。

建议教师指定或学生自主选择 1 ～ 2 台环境控制设备，进行设备安装实训。

第二步：电源布线。

　　鉴于电源布线需要持证电工才能安装，西元智能家居体验馆已经将全部电源线暗埋在铝合金框架中，并且已经预留了环境控制设备电源线。

　　实训时，请教师首先详细介绍电源线的布线路由、线缆规格，然后指导学生进行环境控制设备接线，实现给设备供电。

　　第三步：控制器接线。

　　西元智能家居体验馆控制线已经全部接好，请勿随意拆卸。请在教师指导下接线。

　　建议实训时，教师断开设备电源，首先选择 1～2 台环境控制设备，拆除原有接线，然后在教师的亲自监督下，由学生连接控制线。接线时，应注意线色，切勿接错。

　　第四步：系统通电。

　　系统通电前，请教师认真仔细检查全部设备安装正常，线缆中间接头处应处理妥当，线缆端头应可靠连接，确认无误后再给系统通电。

　　第五步：软件调试

　　参考实训 2 中的软件调试内容。

　　第六步：控制演示。

　　（1）无线环境控制系统。

　　① 通过配套的射频遥控器控制电动窗的开关。

　　② 通过移动终端控制电动窗的开关。

　　（2）总线环境控制系统

　　① 控制器控制：按压电动卷帘对应连接的控制器按钮，控制电动卷帘的开合。

　　② 智能开关控制：按压电动卷帘的智能开关按钮，控制电动卷帘的开合。

　　③ 笔记本计算机控制：单击软件界面中的对应开关按钮，控制电动卷帘的开合。

　　5．实训报告

　　（1）给出智能家居环境控制系统的主要器材名称。（参考"4. 实训步骤"）。

　　（2）掌握智能家居环境控制系统的工作原理，并绘制系统原理图（参考图 1-39～图 1-42）。

　　（3）描述智能家居环境控制系统的控制器接线方法，附接线实训照片（参考"第三步"）。

　　（4）描述无线控制和总线控制的等操作方法，给出实训操作照片（参考"第六步"）。

实训8　智能家居家庭影音系统的安装与调试

　　1．实训目的

　　（1）掌握智能家居家庭影音系统的硬件安装。

　　（2）掌握智能家居家庭影音系统的软件调试。

　　2．实训要求和课时

　　（1）对照智能家居影音系统原理图，理解其工作原理。

　　（2）2 人 1 组，2 课时完成。

　　3．实训设备、材料和工具

　　1）实训设备

　　西元智能家居体验馆，产品型号 KYJJ-571。

　　2）实训材料

　　音频线，30 m。

3）实训工具

（1）智能化系统工具箱，产品型号 KYGJX-16。在本实训中用到的工具主要有电烙铁、带焊锡盒的烙铁架、焊锡丝。

（2）西元物联网工具箱，产品型号 KYGJX-51。在本实训中用到的工具主要有数字万用表、多功能剥线钳、斜口钳、十字螺钉旋具、十字头微型螺钉旋具、一字头微型螺钉旋具。

4．实训步骤

智能家居家庭影音系统包括液晶电视、音柱、吸顶音箱、智能媒体播放器、硬盘播放器、音量旋钮开关、红外转发器等。图 1-43 和图 1-44 所示为智能家居影音系统的原理图，其中图 1-43 是以实物照片为图例设计的系统原理图，图 1-44 是按照 GB/T 34043—2017《物联网智能家居 图形符号》国家标准中规定的图形符号设计的系统原理图，为了方便快速学习和理解，在图中增加了产品名称。

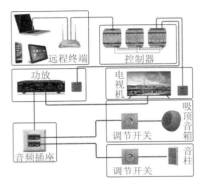

图1-43 智能家居家庭影音系统实物照片原理图　　图1-44 智能家居家庭影音系统图形符号原理图

第一步：将影音设备分别安装到设计位置。

建议教师指定或学生自主选择 1～2 台影音设备，进行设备安装实训。

第二步：电源布线。

鉴于电源布线需要持证电工才能安装，西元智能家居体验馆已经将全部电源线暗埋在铝合金框架中，并预留了影音设备电源线。

实训时，请教师首先详细介绍电源线的布线路由、线缆规格，然后指导学生进行影音设备接线，实现给设备供电。

第三步：控制线接线。

西元智能家居体验馆控制线已经全部接好，请勿随意拆卸。请在教师指导下接线。图 1-45 所示为智能家居家庭影音系统接线图。

建议实训时，教师断开设备电源，首先选择 1-2 台影音设备，拆除原有接线，然后在教师的亲自监督下，由学生连接控制线。接线时，应按照影音系统接线图接线，切勿接错。

第四步：系统通电。

系统通电前，请教师仔细检查全部设备安装正

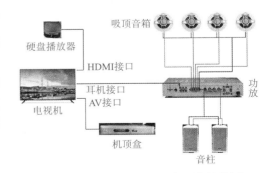

图1-45 智能家居家庭影音系统接线图

常，线缆中间接头处应处理妥当，线缆端头应可靠连接，确认无误后再给系统通电。

第五步：操作实训

（1）添加遥控器：通过红外转发器，将系统中用到的遥控器添加到移动终端的客户端上，并做好分类和命名。

（2）远程控制：通过移动终端，远程控制曲目选择、音量调节。

（3）本地控制：通过功放正面旋钮，进行模式选择、曲目选择和音量调节；通过音量调节开关，调节对应区域音箱的音量。

5. 实训报告

（1）给出智能家居家庭影音系统的主要器材名称（参考"4. 实训步骤"）。

（2）掌握智能家居家庭影音系统的工作原理，并绘制系统原理图（参考图1-43和图1-44）。

（3）描述智能家居家庭影音系统的控制线接线方法，附接线实训照片（参考"第三步"）。

（4）描述添加遥控器无线控制、远程控制、本地控制等操作方法，给出实训操作照片（参考"第五步"）。

实训9 智能家居远程控制终端调试

1. 实训目的

（1）掌握智能家居控制系统软件场景设置方法。

（2）掌握智能家居移动终端控制方式。

2. 实训要求和课时

（1）理解智能家居整体系统的工作原理，能够设置情景模式。

（2）2人1组，2课时完成。

3. 实训设备、材料和工具

（1）实训设备：西元智能家居体验馆，型号 KYJJ-571。

（2）材料和工具：笔记本计算机、移动终端、网线、水晶头。

4. 实训步骤

1）场景设置

第一步：地址学习。打开智能家居软件系统，单击"设置"→"场景定时器"命令，在弹出的对话框中修改场景定时器地址为254.254.254，单击"学习"按钮，再单击"连接"按钮，如图1-46所示。

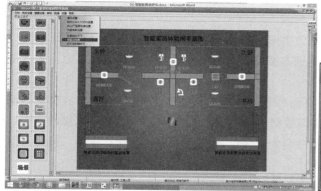
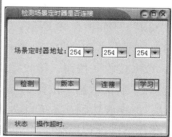

图1-46 场景地址学习

第二步：任务添加。在设置场景任务界面，选择某一场景，单击"任务添加"按钮，然后添加相应任务，可进行该任务定时周期类型及执行动作选择。

第三步：智能开关与场景联动。双手同时按住智能开关两个水平按键，长鸣一声后放开；双击需要控制的场景图标，如"居家"，然后选择智能开关两个水平按键中的一个先按一下，长鸣一声，然后再连续按四下即可。

第四步：下载。可右击场景，在弹出的快捷菜单中选择"下载"命令，也可单击左下角的"下载"按钮，如图1-47所示。

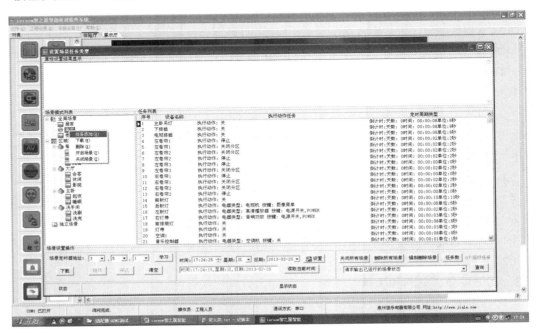

图1-47　场景下载

第五步：根据不同需求设置多种情景模式，重复以上步骤。

第六步：将设置完成的情景模式数据发送到移动终端客户端中，即可用移动终端远程控制。

2）移动终端设置

（1）网络设置：打开移动终端客户端，单击"网络设置"按钮，弹出网络设置界面，填入远程控制器的SN码、IP地址、端口信息，用户名与密码均为"admin"，输入完成后，单击"保存"按钮，网络设置完成，如图1-48所示。

（2）数据管理：单击"数据设置"按钮，弹出数据设置界面，将笔记本的服务IP、服务端口信息输入（注意远程控制器IP与笔记本服务IP不可设置为同一个地址），自命名一个数据名称，如"test"，如图1-49所示。

（3）数据发送与接收：在软件页面单击"数据"→"数据发送"命令，在移动终端客户端上单击"数据接收"按钮，接收完成即数据传输完成，如图1-50所示。数据接收完成后单击移动终端上的"默认数据"按钮，选择命名为"test"的数据，单击"保存设置"按钮，即完成数据的保存，保存成功后，系统自动退出。

3）移动终端远程控制

（1）用户登录：重新打开移动终端客户端，单击客户端界面右上角图标，进行登录，登录用户名和密码均为"admin"，如图 1-51 所示。

（2）远程控制：登录成功后，即可实现移动终端远程控制。单击"快捷"按钮，可控制当前系统设置的情景模式，如图 1-52 所示；单击"智能家居"栏中的"客厅"，可进行灯具调光控制和电动窗帘开合控制，如图 1-53 所示；单击"智能家居"栏中的"餐厅"，可进行普通照明灯具开关控制，如图 1-54 所示。

图1-48　移动终端网络设置

图1-49　移动终端数据管理

图1-50　数据传输

图1-51　用户登录

图1-52　快捷控制

图1-53　调光与窗帘控制

图1-54　开关控制

5. **实训报告**

（1）描述智能家居软件系中场景设置的步骤和方法，并且给出实训操作截图（参考 4.1 节）。

（2）描述移动终端设置步骤和方法，并且给出实训操作截图（参考 4.2 节）。

（3）描述移动终端远程控制方法，给出实训操作截图（参考 4.3 节）。

习　题

一、填空题（10题，每题2分，合计20分）

1. 智能家居又称_____，在国外常用_____表示。（参考 1.1.2 节的知识点）

2. 家庭自动化是指利用_____，来_____家中的电子电器产品或系统。（参考 1.1.2 节的知识点）

3. 数字家庭是指以_____为基础，各种家电进行通信及数据交换，实现家电之间的_____。（参考 1.1.2 节的知识点）

4. 现阶段，网络家电的主要实现方法是利用_____、_____及智能控制技术设计和改造普通家用电器。（参考 1.1.2 节的知识点）

5. 早期智能家居产品主要以_____、电器远程控制和_____为主。（参考 1.2.1 节的知识点）

6. 从产品形态上来看，智能家居的发展经历了_____、_____、智能系统集成阶段三个阶段。（参考 1.2.1 节的知识点）

7. 运营商在经过资源整合后，推出自己的_____、智能化设备和_____。（参考 1.2.2 节的知识点）

8. 陕西省智能建筑产教融合科技创新服务平台主要服务方向包括_____、_____、教学实训平台、技术培训服务平台。（参考 1.2.3 节的知识点）

9. 智能家居集合了硬件、芯片、软件、通信、_____、_____等多个模块。（参考 1.2.4 节的知识点）

10. 智能家居需要一个相互协作的生态圈，加强企业合作、_____、_____是智能家居产品未来的一个重要趋势。（参考 1.2.4 节的知识点）

二、选择题（10题，每题3分，合计30分）

1. 智能家居概念的提出到智能家居实体的面世经历了住宅电子化、（　　）、智能家居三个阶段。（参考 1.1.1 节的知识点）

　A. 住宅现代化　　　B. 住宅信息化　　　C. 住宅自动化　　　D. 住宅智能化

2. 自从（　　）年世界第一个智能家居系统问世以来，智能家居系统一直在不断的更新。国外智能家居产品传入中国已有近（　　）年的历史。（参考 1.2.1 节的知识点）

　A. 1984　　　　　B. 1994　　　　　C. 20　　　　　D. 30多

3. 智能系统集成阶段主要表现为（　　）产品之间信息的交流。（参考 1.2.1 节的知识点）

　A. 同类　　　　　B. 同种类　　　　C. 相同品牌　　　D. 不同品牌

4. 国内已有部分公司在做智能家居控制系统的集成，主要用到的设备多为（　　）和（　　）。（参考 1.2.1 节的知识点）

　A. 智能探测器　　B. 智能传感器　　C. 智能控制器　　D. 智能遥控器

5. 智能终端作为移动应用的（　　），（　　）和性能的提高让移动应用能尽可能地发挥其作用。（参考 1.2.2 节的知识点）

　A. 平台　　　　　B. 主要载体　　　C. 数量的增长　　D. 数量的减少

6. 苹果公司智能家居的（　　）主要来源于第三方合作伙伴，这些厂商在操作系统上可（　　），他们的智能单品之间也可以直接进行信息交互。（参考 1.2.2 节的知识点）

A.　硬件设备　　　　B.　智能设备　　　　C.　互动协作　　　　D.　独立运作

7.　智能家居行业硬件、软件的（　　　）和产品的（　　　），导致了多数企业仍处于"头脑发热"阶段，真正脚踏实地致力于智能家居产品研发的较少。（参考 1.2.4 节的知识点）

A.　多样化　　　　B.　单一化　　　　C.　同质化　　　　D.　特殊性

8.　智能家居设备可通过配套的智能终端进行（　　　），也可通过手机、平板计算机等终端进行本地和远程控制。（参考 1.3.1 节的知识点）

A.　本地控制　　　　B.　远程控制　　　　C.　集中控制　　　　D.　多点控制

9.　智能家居安防监控系统除了门禁系统和视频监控系统外，还包括（　　　）。（参考 1.3.2 节的知识点）

A.　门窗磁系统　　　　B.　环境监测系统　　　　C.　入侵报警系统　　　　D.　智能控制系统

10.　智能控制系统是指具有智能家居系统控制功能的控制器硬件和软件，通过（　　　）实现对各种终端产品的控制。（参考 1.3.2 节的知识点）

A.　硬件设备　　　　B.　客户端　　　　C.　控制主机　　　　D.　控制中心

三、简答题（5题，每题10分，合计50分）

1.　简要阐述家庭网络的概念。（参考 1.1.2 节的知识点）

2.　简要阐述智能家居的定义。（参考 1.1.2 节的知识点）

3.　简要阐述国内外智能家居的发展现状。（参考 1.2.2 节的知识点）

4.　简要阐述智能家居的发展策略。（参考 1.2.4 节的知识点）

5.　简要阐述智能家居的特点和主要应用系统。（参考 1.3.1 和 1.3.2 节的知识点）

单元 ②

智能家居系统常用通信协议

智能家居系统不仅通信协议多种多样，而且更新换代速度快，本单元重点介绍智能家居系统工程常用的总线协议和无线协议，安排了安装基本技能实训等内容。

学习目标：
- 掌握智能家居系统工程常用的总线协议。
- 掌握智能家居系统工程常用的无线协议。

2.1 智能化系统常用通信协议

通信协议又称通信规程，是指通信双方对数据传送控制的一种约定。约定中包括对数据格式、同步方式、传送速度、传送步骤、检纠错方式以及控制字符定义等问题做出统一规定，通信双方必须共同遵守，它称为链路控制规程。

不同的通信协议都有其存在的必要性，每一种协议都有它所主要依赖的操作系统和工作环境，在一个网络上运行的很好的通信协议，在另一个看起来很类似的网络上可能完全不合适。要实现网络间的正常通信就必须选择合适的通信协议，否则就会造成网络的接入速度太慢以及网络不稳定等。

智能化的发展主要由通信协议的更新换代推动，智能家居属于智能化系统的一个主要部分，根据协议的传输方式、传输速率、传输距离等特性条件，各个协议都有特定的应用范围和应用场景。

目前智能化系统应用的主流有线通信协议有 RS-485 总线、CAN 总线、Lon Works 总线等，详见表 2-1 智能化系统常用有线通信协议表。常用的无线协议有射频（FR）、蓝牙、Wi-Fi、ZigBee、Z-Wave 等，详见表 2-2 智能化系统常用无线通信协议表。

表2-1　智能化系统常用有线通信协议表

序	协议简称	起源年代	连接线（总线）	典型传输距离	网络结构	速度	网络容量	协议规范	典型应用
1	EIB、KNX	1999	专用线缆	1 000 m	总线、星状	9.6 kbit/s	64或128/网段，可扩充至65 536	国家级	智能建筑
2	Lon Works	1990	双绞线、同轴电缆、电力线等	2 700 m	总线、星状等	300 ~ 1.25 Mbit/s	64/网段，32 385/域，可无限扩充	国际级	工业自动化

续表

序	协议简称	起源年代	连接线（总线）	典型传输距离	网络结构	速度	网络容量	协议规范	典型应用
3	RS-485	1983	2芯双绞线	1 200 m	总线	300～9.6 kbit/s	32/网段，可扩充至255	无	工业自动化
4	X-10，PLC-BUS	1976	电力线	200 m（X-10）2 000 m（PLC）	总线、星状	100～200 bit/s	256个地址码/X-10，64 000/PLC	行业级	智能家居
5	CAN-BUS等BUS	1970	专用线缆		总线	9.6 kbit/s		行业级或私有	各行各业

表2-2　智能化系统常用无线通信协议表

序	协议简称	起源年代	工作频率	典型发射功率	典型传输距离	网络结构	通信速率	网络容量	协议规范	典型应用
1	RF射频	1894	315 MHz，433 MHz等	5 mW（7 dBm）	50～100 m	点到点	1.2～19.2 kbit/s	按照协议	无	遥控门铃
2	Bluetooth（蓝牙）	1998	2.4 GHz	2.5 mW（4 dBm）	10 m	微微网和分布式网络	1 Mbit/s	8，可扩充8+255	蓝牙技术联盟	鼠标、耳机、手机、计算机等
3	IEEE 802.11 a/b/g/n（Wi-Fi）	1997	2.4 GHz	终端36 mW（16 dBm）AP 320 mW（25 dBm）	50～300 m	蜂窝	1～600 Mbit/s	50，取决于AP性能	国际级IEEE 802.11	无线局域网
4	IEEE 802.15.4（ZigBee）	2001	2.4 GHz	1 mW（0 dBm）	5～100 m	动态路由自组织网	250 kbit/s	255，可扩充至65 000	国际级IEEE 802.15.4	物联网智能家居、工控、医疗、交通、安防等领域
5	Z-Wave	2005	908.42 MHz（美国）868.42 MHz（欧洲）	1 mW（0 dBm）	5～100 m	动态路由自组织网	9.6 kbit/s	232	Z-wave联盟	智能家居、消费电子

2.2　RS-485总线

2.2.1　RS-485总线协议的提出

　　随着分布式控制系统的发展，远距离数字通信的需求日益明显，已有的RS-232由于其通信距离短、传输速率低等缺点已不再适用。因此，美国电子工业协会（EIA）基于RS-232的不足提出了RS-422总线协议，RS-422是一种单机发送、多机接收的单向、平衡传输规范，为了拓宽应用范围，EIA又在RS-422总线标准的基础上提出RS-485标准，RS-485标准采用平衡式发送、差分式接收的数据收发器来驱动总线，具有支持多节点、远距离接收、高灵敏度等优点。

2.2.2 RS-485 总线协议常用器件

RS-485 总线协议常见的器件包括图 2-1 所示的光电隔离集线器、图 2-2 所示的信号放大中继器、图 2-3 所示的防雷型转换器、图 2-4 所示的串口服务器、图 2-5 所示的接口转换器、图 2-6 所示的数据采集器、图 2-7 所示的协议转换器等。

图2-1　光电隔离集线器　　图2-2　信号放大中继器　　图2-3　防雷型转换器　　图2-4　串口服务器

图2-5　接口转换器　　图2-6　数据采集器　　图2-7　协议转换器

2.2.3 RS-485 总线协议简介

1. RS-232/422/485 总线协议认知

根据 RS-232、RS-422、RS-485 总线协议的特性，我们以通信方式的差异来全面认知和了解这些总线协议。表 2-3 为 RS-232、RS-422、RS-485 总线协议的区别。

表2-3　RS-232、RS-422、RS-485总线协议的区别

总线协议标准	RS-232	RS-422	RS-485
工作方式	单端	差分	差分
节点数	1发1收	1发10收	1发32收
最大传输电缆长度	15 m（50 ft）	1 200 m（4 000 ft）	1 200 m（4 000 ft）
最大输出速率	20 kbit/s	10 Mbit/s	10 Mbit/s
最大驱动输出电压	+/-25 V	-0.25 V ～ +6 V	-7 V ～ +12 V
发送器输出信号电平（负载最小值）	+/-5 V ～ +/-15 V	± 2.0 V	± 1.5 V
发送器输出信号电平（空载最大值）	+/-25 V	± 6 V	± 6 V
发送器负载阻抗	3 KΩ ～ 7 KΩ	100 Ω	54 Ω
接收器输入电压范围	± 15V	-10 V ～ +10 V	-7 V ～ +12 V
接收器输入门限	± 3V	± 200 mV	± 200 mV
接收器输入电阻	3 KΩ ～ 7 KΩ	4 KΩ（最小）	≥ 12 KΩ
发送器共模电压	—	-3 V ～ +3 V	-1 V ～ +3 V
接收器共模电压	—	-7 V ～ +7 V	-7 V ～ +12 V

2. RS-485 总线协议的工作原理

在 RS-485 总线协议中规定，数据信号采用差分传输方式，也称平衡传输。在 RS-485 器件

中，有一个"使能"控制信号。"使能"信号用于控制发送器与传输线的切断与连接，当"使能"端起作用时，发送器处于高阻态，称作"第三态"，它是有别于逻辑1与逻辑0的第三种状态。图2-8所示为RS-485发送器工作原理图。

对于接收器，也做出与发送器相对应的规定，收、发端通过平衡双绞线将A–A与B–B对应连接。当接收端A–B之间的电平大于+200 mV时，输出为正逻辑电平，小于–200 mV时，输出为负逻辑电平。在接收器的接收平衡线上，电平范围通常在200 mV至6 V之间。图2-9所示为接收器工作原理图。

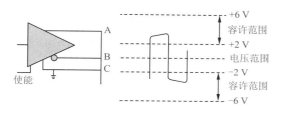

图2-8　RS-485发送器工作原理图

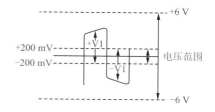

图2-9　接收器工作原理图

3. RS-485总线协议的基本特性

解析RS-485总线协议基本内容，可以得出RS-485总线协议特性如下：

1）半双工工作方式

RS-485总线采用半双工工作方式，支持多点数据通信，如图2-10所示。

2）多种拓扑结构

RS-485总线网络拓扑一般采用终端匹配的直线型拓扑结构，即采用一条总线将各个节点串接起来，如图2-11所示。

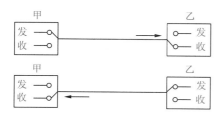

图2-10　半双工工作方式

图2-11　直线型拓扑结构图

在工业应用中，常用到的网络拓扑结构还有星状和树状，如图2-12和图2-13所示。不支持环状网络。

图2-12　星状拓扑结构图

图2-13　树状拓扑结构图

3）经济的通信平台

RS-485总线是一种相对经济、抗噪性强、传输速率高的通信平台。

4）抗干扰能力强

RS-485总线接口采用平衡驱动器和差分接收器的组合，具有极强的抗共模干扰能力。

5）收发器灵敏度很高

RS-485 总线收发器灵敏度很高，可以检测到低至 200 mV 的电压，因此，传输信号经过千米以上的衰减后仍然可以完好恢复。

6）支持节点更多

RS-485 总线一般最大支持 32 个节点，如果使用特制的 RS-485 芯片，可支持 256 个节点或更多。

7）传输距离长

RS-485 总线典型传输距离为 1 200 m，在使用较细的通信电缆、电磁干扰较强的环境、总线上连接有较多设备的情况下，最大传输距离相应缩短；反之，最大距离加长。

2.2.4 RS-485 总线协议在智能家居中的应用

1. RS-485 总线智能家居应用

总线智能家居系统具有运行稳定、安全可靠和集成扩展等优势，是智能家居市场主导技术之一。总线技术综合评判选择的三大因素为技术架构、应用环境、服务对象。综合考量系统架构、适用性、性价比、安全性等方面，可选用 RS-485 总线技术作为平层智能家居解决方案。图 2-14 所示 RS-485 总线智能家居应用拓扑图。

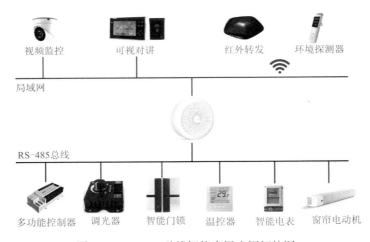

图2-14　RS-485总线智能家居应用拓扑图

2. 空调集成对接

通过总线转换设备，实现对主流空调的集成对接。风机盘管式空调采用支持 RS-485 通信协议控制的温控器面板，通过设置温控器的温度值来间接启动风机或直接开启/关闭风机。

3. 新风系统对接

常规新风阀有高、中、低 3 档位，连接控制器的三个负载端口控制对应的 3 个档位的通断来实现对新风系统的控制，若新风系统具有 RS-485 总线接口，可采用总线协议控制的方式。

4. 电动窗帘的对接

对双火线电动窗帘，通过控制器中的负载回路来实现对窗帘的控制，对于总线型 RS-485 窗帘电动机，可完成对主流品牌窗帘电动机的协议对接。

5. 摄像机对接

视频监控系统使用的硬盘录像机一般都有 RS-485 接口。图 2-15 所示为将模拟摄像机直接连接到硬盘录像机 RS-485 接口上，图 2-16 所示为通过 RS-485 转 232 转换器连接模拟摄像机与工控主机。

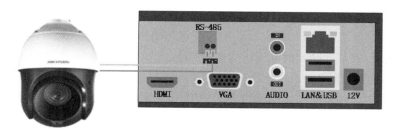

图2-15　模拟摄像机直接连接到硬盘录像机RS-485接口

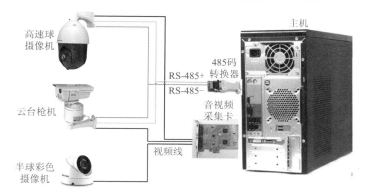

图2-16　通过RS-485转232转换器连接模拟摄像机与工控主机

2.3　CAN 总线

2.3.1　CAN 总线协议的提出

控制器局域网（Controller Area Network，CAN）属于现场总线的范畴，是一种支持分布式控制系统的串行通信网络，是由德国 BOSCH 公司在 20 世纪 80 年代专门为汽车行业开发的一种串行通信总线。

随着 CAN 总线在各个行业和领域的广泛应用，对其通信格式标准化也提出了更严格的要求。1991 年 CAN 总线技术规范（Version 2.0）制定并发布，该技术规范共包括 A 和 B 两个部分，其中 2.0A 给出了 CAN 报文标准格式，而 2.0B 则给出了标准的和扩展的两种格式。

2.3.2　CAN 总线协议的常用器件

CAN 总线协议常见的器件包括图 2-17 所示的 CAN 总线分析仪、图 2-18 所示的 CAN 总线服务器、图 2-19 所示的 CAN 总线网关等。

图2-17　CAN总线分析仪　　图2-18　CAN总线服务器　　图2-19　CAN总线网关

2.3.3 CAN 总线协议的简介

1. CAN 总线协议的认知

CAN 总线的物理层是将控制单元连接至总线的驱动电路，控制单元的总数受限于总线上的电气负荷。物理层定义了物理数据在总线上各节点间的传输过程，主要是连接介质、线路电气特性、数据的编码/解码、位定时和同步的实施标准。

1）CAN 总线的物理层

在 CAN 总线中，物理层从结构上可分为三层，分别是物理信号（Physical Layer Signaling，PLS）层、物理介质附件（Physical Media Attachment，PMA）层和介质从属接口（Media D. pendent：Inter-face，MDI）层。其中 PLS 层连同数据链路层功能由 CAN 总线控制器完成，PMA 层功能由 CAN 总线收发器完成，MDI 层定义了电缆和连接器的特性。

2）CAN 总线的节点

CAN 总线网络上的节点不分主从，任一节点均可在任意时刻主动地向网络上其他节点发送信息，通信方式灵活，利用这一特点可方便地构成多机备份系统。

CAN 总线通过报文滤波可实现点对点、一点对多点及全局广播等几种方式传送和接收数据。

CAN 总线上的节点数主要取决于总线驱动电路，目前可达 110 个，报文标识符可达 2 032 种，而扩展标准的报文标识符几乎不受限制。

3）CAN 总线的数据链路层

CAN 总线核心内容是数据链路层，其中逻辑链路控制（Logical Link control，LLC）完成过滤、过载通知和管理恢复等操作，媒体访问控制（Medium Access control，MAC）子层完成数据打包/解包、帧编码、媒体访问管理、错误检测、错误信令、应答、串并转换等操作。

2. CAN 总线协议的工作原理

CAN 总线使用串行数据传输方式，在 40 m 的双绞线上可以 1 Mbit/s 的速率运行，也可使用光缆连接，而且支持多个控制器。

当一个站要向其他站发送数据时，该站的 CPU 将要发送的数据和自己的标识符传送给本站的 CAN 芯片，并处于准备状态，当该芯片收到总线分配时，转为发送报文状态，CAN 芯片将数据根据协议组织成一定的报文格式发出，这时网上的其他站处于接收状态，每个处于接收状态的站对接收到的报文进行检测，判断这些报文是否是发给自己的，以确定是否接收它。

3. CAN 总线协议的基本特性

1）抗电磁干扰能力强

成本低、实时性强、传输距离较远、具有较强的抗电磁干扰的能力。

2）抗噪能力强

采用双线串行通信方式，检错能力强，具有可靠的错误处理和检错机制，可在高噪声干扰环境中工作。

3）多主机控制网络

具有优先权和仲裁功能，多个控制模块通过 CAN 控制器挂到 CAN 总线上，形成多主机局部网络。

4）筛选报文

可根据报文的 ID 决定接收或屏蔽该报文。

5）自动重发

发送的信息遭到破坏后，可自动重发。

6）自动退出

节点在错误严重的情况下，可自动退出总线。

7）安全可靠

报文不包含源地址或目标地址，仅用标志符来指示功能信息、优先级信息。

2.3.4 CAN 总线协议在智能家居行业中的应用

CAN 总线是一种应用较为广泛的现场总线，常用于生产过程控制和交通工具仪表互联等，

近年来，随着智能家居行业的兴起，CAN 总线也被应用于智能家居和小区管理系统。

在现代家庭中，往往需要一个智能家居中心控制系统作为整个系统的枢纽，来完成智能家居系统中设备的控制。如图 2-20 所示，整个系统中有两条分离的 CAN 总线，一条是家庭内部总线，另一条由家庭内部连接到户外。这样的双总线设计模式，保证了家庭内部环境较少受到外界环境的影响，也保证了家庭隐私安全，同时隔离用户和抄表系统，避免用户篡改数据。

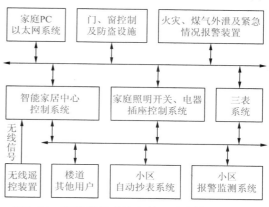

图2-20 智能家居系统中的双总线模式结构图

2.4 LonWorks 总线技术

2.4.1 LonWorks 总线技术的提出

LON（Local Operating Networks）总线是由美国推出的局部操作网络，主要服务于集散式监控系统。

LonWorks现场总线技术是美国Echelon公司在20世纪90年代推出的，其神经元芯片同时具备通信和控制功能，它可以解决在控制网络的设计、构成、安装和维护中出现的问题。目前采用LonWorks现场总线技术的产品广泛应用在工业、楼宇、家庭、能源等自动化领域，LON总线也是当前最为流行的现场总线之一。

2.4.2 LonWorks 总线技术常用器件

LonWorks 现场总线技术常见的器件包括图 2-21 所示的网络控制器、图 2-22 所示的网关、图 2-23 所示的房间温控器、图 2-24 所示的DDC 控制器等。

图2-21 网络控制器　　图2-22 网关　　图2-23 房间温控器　　图2-24 DDC控制器

2.4.3 LonWorks 总线技术简介

1. LonWorks 总线技术的认知

LonWorks 技术的现场总线控制系统由 LonWorks 节点、路由器、LonWorks 协议、LonWorks Internet 连接设备、LonWorks 收发器等组成。

1）节点

以神经元芯片为核心的现场总线控制节点，常见的应用包括 CPU、I/O 处理单元、通信处理器、存储器和电源等。

2）路由器

在 LonWorks 技术中，冲击器、桥接器等统称为路由器，它是 LonWorks 技术一个重要的组成部分，它使 LonWorks 网络突破了传统现场总线在通信介质、通信距离、通信速率方面的限制，用于控制网络业务量，并且，它可用来连接不同通信介质的 LonWorks 网络。

3）连接设备

Lon 为 LonWorks 的连接设备，用于 LonWorks 和互联网或者其他 IP 网络的无缝连接。

4）协议

LonWorks 协议被称为 LonTalk 协议和 ANSI/EIA 709.1 控制网络标准，该协议直接面向对象，提供通信服务。

5）收发器

收发器为 LonWorks 设备与网络提供物理通信接口，适用于不同的通信介质和网络拓扑。

2. LonWorks 总线技术的工作原理

在一个 LonWorks 控制网络中，智能控制设备（节点）使用同一协议与网络中的其他节点通信，每个节点都可对协议进行监控。一个 LonWorks 控制网络可以有多个节点，如传感器（温度、压力等）、执行器（开关、调节阀、变频驱动等）、操作接口（显示、人机界面等）、控制器（新风机组等）。

LonWorks 分布式控制技术，舍弃传统的中央处理器，具有更高的系统可靠性，并且降低了系统成本，支持双绞线、同轴电缆、光缆和红外线等多种通信介质和多种拓扑结构，被誉为通用控制网络。

3. LonWorks 总线技术的基本特性

1）开放性

网络协议开放，采用 LonWorks 技术的不同厂家的产品可在同一网络中协同工作。

2）通信媒介

LonWorks 技术是一个完整的控制网络，它包括从物理层到应用层以及网络操作系统的全部内容，可使用任何媒介进行通信，并且在同一网络中可存在多种通信媒介。

3）互操作性

LonWorks 技术所使用的 LonTalk 协议遵循 ISO/OSI 模型，任何制造商的产品之间都可以实现互操作。

4）网络结构多样

网络结构可以是主从式、对等式或服务式，网络拓扑结构可以是星状、总线、环状和自由状。

5）网络结构完整

LonWorks 技术支持域、子网、节点等完整的网络结构，其网络长度可达 2 700 m，一个

LonWorks 网络的一个域最多支持 32 385 个节点，每个子网有 64 个节点。

6）耐共模干扰能力强

LonWorks 技术有较强的耐共模干扰的能力，可工作在较为复杂的环境中。

7）可靠性高

LonWorks 技术为对等式通信网络，各节点地位均等，无主从节点之分，可靠性高。

8）实用性强

LonWorks 技术网络安装、组网和维护比较容易，有助于提高工作效率，较为实用。

2.4.4 LonWorks 总线技术在智能家居行业中的应用

基于 LonWorks 技术的智能家居系统，可完成电表、煤气表、冷热水表等数据的采集和传输，可通过红外、气体探测器等进行安防报警，可实现对家电、照明等设备的控制，可对室内温度、湿度、空气质量进行监测。图 2-25 所示为 LonWorks 总线技术在智能家居行业中的应用系统结构图。

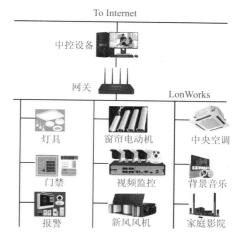

图2-25 LonWorks总线技术在智能家居行业中的应用系统结构图

2.5 射频识别（RFID）技术

2.5.1 射频识别技术的提出

1. 射频识别技术产生的背景

RFID（Radio Frequency Identification）技术作为构建"物联网"的关键技术近年来受到越来越多的关注。

RFID 技术最早起源于英国，在第二次世界大战中，用于辨别敌我飞机身份，20 世纪 60 年代开始应用于商业领域。

RFID 技术是一种自动识别技术，美国国防部规定 2005 年 1 月 1 日以后，所有军需物资都要使用 RFID 标签，美国食品与药品管理局（FDA）建议制药商从 2006 年起利用 RFID 跟踪药品，打击造假药品，沃尔玛等零售业对于 RFID 技术的应用等一系列应用推动了 RFID 的发展速度。

RFID 技术要大规模应用，一方面是要降低 RFID 标签价格，另一方面要看应用 RFID 之后能否带来增值服务。欧盟统计办公室的统计数据表明，2010 年，欧盟有 3% 的公司应用 RFID 技术，应用分布主要在身份证件、门禁控制、供应链、库存跟踪、汽车收费、防盗、生产控制、资产管理等方面。

2. 射频识别技术的发展进程

1940—1950 年：雷达的改进和应用催生了射频识别技术，1948 年奠定了射频识别技术的理论基础。

1950—1960 年：早期射频识别技术的探索，主要处于实验室实验研究阶段。

1960—1970 年：射频识别技术的理论得到了发展，开始了一些应用尝试。

1970—1980 年: 射频识别技术与产品研发处于一个大发展时期,各种射频识别技术加速发展,出现了一些最早的射频识别应用。

1980—1990 年: 射频识别技术及产品进入商业应用阶段,各种规模化的应用开始出现。

1990—2000 年: 射频识别产品得到广泛采用,射频识别产品逐渐成为人们生活中的一部分。

2000 年后: 射频识别技术标准化问题日趋为人们所重视,与此同时,射频识别产品种类更加丰富,有源电子标签、无源电子标签及半无源电子标签均得到发展。电子标签成本不断降低,应用规模不断扩大。

3. RFID 技术和应用在我国快速发展

2006 年 6 月,由国家科技部、信息产业部等多个部委共同编写的《中国射频识别(RFID)技术政策白皮书》公布。这份白皮书,给出了中国标准制定的大致时间表:在培育期(2006—2008),按照国家 RFID 标准体系框架,制定相应的技术标准与应用标准,在成长期(2007—2012),基本形成中国 RFID 标准体系。

2.5.2 射频识别技术简介

1. 射频识别技术的概述

图2-26 射频识别

射频识别(RFID)技术是一种无线通信技术,又称无线射频识别,可以通过无线电信号识别特定目标并读写相关数据,无须识别系统与特定目标之间建立机械或者光学接触,如图 2-26 所示。

从概念上来讲,RFID 类似于条码扫描,对于条码技术而言,它是将已编码的条形码附着于目标物,并使用专用的扫描读写器利用光信号将信息由条形码传送到扫描读写器。而 RFID 则使用专用的 RFID 读写器及专门的可附着于目标物的 RFID 标签,利用频率信号将信息由 RFID 标签传送至 RFID 读写器。

从结构上讲,RFID 是一种简单的无线系统,系统由一个阅读器(平台)和多个应答器组成,该系统用于控制、检测和跟踪物体。

传统意义上定义应答器是能够传输信息、回复信息的电子模块,近些年,由于射频技术快速发展,赋予应答器新的说法和含义:智能标签或标签。

2. 射频识别的组成部分

典型的 RFID 系统主要由阅读器、电子标签、中间件和应用系统组成,如图 2-27 所示。

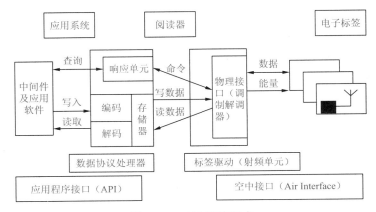

图2-27 RFID系统组成

1）阅读器

阅读器（Reader）又称读写器，主要负责与电子标签的双向通信，同时接收来自主机系统的控制指令。阅读器的频率决定了 RFID 系统工作的频段，其功率决定了射频识别的有效距离。阅读器根据使用的结构和技术的不同可以是读或读 / 写装置，它是 RFID 系统信息控制和处理中心。阅读器通常由射频接口、逻辑控制单元和天线三部分组成，如图 2-28 所示。

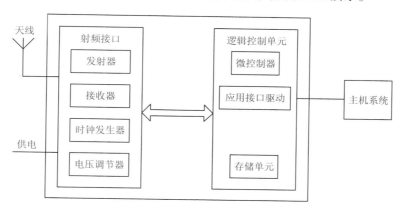

图2-28　阅读器

2）电子标签

电子标签（Electronic Tag）也称智能标签（Smart Tag），是由 IC 芯片和无线通信天线组成的微型标签，其内置的射频天线用于和阅读器进行通信。电子标签是 RFID 系统内真正的数据载体，系统工作时，阅读器发出查询信号，标签在收到查询信号后，将其一部分整流分为直流电源供电子标签内的电路工作，一部分能量信号被电子标签内保存的数据信息调制后反射回阅读器。电子标签通常由天线、电压调节器、调制器、解调器、逻辑控制单元、存储单元组成，如图 2-29 所示。

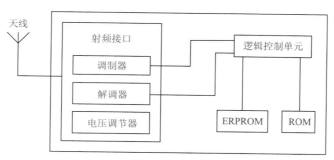

图2-29　电子标签

3）中间件

中间件是一种独立的系统软件或服务程序，分布式应用软件借助中间件在不同的技术之间共享资源。中间件位于客户机、服务器的操作系统上，管理计算机资源和网络通信，如图 2-30 所示。

4）应用系统

从电子标签到阅读器之间的通信及能量感应方式来看，应用系统一般可分为电感耦合（Inductive Coupling）系统和电磁反向散射耦合（Backscatter Coupling）系统。

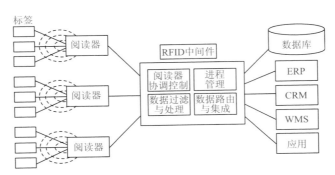

图2-30　中间件

电感耦合通过空间高频交变磁场实现耦合，依据的是电磁感应定律，该方式一般适用于中、低频工作的近距离 RFID 系统。

电磁反向散射耦合基于雷达模型，发射出去的电磁波碰到目标后反射，同时携带目标信息，依据的是电磁波空间传播规律，该方式一般适用于高频、微波工作的远距离 RFID 系统。

3. 射频识别技术的工作原理

RFID 技术的基本工作原理为：标签进入磁场后，接收阅读器发出的射频信号，凭借感应电流所获得的能量发送出存储在芯片中的产品信息（无源标签或被动标签），或者由标签主动发送某一频率的信号（有源标签或主动标签），阅读器读取信息并解码，然后传送至中央信息系统对相关数据进行处理。

RFID 系统的阅读器通过天线与 RFID 电子标签进行无线通信，可以实现对标签识别码和存储数据的读写操作。RFID 技术可识别高速运动物体并可同时识别多个标签，操作快捷方便。在实际应用中，可进一步通过 Ethernet 或 WLAN 等实现对物体识别信息的采集、处理及远程传送等功能。

4. 射频识别技术的基本特性

1）非接触识别

射频识别系统最重要的优点是非接触识别，它能穿透大多数介质来阅读标签，并且阅读速度极快，大多数情况下不到 100 ms。有源式射频识别系统的速写能力也是重要的优点，可用于流程跟踪和维修跟踪等交互式业务。

2）适用性

在运输管理方面采用射频识别技术，只需要在货物的外包装上安装电子标签，在运输检查站或中转站设置阅读器，就可以实现运输的可视化管理，与此同时，货主可以根据权限，访问在途可视化网页，了解货物的具体位置，有助于提高物流企业的服务水平。

5. 性能特点

1）快速扫描

RFID 识别器可同时识别并读取多个 RFID 标签。

2）体积小、形状多样

RFID 在读取上并不受尺寸大小与形状的限制，产品应用范围广。

3）强抗污染能力和耐久性

RFID 对水、油和化学药品等物质具有很强的抵抗性，RFID 是将数据存储在芯片中，大大降低了损坏和污染的可能性。

4）可重复使用

现今的条形码印刷上去之后就无法更改，RFID 标签则可以重复地新增、修改、删除存储的数据，方便信息的更新。

5）穿透性通信

在被覆盖的情况下，RFID 能够穿透纸张、木材和塑料等非金属或非透明的材质进行穿透性通信。

6）数据的记忆容量大

RFID 可有效应对数据容量不断扩大的趋势。

7）安全性

RFID 技术不仅可以嵌入或附着在不同形状、类型的产品上，而且可以为标签数据的读写设置密码保护，使其内容不易被伪造和变造。

RFID 因其所具备的远距离读取、高存储量等特性而备受瞩目。它不仅可以帮助一个企业大幅提高货物、信息管理的效率，还可以让销售企业和制造企业互联，从而更加准确地接收反馈信息，控制需求信息，优化整个供应链。

6. 射频识别技术的其他参数

1）射频识别的分类

RFID 按照能源的供给方式分为无源 RFID，有源 RFID，以及半有源 RFID。无源 RFID 读写距离近，价格低，有源 RFID 可以提供更远的读写距离，但是需要电池供电，成本要更高一些，适用于远距离读写的应用场合，半有源 RFID 产品，结合有源 RFID 产品及无源 RFID 产品的优势，在低频 125 kHz 的触发下，让微波 2.45 GHz 发挥优势。

无源 RFID 产品、有源 RFID 产品以及半有源 RFID 产品，因其不同的特性，决定了不同的应用领域和不同的应用模式。

（1）无源 RFID 产品。无源 RFID 产品发展最早，也是发展最成熟，应用最广的产品。例如，公交卡、食堂餐卡、银行卡、宾馆门禁卡、二代身份证等，在日常生活中都随处可见，属于近距离接触式识别类。

（2）有源 RFID 产品。有源 RFID 产品是最近几年慢慢发展起来的，其远距离自动识别的特性，决定了其巨大的应用空间和市场潜质，如智能监狱、智能医院、智能停车场、智能交通、智慧城市、智慧地球及物联网等领域都属于远距离自动识别类。

（3）半有源 RFID 产品。半有源 RFID 技术也可称低频激活触发技术，利用低频近距离精确定位，微波远距离识别和上传数据，弥补单一的有源 RFID 和无源 RFID 无法实现相关功能的缺陷。简单地说，就是近距离激活定位，远距离识别并上传数据，在门禁进出管理、人员精确定位、区域定位管理、周界管理、电子围栏及安防报警等领域有着很大的优势。

2）射频识别的工作频率

RFID 按应用频率的不同分为低频（LF）、高频（HF）、超高频（UHF）和微波（MW），相对应的代表性频率分别为低频 135 kHz 以下、高频 13.56 MHz、超高频 860 ~ 960 MHz、微波 2.4 GHz 和 5.8 GHz。下面主要介绍 RFID 低频、高频和超高频的特性和应用环境。

（1）低频。RFID 技术首先在低频得到广泛的应用和推广。该频率主要是通过电感耦合的方式进行工作，也就是在读写器线圈和感应器线圈间存在变压器耦合作用，通过读写器交变场作用在感应器天线中感应的电压被整流，可作供电电压使用。图 2-31 所示为 RFID 低频特性，图 2-32

所示为 RFID 低频应用领域。

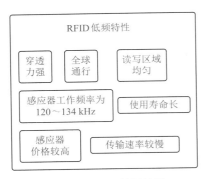

图2-31　RFID低频特性

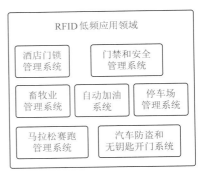

图2-32　RFID低频应用领域

（2）高频。在该频率的感应器不再需要线圈进行绕制，可以通过腐蚀或者印刷的方式制作天线。感应器一般通过负载调制的方式进行工作，也就是通过感应器上的负载电阻的通断促使读写器天线上的电压发生变化，实现用远距离感应器对天线电压进行振幅调制。如果通过数据控制负载电压的通断，那么这些数据就能够从感应器传输到读写器。图 2-33 所示为 RFID 高频特性，图 2-34 所示为 RFID 高频应用领域。

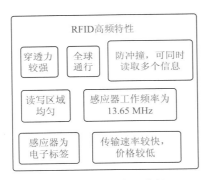

图2-33　RFID高频特性

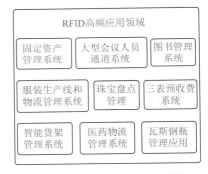

图2-34　RFID高频应用领域

（3）超高频。超高频系统通过电场来传输能量，电场的能量下降较慢，但是读取的区域不能很好地进行定义，该频段读取距离比较远，无源可达 10 m 左右，主要是通过电容耦合的方式进行实现。图 2-35 所示为 RFID 超高频特性，图 2-36 所示为 RFID 超高频应用领域。

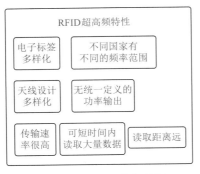

图2-35　RFID超高频特性

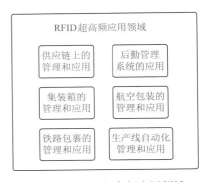

图2-36　RFID超高频应用领域

2.5.3　射频识别技术在智能家居行业中的应用

无线网络技术在没有布线的情况下也可以搭建家庭局域网。而无线射频技术就是通过高频的无线频率（315 MHz或433 MHz）点对点传输，实现灯光、窗帘、家电等的遥控功能，这类技术对于已经装修完成的用户非常适用，无须预先布线，不会破坏原有家居的美观。

使用基于无线射频技术的产品，就可以将家里所有的电器串成一个网络，这里称它为智能家居无线网络，在这个网络中，可以随意遥控，让每个冷冰冰的电器都听命于我们。图2-37所示为射频识别技术应用框图。

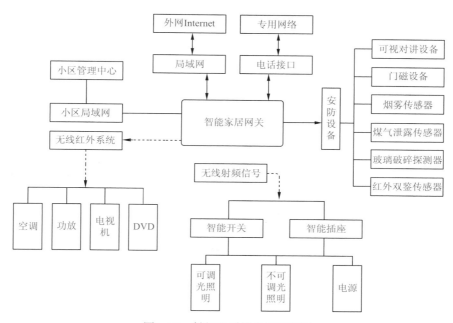

图2-37　射频识别技术应用框图

2.6　蓝　牙

2.6.1　蓝牙的提出

蓝牙是一种短距离无线通信的技术标准，它最初的目的在于取代掌上计算机、移动电话等设备上的有线电缆。在制定蓝牙标准之初，就建立了统一全球的目标：工作频段为全球统一开放的2.4 GHz频段。

蓝牙技术可实现固定设备和移动设备与楼宇个人域网之间的短距离数据交换。它最初由电信巨头爱立信公司于1994年创制，当时是作为RS-232数据线的替代方案。蓝牙可连接多个设备，解决了数据不能同步的问题。

蓝牙（见图2-38）由蓝牙技术联盟（Bluetooth Special Interest Group，SIG）管理。蓝牙技术联盟在全球拥有超过25 000家成员公司，它们分布在电信、计算机、网络和消费电子等多重领域。蓝牙技术联盟负责监督蓝牙规范的开发，管理认证项目，并维护商标权益，制造商的设备必须符合蓝牙技术联盟的标准才能以"蓝牙设备"的名义进

图2-38　蓝牙

入市场，蓝牙技术拥有一套专利网络，可发放给符合标准的设备。

2.6.2　蓝牙简介

1．蓝牙概述

简单地说，蓝牙是一种短程宽带无线电技术，是实现语音和数据无线传输的全球开放性标准。它使用跳频扩谱（FHSS）、时分多址（TDMA）、码分多址（CDMA）等先进技术，在小范围内建立多种通信与信息系统之间的信息传输。

2．蓝牙的工作原理

蓝牙的波段为 2 400 ～ 2 483.5 MHz（包括防护频带），这是全球范围内无须取得执照的工业、科学和医疗用的 2.4 GHz 短距离无线电频段。

蓝牙使用跳频技术，将传输的数据分割成数据包，通过指定的蓝牙频道分别传输数据包，每个频道的频宽为 1 MHz。

蓝牙是基于数据包，有主从架构的协议。一个主设备至多可和同一微型网络中的七个从设备通信，当然并不是所有设备都能够达到这一最大量，设备之间可通过协议转换角色，从设备也可转换为主设备，所有设备共享主设备的时钟，分组交换基于主设备定义的 312.5 μs 为周期运行的基础时钟，两个时钟周期构成一个 625 μs 的时间间隙，两个时间间隙就构成了一个 1 250 μs 的缝隙对。

蓝牙核心规格是提供两个或以上的微微网连接以形成分布式网络，让特定的设备在这些微微网中同时自动地分别扮演主和从的角色。

数据传输可随时在主设备和其他设备之间进行（应用极少的广播模式除外），主设备可选择要访问的从设备。典型的情况是：它可以在设备之间以轮替的方式快速转换，因为是主设备来选择要访问的从设备，理论上从设备就要在接收槽内待命，主设备可以与 7 个从设备相连接，但是从设备却很难与 1 个以上的主设备相连。

3．蓝牙的基本特性

（1）全球范围适用。因其工作频段的普遍性，无须申请许可证，便可应用于世界各地。

（2）可同时传输语音和数据。蓝牙采用电路交换和分组交换技术，支持异步数据信道、三路语音信道以及异步数据与同步语音同时传输的信道。

（3）可建立临时性对等连接。

（4）具有很好的抗干扰能力。

（5）蓝牙模块体积小，便于集成。由于蓝牙体积小，功率低，可以被集成到大多数数字设备中，诸如那些对数据传输速率要求不高的移动设备和便携设备。

（6）低功耗。蓝牙设备在通信时有 4 种模式，分别是激活模式、呼吸模式、保持模式和休眠模式。其中激活模式为设备正常工作模式，其他 3 种模式都是低功耗模式。

（7）开放的接口标准。

（8）低成本。为了抢夺市场资源，蓝牙供应商降低价格，成本迅速下降。

4．蓝牙版本的更迭

所有的蓝牙标准版本都支持向下兼容，让最新的版本能够覆盖所有旧的版本。下面对现阶段蓝牙技术主要版本的特性做一个详细的介绍。

1）1.1版本

蓝牙 1.1 版本发布于 2002 年。由于技术不成熟，该版本设备在工作时容易受到同频率之间的类似通信产品干扰，影响通信质量，该版本仅支持单工方式传输立体声（Stereo）音效，由于不理想的带宽频率响应，不能作为 Stereo 的有效传输工具。

2）1.2版本

2003 年，蓝牙 1.2 版本问世。该版本增加了抗干扰调频功能，大大改善了 1.1 版本在通信过程中的干扰性问题，提高了通信质量。

3）2.0＋EDR版本

2.0+EDR 版本发布于 2004 年。相较于 1.2 版本，2.0 版本的传输率大大提升，并且支持双工的工作方式，即在语音通信的同时，可以传输文档、图片等信息，2.0 版本当然也支持 Stereo 运作。

这一规格被命名为 Bluetooth v2.0＋EDR，EDR 是指选择性的功能。除了 EDR，2.0 规格还包括其他改进，如产品无须支持更高速的数据传输率也可完成蓝牙 2.0 的合规性认证。

4）2.1＋EDR版本

蓝牙核心规范 2.1＋EDR 是蓝牙技术联盟于 2007 年 7 月 26 日推出的。

2.1 最大的特点是安全简易配对（SSP），它为蓝牙设备提高了配对体验，同时也提升了安全性的实际应用和强度。2.1 还包括其他一些改进，包括"延长询问回复（EIR）"，以便于在查询过程中提供更多信息，并且让设备能在连接前更好地进行信息筛选。

5）3.0＋HS版本

蓝牙核心规格 3.0＋HS 版本是蓝牙技术联盟于 2009 年 4 月 21 日推出的。

蓝牙 3.0 的核心是 AMP（Generic Alternate MAC/PHY），这是一种全新的交替射频技术，允许蓝牙协议栈针对任一任务动态地选择正确射频，它也是 802.11 新增的高速传输功能，因此，只有标注了"＋HS"商标的设备才是真正通过 802.11 高速数据传输的蓝牙设备，没有标注"＋HS"后缀的蓝牙 3.0 设备仅支持核心规格 3.0 版本或之前的核心规范。

6）4.0版本

蓝牙技术联盟于 2010 年 6 月 30 日正式推出蓝牙核心规格 4.0（称为 Bluetooth Smart）。它包括经典蓝牙、高速蓝牙和蓝牙低功耗协议。高速蓝牙基于 Wi-Fi，经典蓝牙则包括旧有蓝牙协议。

蓝牙 4.0 最重要的特性是省电，极低的运行和待机功耗可以使一粒纽扣电池连续工作数年之久。另外，低成本和跨厂商互操作性，使得蓝牙技术的应用范围变得更大。

7）4.1版本

蓝牙技术联盟于 2013 年 12 月正式宣布采用蓝牙核心规格 4.1 版本。这一规格是对蓝牙 4.0 版本的一次软件更新，而非硬件更新。此次改进的主要内容是通信功能，因此，4.1 版本的核心是 IoT，也就是设备联网。

4.1 版本的特性如下：

（1）提高数据传输速率，同时可对数据进行批量传输。

（2）采用 IPv6 联网。新标准加入了专用通道允许设备通过 IPv6 联机使用。

（3）简化设备连接。蓝牙 4.1 大幅度地修改设备之间的连接和重新连接，在设计时为厂商提供更多的设计权限，包括设定频段创建或保持蓝牙连接，极大地提升了蓝牙设备连接的灵活性。

（4）与 4G 和平共处。在蓝牙 4.1 和 4G 网络同时在传输数据时，蓝牙 4.1 就会自动协调两者的传输信息。

8）4.2版本

2014 年 12 月 4 日，蓝牙 4.2 标准颁布。

在新的标准下蓝牙信号想要连接或者追踪用户设备必须经过用户许可，改善了数据传输速率和隐私保护程度，直接通过 IPv6 和 6LoWPAN 接入互联网。速度方面变得更加快速，蓝牙设备之间的数据传输速度提高了 2.5 倍，由于蓝牙智能（Bluetooth Smart）数据包的容量提高，其可容纳的数据量也大大提高。

9）5.0 版本

美国时间 2016 年 6 月 16 日在伦敦正式发布蓝牙 5.0 版本，蓝牙 5.0 为现阶段最高级的蓝牙协议标准。

5.0 版本特性如下：

（1）更快的传输速度。蓝牙 5.0 的传输速度上限大约为 4.2 版本的 2 倍。

（2）更远的有效距离。蓝牙 5.0 的传输有效距离大约为 4.2 版本的 4 倍。

（3）导航功能。蓝牙 5.0 添加更多的导航功能，主要作为室内导航信标或类似定位设备使用。

（4）物联网功能。蓝牙 5.0 针对物联网进行了很多底层优化，以更低的功耗和更高的性能为智能家居服务。

（5）硬件升级。蓝牙 5.0 升级新的芯片，以满足信息技术的高速发展需求。

（6）真正支持无损传输。支持 24 bit/192 kHz 的无损音源传输。

2.6.3　蓝牙在智能家居行业中的应用

蓝牙必须必须依据自身优势，依据其自身功能开发出相应的产品，融入生活，才能长足发展。从目前的产品来看，蓝牙在智能家居行业中主要应用在以下几个方面：

1. 智能安防领域的应用

安防系统又可分为入侵报警系统、视频监控系统、门禁系统 3 个部分，以蓝牙控制防盗报警能够实现实时探测，满足用户的远程监控需求，降低误报率。

智能家居的视频监控系统包括 3 个主要部分——监控中心、主机控制和数据处理。利用 Internet 与小区网络连接，通过蓝牙实现 USB 采集图像的无线传输，并对图像进行运动检测，利用 GPRS 实现短信报警。

门禁系统主要囊括了自动识别和安全管理两大主要功能，通过对通道通行对象的检测，实现出入口的安全控制，集实时监控与后期检查于一体，对人员出入情况进行识别记录，并可利用蓝牙技术，通过手机客户端的密码控制门禁。图 2-39 所示为蓝牙烟雾探测器，图 2-40 所示为蓝牙摄像机，图 2-41 所示为蓝牙电子锁。

图2-39　蓝牙烟雾探测器　　　图2-40　蓝牙摄像机　　　图2-41　蓝牙电子锁

2. 智能家电领域的应用

智能家居中的家电系统一般由智能穿戴、灯光控制、影音娱乐、智能开关、智能家电 5 个部分组成。

智能穿戴装置指智能手表、智能手机等独立的可穿戴电子产品。利用低功耗的蓝牙通信技术，检测环境的温度、湿度、灯光等数据，并利用无线传输技术进行安全报警。蓝牙灯光控制系统以手机、PDA 等作为控制端，实现灯光的开关控制、颜色控制、亮度控制，并配合定时功能，控制灯光动作。

影音娱乐系统以无线蓝牙影音立体墙为基础构想，将电视、Internet 网络、无线蓝牙、立体音响设备等集于一体，实现影音娱乐的无线连接。智能开关接收器接收通过蓝牙发射的指令而实现灯光控制。

在智能电力设施和灯管家电之间连接接收器，代替传统手动开关模式，自由切换灯具、光源、亮度等。智能家电包括冰箱、洗衣机、电视机等在内的大小家电，通过蓝牙无线通信技术与主站连接，通过 Internet 网络，获取家电使用情况信息。图 2-42 所示为蓝牙手环，图 2-43 所示为手机蓝牙，图 2-44 所示为蓝牙智能开关，图 2-45 所示为蓝牙音箱，图 2-46 所示为蓝牙冰箱，图 2-47 所示为蓝牙机顶盒。

图2-42　蓝牙手环

图2-43　手机蓝牙

图2-44　蓝牙智能开关

图2-45　蓝牙音箱

图2-46　蓝牙冰箱

图2-47　蓝牙机顶盒

2.7　Wi-Fi

2.7.1　Wi-Fi 的提出

无线网络技术由澳洲政府的研究机构 CSIRO 在 20 世纪 90 年代发明并于 1996 年在美国成功申请了无线网技术专利。在 1999 年 IEEE 官方定义 802.11 标准时，IEEE 选择并认定了 CSIRO 发明的无线网技术是世界上最好的无线网技术，因此 CSIRO 的无线网技术标准，就成为 2010 年 Wi-Fi（见图 2-48）的核心技术标准。

图2-48　Wi-Fi

IEEE 曾请求澳洲政府放弃其无线网络专利，让世界免费使用 Wi-Fi 技术，但遭到拒绝，澳洲政府随后在美国通过官司胜诉或庭外和解，收取了世界上几乎所有电器电信公司（包括苹果、英特尔、联想等）的专利使用费。

无线网络被澳洲媒体誉为澳洲有史以来最重要的科技发明，其发明人 John O'Sullivan 被澳洲媒体称为"Wi-Fi 之父"并获得了澳洲的国家最高科学奖和全世界的众多赞誉，其中包括欧洲专利局（European Patent Office，EPO）颁发的 European Inventor Award 2012，即 2012 年欧洲发明者大奖。

2.7.2 Wi-Fi 简介

1. Wi-Fi 的概述

Wi-Fi 是一种允许电子设备连接到一个无线局域网（WLAN）的技术，通常使用 2.4G UHF 或 5G SHF ISM 射频频段。连接到无线局域网通常是有密码保护的，但也可是开放的，这样就允许任何在 WLAN 范围内的设备可以连接上。

Wi-Fi 是一个无线网络通信技术的品牌，由 Wi-Fi 联盟所持有，目的是改善基于 IEEE 802.11 标准的无线网路产品之间的互通性。

2. Wi-Fi 的工作原理

Wi-Fi 可以简单地理解为无线上网，几乎所有智能手机、平板计算机和笔记本计算机都支持 Wi-Fi 上网，是当今使用最广的一种无线网络传输技术。

Wi-Fi 的工作原理实际上就是把有线网络信号转换成无线信号，通过无线路由器进行信号转发，并通过笔记本计算机、手机、平板等设备进行信号接收的一个过程。

Wi-Fi 通过无线电波来连网。常见的就是一个无线路由器，在这个无线路由器的电波覆盖的有效范围都可以采用 Wi-Fi 连接方式进行联网，如果无线路由器连接了一条 ADSL 线路或者别的上网线路，则又被称为热点。

3. Wi-Fi 的基本特性

无线技术时代，Wi-Fi 毫无疑问成为无线技术的代言者。下面，分别从带宽、信号、功耗、安全等方面全方位剖析 Wi-Fi 的独到之处。

1）更宽的带宽

802.11n 标准将数据速率提高了一个等级，可以适应不同的功能和设备，所有 11n 无线收发装置支持两个空间数据流，发送和接收数据可以使用 2 个或 3 个天线组合，很快将会有芯片支持 3～4 个数据流。

2）更强的射频信号

802.11n 标准的无线芯片具备更多的性能特性，无线客户端和无线访问点利用这些芯片可以使射频（RF）信号更具弹性、稳定和可靠。这些性能特性包括：低密度奇偶校验码，提高纠错能力；发射波束形成，让一个访问点集中处理客户端的射频信号；空间时分组编码，它利用多重天线提高信号可靠性。

3）Wi-Fi 功耗降低

802.11n 标准在功耗和管理方面进行了重大创新，不仅能够延长 Wi-Fi 智能手机的电池寿命，还可以嵌入到其他设备中，如医疗监控设备、楼宇控制系统等，可进行实时定位跟踪，并不断地监测和收集数据，可基于用户的身份和位置进行个性化设置。

4）改进的安全性

互联网最具破坏性的影响是通过盗窃身份证明、侵犯隐私、刺探以及缺乏相应的信任手段对用户造成的伤害，移动网络使这一情况变得更糟，如果用户信任当前打开的 Wi-Fi 连接，有可能使他们遭受毁灭性的风险。802.11w 标准保护无线链路，使无线链路更好地工作。

4. Wi-Fi 的网络协议

网络成员和结构站点是 Wi-Fi 网络最基本的组成部分。

基本服务单元（Basic Service Set，BSS）是网络最基本的服务单元。最简单的服务单元可以只由两个站点组成，站点可以动态地连接到基本服务单元中。

分配系统（Distribution System，DS）用于连接不同的基本服务单元。分配系统使用的媒介在逻辑上和基本服务单元使用的媒介是分开的。

接入点（Access Point，AP）既有普通站点的身份，又有接入到分配系统的功能。

扩展服务单元（Extended Service Set，ESS）由分配系统和基本服务单元组合而成，这种组合是逻辑上的组合，并非物理上的组合。

关口（Portal）也是一个逻辑成分，用于将无线局域网和有线局域网或其他网络联系起来，这里边用到了 3 种媒介，站点使用的无线的媒介、分配系统使用的媒介以及和无线局域网集成一起的其他局域网使用的媒介。物理上它们可能互相重叠。

2.7.3　Wi-Fi 在智能家居行业中的应用

Wi-Fi 是由 AP（Access Point）和无线网卡组成的无线网络，AP 一般称为网络桥接器或接入点，是传统的有线局域网络与无线局域网络之间的桥梁，因此任何一台装有无线网卡的 PC 均可通过 AP 去分享有线局域网络甚至广域网络的资源，其工作原理相当于一个内置无线发射器的集线器，而无线网卡则是负责接收由 AP 所发射信号的客户端设备。

相比较传统智能家居系统采用的有线布网方式，Wi-Fi 技术的应用则减少布线麻烦，具有更好的可扩展性、移动性，因此采用无线智能控制模式是智能家居发展的必然选择。

1. 数字可视对讲

当 Wi-Fi 智能网关作为对讲系统中移动的终端设备时，可以方便地在客厅、卧室以及家里任何一个地方进行对讲控制。

2. 入侵报警

入侵报警系统接入无线 Wi-Fi 后，一旦警情发生，报警信息就会及时上传至管理中心，同时也可以通过短信、电话等方式通知业主。

3. 信息发布

通过小区管理软件，物业管理者可以编辑如文字、图片、视频、天气等各种信息，实时地将信息发送至业主家中的 Wi-Fi 智能网关上，业主可以通过 Wi-Fi 智能网关提示来浏览中心服务器上的各类信息。

4. 小区商城管理

在小区管理软件上建立虚拟超市，小区业主通过 Wi-Fi 智能网关就可以浏览各类商品信息。

5. 远程监控

用户使用计算机网络远程登录家庭 Wi-Fi 网关，实现对家庭环境的实时监控。

总之，通过 Wi-Fi 技术的运用，已成功地将智能家居的各种设备和楼宇对讲衔接起来，提供比传统智能家居更舒适、安全、便捷的智能家居生活空间，优化了人们的生活方式，从而给用户带来了全新、舒适的家居生活。

2.8　ZigBee 协议

2.8.1　ZigBee 协议的提出

1. ZigBee 协议提出的背景

随着技术的发展，已有的无线通信协议已经不能更完整地适用于工业、家庭自动化控制和工业遥测遥控等领域，并且，对于工业现场来说，无线数据传输必需是高可靠的，并能抵抗工业现场的各种电磁干扰，因此，经过人们长期努力，ZigBee 协议正式问世（见图 2-49）。

2. ZigBee 协议的发展历程

2001 年 8 月，ZigBee Alliance 成立（见图 2-50）。

2004 年，ZigBee V1.0 诞生。它是 ZigBee 的第一个规范，但由于推出仓促，存在一些错误。

2006 年，推出 ZigBee 2006，相较于以往版本，新版本系统比较完善。

2007 年底，ZigBee PRO 推出。

2009 年 3 月，ZigBee RF4CE 推出，具备更强的灵活性和远程控制能力。

2009 年开始，ZigBee 采用了 IETF 的 IPv6 和 6LoWPAN 标准作为新一代智能电网 Smart Energy（SEP 2.0）的标准，致力于形成全球统一的易于与互联网集成的网络，实现端到端的网络通信。随着美国及全球智能电网的大规模建设和应用，物联网感知层技术标准将逐渐由 ZigBee 技术向 IPv6 和 6LoWPAN 标准过渡。

图2-49　ZigBee协议

图2-50　ZigBee联盟

2.8.2　ZigBee 协议简介

1. ZigBee 协议的概述

ZigBee 是基于 IEEE 802.15.4 标准的低功耗局域网协议。协议中规定，ZigBee 技术是一种短距离、低功耗的无线通信技术，其特点是近距离、低复杂度、自组织、低功耗、低数据速率、低成本，主要用于自动控制和远程控制领域，可以嵌入各种设备。简而言之，ZigBee 就是一种便宜的，低功耗的近距离无线组网通信技术。

ZigBee 协议从下到上分别为物理层（PHY）、媒体访问控制层（MAC）、传输层（TL）、网络层（NWK）、应用层（APL）。其中物理层和媒体访问控制层遵循 IEEE 802.15.4 标准的规定。

2. ZigBee 协议的工作原理

简单地说，ZigBee 是一种高可靠的无线数传网络，类似于 CDMA 和 GSM 网络。ZigBee 数传模块类似于移动网络基站。

ZigBee 是一个由可多到 65 535 个无线数传模块组成的一个无线数传网络平台，在整个网络范围内，每一个 ZigBee 网络数传模块之间可以相互通信，每个网络节点间的通信距离可以从标准的 75 m 无限扩展。

每个 ZigBee 网络节点不仅本身可以作为监控对象，例如其所连接的传感器直接进行数据采集和监控，还可以自动中转其他网络节点传过来的数据资料。除此之外，每一个 ZigBee 网络节点还可在自己信号覆盖的范围内，和多个不承担网络信息中转任务的孤立的子节点无线连接。

3. ZigBee 协议的基本特性

ZigBee 是一种无线连接，可工作在 2.4 GHz（全球流行）、868 MHz（欧洲流行）和 915 MHz（美国流行）3 个频段上，分别具有最高 250 kbit/s、20 kbit/s 和 40 kbit/s 的传输速率，它的传输距离在 10 ～ 75 m 的范围内，也可以继续增加。

1）低功耗

由于 ZigBee 的传输速率低，发射功率仅为 1 mW，而且采用了休眠模式，因此 ZigBee 设备非常省电。

2）低成本

ZigBee 模块的成本大概为 1.5 ～ 2.5 美元，并且 ZigBee 协议是免专利费的。

3）短时延

通信时延和从休眠状态激活的时延都非常短，典型的搜索设备时延 30 ms，休眠激活的时延是 15 ms，设备信道接入的时延为 15 ms。

4）大容量

一个星状结构的 ZigBee 网络最多可以容纳 254 个从设备和 1 个主设备，1 个区域内可以同时存在最多 100 个 ZigBee 网络，而且组网方式灵活多样。

5）高可靠性

采取了碰撞避免策略，同时为需要固定带宽的通信业务预留了专用时隙，避开了发送数据的竞争和冲突。MAC 层采用了完全确认的数据传输模式，每个发送的数据包都必须等待接收方的确认信息，如果传输过程中出现问题可以进行重发。

6）安全性高

ZigBee 提供了基于循环冗余校验的数据包完整性检查功能，支持鉴权和认证，采用了 AES-128 的加密算法，确保 ZigBee 在使用过程中的安全性。

4. ZigBee 协议的技术瓶颈

1）通信稳定性有待提高

目前国内 ZigBee 技术主要采用 ISM 频段中的 2.5 GHz 频率，其衍射能力弱，穿墙能力弱，家居环境中，即使是一扇门，一扇窗，一堵非承重墙，也会让信号大打折扣。有些厂家会使用射频功放，对 2.5 GHz 信号进行放大，但是这样会造成额外的辐射污染，同时也和 ZigBee 低功耗，节能的初衷背道而驰。

2）自组网功能亟需优化

ZigBee 技术的主要特点是自组网能力强，自恢复能力强，因此，对于井下定位、停车场车位定位、室外温湿度采集、污染采集等应用非常具有吸引力。然而，对于智能家居的应用场景中，开关、插座、窗帘等位置一旦固定，自组网的优点也就不复存在，并且自组网所耗费的时间和资源处于一种居高不下的状态。

2.8.3 ZigBee 协议在智能家居行业中的应用

ZigBee 智能家居是以家庭为单位进行设计安装，每个家庭都安装一个家庭网关、若干个无线通信 ZigBee 子节点模块，在家庭网关和每个子节点上都接有一个无线网络收发模块（符合 ZigBee 技术标准的产品），通过这些无线网络收发模块，数据在网关和子节点之间进行传送。

图 2-51 所示为 ZigBee 协议在智能家居行业中的应用系统原理图。

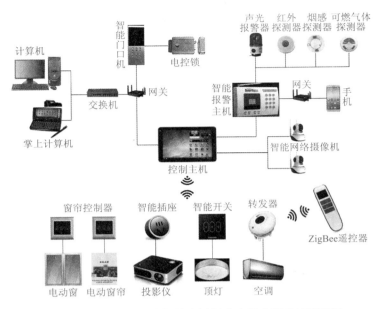

图2-51　ZigBee协议在智能家居行业中的应用系统原理图

2.9　Z-Wave 协议

2.9.1　Z-Wave 协议的提出

　　Z-Wave（见图 2-52）是由丹麦公司 Zensys 所主导的无线组网规格，随着通信距离的增大，设备的复杂度、功耗以及系统成本都在增加，相对于现有的各种无线通信技术，Z-Wave 技术将是最低功耗和最低成本的技术，有力地推动着低速率无线个人区域网的发展。

图2-52　Z-Wave协议

2.9.2　Z-Wave 协议简介

1. Z-Wave 协议的概述

　　Z-Wave 是一种新兴的专门为远程控制应用设计的低功耗无线通信技术，工作频带为 908.42 MHz（美国）/868.42 MHz（欧洲），数据传输速率为 9.6 kbit/s，信号的有效覆盖范围在室内是 30 m，室外可超过 100 m，适合于窄宽带应用场合。

2. Z-Wave 协议的工作原理

　　Z-Wave 采用了动态路由技术，每个节点内部都存有一个路由表，该路由表由控制节点写入。存储信息为该节点入网时，周边存在的其他节点的节点地址，这样每个节点都知道周围有哪些节点，而控制节点存储了所有节点的路由信息。

　　当控制节点与受控节点的距离超出最大控制距离时，控制节点会调用最后一次正确控制该节点的路径发送命令，若该路径失败，则从第一个节点开始重新检索新的路径。

　　Z-Wave 可将任何独立的设备转换为智能网络设备，从而实现控制和无线监测。

3. Z-Wave 协议的基本特性

1）抗干扰性强

采用 Z-Wave 技术，工作频率是 868.42 Hz，这个频段有别于蓝牙、路由器、无线鼠标等无线设备的频道，基本不会受到干扰，更适合在家庭使用。

2）兼容性强

Z-Wave 技术具备强大的兼容性，生产 Z-Wave 芯片都需要通过 Z-Wave 联盟，可以兼容所有 Z-Wave 技术的产品。

3）低功耗、低辐射

Z-Wave 技术的低功耗，低辐射，更适合使用在智能家居。Z-Wave 技术在最初设计时，就定位于智能家居无线控制领域。

4）安全系数高

由于 Z-Wave 系统是高标准智能系统，安全系数高，难破解，市面上很多高档小区别墅都采用 Z-Wave 系统。

5）低成本

Z-Wave 技术专门针对窄带应用并采用创新的软件解决方案取代成本高的硬件，因此只需花费其他类似技术的一小部分成本就可以组建高质量的无线网络。

2.9.3　Z-Wave 协议在智能家居行业中的应用

Z-Wave 是一种结构简单，成本低廉，性能可靠的无线通信技术，通过 Z-Wave 技术构建的无线网络，不仅可以通过本网络设备实现对家电的遥控，甚至可以通过 Internet 网络对 Z-Wave 网络中的设备进行控制。

Z-Wave 技术设计用于住宅、照明商业控制以及状态读取应用，如抄表、照明及家电控制、HVAC、接入控制、防盗及火灾检测等。Z-Wave 技术在最初设计时，就定位于智能家居无线控制领域，采用小数据格式传输，40 kbit/s 的传输速率足以应对，早期甚至使用 9.6 kbit/s 的速率传输，与同类的其他无线技术相比，拥有相对较低的传输频率，相对较远的传输距离和一定的价格优势。

Z-Wave 在智能家居中常见的一些应用场景如下：

1. 远程家庭控制与管理

通过增加 Z-Wave 至家庭电子产品，如照明、环境监测以及安防系统，就可以对家用电器进行远程监测和控制。Z-Wave 设备还可以通过网关连接到互联网上，从而可以实现云端控制。图 2-53 所示为 Z-Wave 人体红外探测器，图 2-54 所示为 Z-Wave 插座，图 2-55 所示为 Z-Wave 网关。

图2-53　Z-Wave红外探测器

图2-54　Z-Wave插座

图2-55　Z-Wave网关

2. 能源节省

Z-Wave 功能的温度调节器通过日光传感器，自动提高或减低温度。基于设备组控制可确保不必要的功率损耗。

3. 家庭安全系统

由于 Z-Wave 可以传递基于实时条件的命令，并能够控制智能组中的设备，将传统家庭安全概念进行了拓展。开门时，打开 Z-Wave 启用门锁可以激活安全系统和灯光，并将开门信号发送到远程终端设备；Z-Wave 的监测探测器可在主人出门后，触发户外照明和网络监控系统，实时监测周边环境。

4. 家庭娱乐

Z-Wave 可调度多个设备协同作业，适用于家庭影音娱乐系统。

2.10　典型案例：西元智能家居技术原理实训装置

2.10.1　典型案例简介

为了更加深刻地理解常用通信协议原理和具体应用，以西元智能家居技术原理实训装置为典型案例，介绍智能家居系统常用的协议。本案例中具体应用了 CAN 总线协议和 Wi-Fi 协议。如图 2-56 和 2-57 所示，为西元智能家居技术原理实训装置产品图和结构图。

西元智能家居技术原理实训装置配套有电气配电箱、智能家居控制箱、智能家居应用模型、智能控制面板、电动卷帘、照明灯具等。

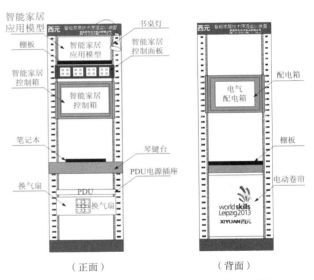

图2-56　西元智能家居技术原理实训装置产品图　　图2-57　西元智能家居技术原理实训装置结构图

该产品技术规格与参数如表 2-4 所示。

表2-4　智能家居技术原理实训装置技术规格与参数

序	类别	技术规格			
1	产品型号	KYJJ-511	外形尺寸	1 800 mm × 600 mm × 660 mm
2	产品重量	60 kg	电压/功率	220 V/400 W
3	实训人数	每台设备能够满足 2～4 人同时实训			

2.10.2　智能家居系统

西元智能家居技术原理实训装置包括供电系统、中央控制系统、电动窗帘系统、智能照明系统、通风系统、家居模型展示系统，下面逐一介绍。

1. 供电系统

图2-58所示为供电系统电气配电箱照片，电气配电箱为实训装置供电，主要技术参数为19 in 7U的机架式全钢箱体，安装在机架背部的9U-16U位置，配套透明亚克力门，箱体里面装有电表、断路器、漏电保护器、电源指示灯、接零端子、接地端子、五孔插座等，用于多路配电，额定电压220 V，额定电流32 A，额定功率7 kW。

2. 中央控制系统

图2-59所示为智能家居控制箱照片，该控制箱为19 in 7U机架式全钢箱体，安装在机架正面10U-17U位置，控制箱内全部设备采用导轨安装，包括空气开关、电源插座、相线排、中性线排、地线排、电源适配器、远程控制器、调光控制器、窗帘控制器、开关控制器等。

本系统中控制器与控制器之间使用CAN总线协议。该系统是西元智能家居技术原理装置的核心系统，主要用于控制照明系统、通风系统、电动窗帘系统等。可通过控制器本地手动控制、智能面板控制、笔记本计算机本地控制。当系统接入局域网时，应用Wi-Fi协议可通过手机或平板计算机进行远程控制。

图2-58　电气配电箱照片

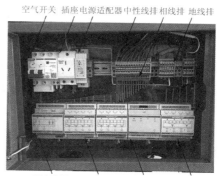

图2-59　智能家居控制箱照片

3. 电动窗帘系统

图2-60所示为电动窗帘系统装置图，主要包括电动机、窗帘与支架，安装在机架背部位置，通过电动机的正转和反转驱动窗帘开与关。电动窗帘系统具有本地智能面板控制，手机或者平板计算机远程控制等功能。例如，在平板计算机相应操作界面，通过点击"窗帘开""窗帘关"按钮，能够实现窗帘的开与关。

4. 智能照明系统

1）智能照明系统组成

智能照明系统主要包括照明灯具、智能

图2-60　电动窗帘系统

开关、灯具控制器和软件等部分。照明灯具分别安装在家居模型和机架外部，智能开关安装在机架正面 8U~9U 位置，灯具控制器安装在家居控制线内，软件安装在笔记本计算机中。

2）家居模型与照明灯具

家居模型由透明亚克力制作，布局为两室两厅一厨一卫，如图 2-61 所示，安装了微型模拟照明灯具，主要包括壁灯 2 个、书桌灯 1 个、小夜灯 2 个、吸顶灯 6 个。其中壁灯安装在卧室床头处，书桌灯置于书房书桌上，小夜灯主要用于插座电源通断的演示，分别插装在客厅插座和厨房插座上，区域顶灯分别为卧室顶灯 1 个、餐厅顶灯 1 个、客房顶灯 1 个、卫生间顶灯 1 个、书房顶灯 1 个、厨房顶灯 1 个。

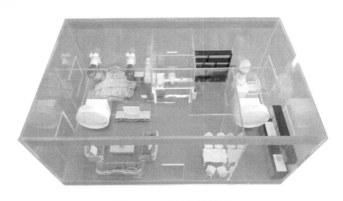

图2-61　家居微缩模型

3）工程灯具

机架外部安装了 9 个灯具，如图 2-62 所示，主要有顶灯 6 个，分上下两排安装在机架左边，分别为卧室顶灯 1 个、餐厅顶灯 1 个、客房顶灯 1 个、卫生间顶灯 1 个、书房顶灯 1 个、厨房顶灯 1 个。壁灯 2 个，安装在机架左右两边。台灯 1 个，安装在机架顶部。

机架外部安装的灯具专门用于工程安装技术实训，适合将灯具安装到实训室顶部、墙壁或桌面。

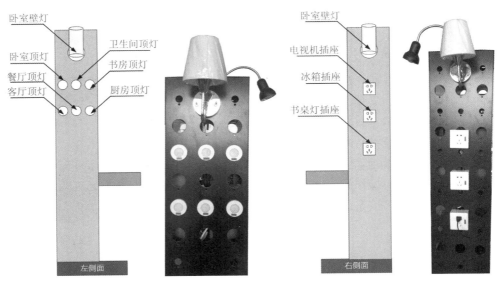

图2-62　照明系统工程灯具

4）智能开关

智能开关安装在机架正面 8U-10U 位置，如图 2-63 所示，这些智能开关与灯具和控制器电气连接，连接方式为手拉手，通过控制器软件进行场景设置后，开关与灯具变为场景模式，不再是一一对应关系，每个开关能够同时控制 1 个或多个灯具，每个灯具也能够用 1 个或多个开关控制。

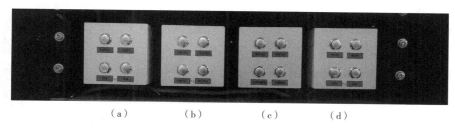

（a） （b） （c） （d）

图2-63 智能开关

场景设置模式如下：

图 2-63（a）所示的开关分别设置为"卧室壁灯"、"书桌灯"、"居家"和"离家"。

图 2-63（b）所示的开关分别设置为"卧室顶灯"、"卫生间顶灯"、"书房顶灯"、"客厅顶灯"。

图 2-63（c）所示的开关分别设置为"餐厅顶灯"、"厨房顶灯"、"电视机插座"、"冰箱插座"。

图 2-63（d）所示的开关分别设置为"卷帘开"、"卷帘关"、"排风"和"进风"。

5）控制功能

智能照明系统具有如下控制功能：

（1）本地操作智能开关，通过有线方式按照场景模式控制灯具照明或关闭。

（2）手机或平板计算机通过无线控制灯具照明或关闭。

（3）计算机通过网络远程控制灯具照明或关闭。

5. 电器插座控制系统

电器插座主要用于外接其他小功率电器设备，如电视机、冰箱、饮水机、洗衣机等，通过插座连接的控制器和智能面板实现本地控制，也可通过手机或平板计算机远程控制插座电源的通断来控制相关电器设备的开关。

6. 通风系统

图 2-64 所示为通风装置系统图，主要包括继电器和风机。通过风机的正转和反转可以进行排气和进气，以达到交换室内外空气的目的，使用继电器对电路进行调节，具有保护电路和转换电路的作用。

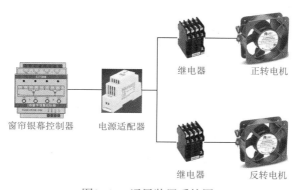

窗帘银幕控制器　电源适配器

继电器　正转电机

继电器　反转电机

图2-64 通风装置系统图

7. 模型展示系统

图 2-65 所示为模型展示系统照片,主要包括一套两室两厅家居应用模型,采用新型环保材料亚克力玻璃搭建,包括卧室、卫生间、书房、客厅、餐厅和厨房,并且每个房间都配套有相应的模型家具。除此之外,所有模型房间还装有微型灯具,卧室顶灯、餐厅顶灯、客厅顶灯、书房顶灯、卫生间顶灯、厨房顶灯、卧室的壁灯、书房的书桌灯以及预留插座都能通过智能家居控制箱中的控制器进行控制,可进行原理展示与教学演示。

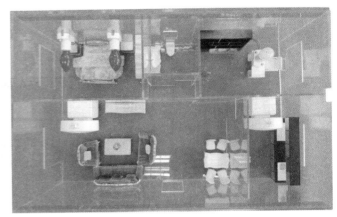

图2-65 模型展示系统照片

2.10.3 产品特点

(1)模块化设计。智能家居技术原理采用模块化设计,各个模块既能单独进行实训,又能进行系统的综合实训,还能进行工程技术实训。

(2)教学演示。本产品专门配置了两室两厅一厨一卫的智能家居应用模型,采用透明亚克力搭建,安装了家具模型和顶灯、壁灯、书桌灯、插座等各种实物模型,直观清晰地展示了智能家居系统的技术原理,适合教学演示与操作实训。

(3)工学结合。本产品配置了智能家居系统常用的各类控制模块、控制面板、吸顶灯、壁灯、书桌灯、插座、电动窗帘、双向排气扇、笔记本计算机等,既能进行技术原理展示与实训,又能把这些器材安装在室内墙面等部位,进行真实工程安装技术的技能实训。

(4)资料丰富。实训装置设计了每个系统的工作原理图及接线图,便于产品原理认知和设计实训。

(5)设计合理。产品配套器材名称标签,便于学生认知器材,同时也便于教师教学。

2.10.4 产品功能实训与课时

该产品具有如下 3 个实训项目,共计 10 个课时,具体如下:
实训 10:智能家居系统设备与原理认知(2 课时)。
实训 11:智能家居设备安装与接线(4 课时)。
实训 12:智能家居系统软件安装与调试(4 课时)。

2.11 实 训

实训10 智能家居系统设备与原理认知

1. 实训目的

快速认知智能家居系统的设备和工作原理,并亲自操作体验。

2．实训要求和课时

（1）检查配套设备，确认实训装置配置完整。

（2）对照系统原理图和实物，进行系统划分。

（3）2人1组，2课时完成。

3．实训设备

西元智能家居技术原理实训装置，产品型号 KYJJ–571。

4．实训步骤

1）系统原理认知

该实训装置中控制器与控制器、控制器与智能面板之间采用 CAN 总线进行数据传输，远程控制器与路由器、路由器与手机之间采用 Wi-Fi 进行数据传输。图 2–66 所示为智能家居技术原理实训装置原理图。

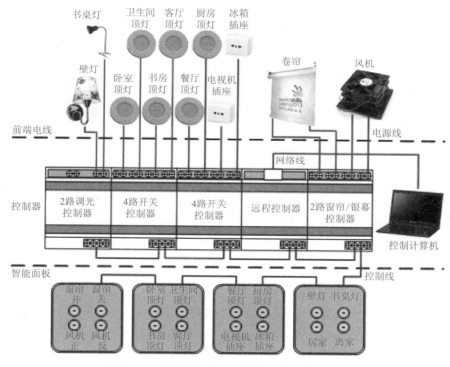

图2–66　智能家居技术原理实训装置原理图

2）控制器认知

控制器包括远程控制器、调光控制器、窗帘/银幕控制器、开关控制器。控制器之间的连接使用 CAN 总线协议。

（1）远程控制器。远程控制器是智能家居系统的 TCP/IP 接入设备，实现平板计算机、PC 等信号的远程接入和转发。本设备还可用于设置事件的计时，方便定时或延时控制智能家居系统，根据不同的设计要求设定不同的定时或延时配置，组成多种场景，如回家、离家、工作、娱乐等，如图 2–67 所示。

① 远程控制器指示灯功能。

STATUS 指示灯主要用于检测服务器是否连接正常。

CAN 为系统总线指示灯，主要用于监测系统中总线设备通信。

LAN 为以太网指示灯，主要用于检测本地网络通信。

② 远程控制器按键功能。

LAN 所对应的按键有以下功能：当需要使用软件进行系统配置时，可通过按压按键，来获取设备 SN 序列号，以实现控制器与软件的成功配对；按住按键 10 s，可恢复该远程控制器的出厂设置。

（2）调光控制器。调光控制器用于控制可调光设备的开关，实现可调光灯具的开关和调光控制。可以控制单路功率少于 600 W 的各种灯具的开关和调光控制。

A、B 两个按键分别控制 A、B 两路输出信号，与其余开关控制器不同的是，调光控制器按键开关提供模拟量，按下其中一个按键，通过内置器件来改变输入电压和电流的大小来改变光照的强度，A、B 两个按键对应的指示灯工作原理与 4 路开关控制器原理相同，如图 2-68 所示。

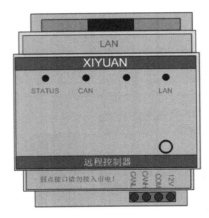

图2-67　远程控制器

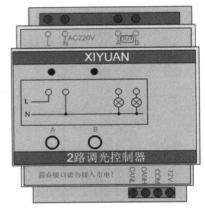

图2-68　调光控制器

（3）窗帘/银幕控制器。窗帘/银幕控制器可以实现对各种交流电动机窗帘、交流电动机银幕、交流电动机车库门的开合控制，图 2-69 所示为窗帘/银幕控制器。

A 组 2 路输出对应 A 组 2 个按键，第一个按键控制 A 组输出的 FWD 输出线路，第二个按键控制 A 组输出的 REV 输出线路。

每组按键对应两个指示灯，当 FWD 线路控制按键对应的指示灯闪烁时，表示当前被控设备正在执行打开动作指令，按下此按键，指示灯停止闪烁，当前被控设备停止工作。其余按键工作原理与其相同。

（4）4 路开关控制器。开关控制器实现家居灯光、开关型电器和插座的开关控制，4 路开关控制器可控制 4 路较大功率设备，可实现 1 对 1 精准控制，图 2-70 所示为 4 路开关控制器。

A、B、C、D 4 个按键分别对应 4 个指示灯，A 按键对应 A 组接口，打开电源，指示灯变亮，表示该路处于断开状态。按下 A 按键，指示灯由亮变灭，该路形成通路，A 组接口接的灯具打开，其他按键工作原理与 A 按键相同。

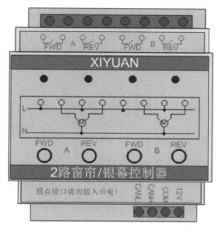

图2-69　窗帘/银幕控制器

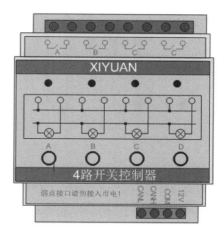

图2-70　4路开关控制器

3）智能面板认知

智能面板是智能家居系统的操控终端之一，可作为智能灯光开关、灯光调节开关、场景控制开关、窗帘开关等。兼备机械式开关的按动手感和电子开关的精巧，让老人小孩能像普通机械开关一样操控智能家居，如图2-71所示。

4）电动卷帘认知

如图2-72所示，电动卷帘是指通过主控制器遥控开启或关闭的窗帘，能隔热、阻挡紫外线、调节采光。

5）模拟换气扇认知

如图2-73所示，模拟换气扇是指通过组装两个风机，并使其扇叶旋转方向相反，以此来模拟家用换气扇的排气和进气，通过换气扇上附带的纱帘可直观显示风向。

图2-71　智能面板

图2-72　电动窗帘

图2-73　模拟换气扇

6）灯光设备认知

如图2-74所示，该产品配置有吸顶灯、床头灯以及书桌灯等各种家居灯光设备，所有灯光设备通过火线接入开关控制器来实现灯光的亮灭控制，或接入调光控制器来实现光线的增强或减弱。

图2-74 吸顶灯、床头灯和书桌灯

5. 实训报告

（1）掌握智能家居各系统的工作原理，并绘制系统原理图（参考 4.1 节）。

（2）简述各控制器的工作方式，并且附照片（参考 4.2 节）。

（3）简述智能开关的工作方式，并且附照片（参考 4.3 节）。

（4）简述模拟换气扇的工作方式，并且附照片（参考 4.5 节）。

实训11　智能家居设备安装与接线

1. 实训目的

（1）熟练掌握各设备的安装方式。

（2）熟练掌握各设备的接线方式。

2. 实训要求和课时

（1）对照设备说明书，完成相关设备的安装。

（2）对照设备说明书，完成相关设备的接线。

（3）2 人 1 组，3 课时完成。

3. 实训设备、材料和工具

1）实训设备

西元智能家居技术原理实训装置，型号 KYJJ-511。

2）实训材料

M6 螺丝包 1 包，塑料理线环 20 个，8 mm 缠绕管 20 m，绝缘胶带 1 卷。

3）实训工具

（1）智能化系统工具箱。产品型号 KYGJX-16。在本实训中用到的工具主要有电烙铁、带焊锡盒的烙铁架、焊锡丝。

（2）西元物联网工具箱，产品型号 KYGJX-51，在本实训中用到的工具主要有数字万用表、多功能剥线钳、测电笔、斜口钳、尖嘴钳、十字螺钉旋具、十字头微型螺钉旋具、一字头微型螺钉旋具。

4. 实训步骤

1）控制器的安装与接线

（1）控制器的安装。本实训装置中涉及的控制器均安装在指定导轨上，为了接线方便，安装时，应注意调光控制器和远程控制器的安装位置。

调光控制器需要接入零线，在控制箱中应处于双路断路器下方，便于接线，远程控制器需要插接网线，在控制箱中应处于接地端子排下方，便于网线的插拔。

（2）控制器的接线。各控制器之间采用手拉手方式连接，如图 2-75 所示。

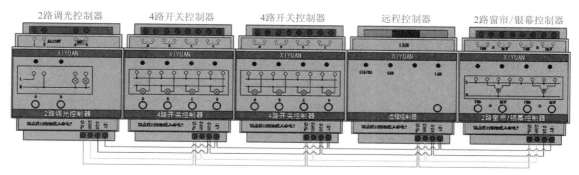

图2-75　控制器连接方式

① 远程控制器。远程控制器接口信息如图 2-76 所示，LAN 接线口接笔记本计算机或者路由器，将 CAN 总线信号转换为 TCP/IP 信号，总线接线端口按顺序依次接入两芯电源线和两芯信号线。图 2-77 所示为本实训装置中远程控制器的接线图。

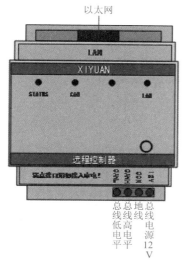

图2-76　远程控制器接口信息　　　　　图2-77　远程控制器接线图

② 调光控制器。调光控制器内置 2 路可调电阻，接口信息如图 2-78 所示，1 路市电输入，2 路 220 V 输出接口，输出接口可接白炽灯、卤素灯或其他阻性负载灯具，总线接线端口按顺序依次接入两芯电源线和两芯信号线。图 2-79 所示为本实训装置调光控制器的接线图。

③ 4 路开关控制器。4 路开关控制器接口信息如图 2-80 所示，内置 4 路继电器，对应 A、B、C、D 强电接线口，每组接口第一个接线柱接入市电，第二个接线柱接入被控负载回路火线，灯光回路的零线并入市电零线，CAN 总线端按端口顺序接入智能总线，A、B、C、D 通道对应的按键也可用于该控制器地址的编程。图 2-81 所示为本实训装置中开关控制器的接线图。

④ 窗帘 / 银幕控制器。窗帘 / 银幕控制器接口信息如图 2-82 所示，内置 2 路转向开关，强电接线口接入市电火线，有 A、B 两组，每组 2 路共 4 路输出线路，每一组可接一个双向电动机，交流电动机的正转火线接入 FWD 出线口，反转火线接线 REV 出线口，零线并接入市电零线，CAN 总线端按端口顺序接入智能总线。图 2-83 所示为本实训装置中窗帘 / 银幕控制器的接线图。

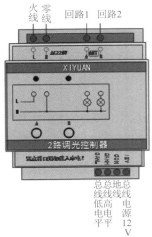

图2-78　调光控制器接口信息

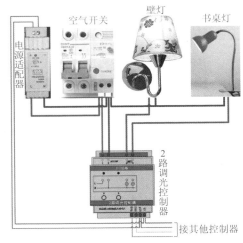

图2-79　调光控制器接线图

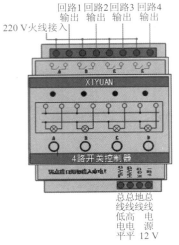

图2-80　4路开关控制器接口信息

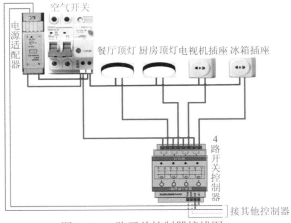

图2-81　4路开关控制器接线图

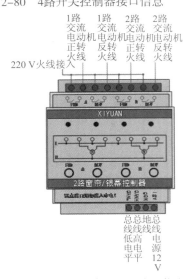

图2-82　窗帘/银幕控制器接口信息

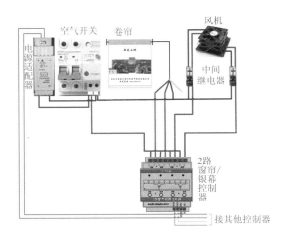

图2-83　窗帘/银幕控制器接线图

2）智能开关的安装与接线

（1）智能开关的安装。智能开关安装在86型安装底盒上，并通过底盒安装螺丝固定牢靠。

（2）智能开关的接线。各智能面板之间采用手拉手方式连接，如图2-84所示。

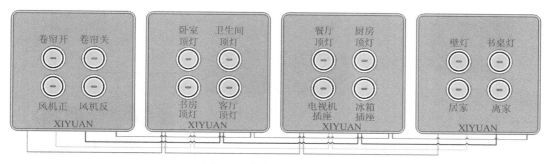

图2-84 智能开关连接方式

将CAN总线端按端口顺序与导轨箱中的各种控制器连通，图2-85所示为智能开关接口信息。

3）照明灯具的安装与接线

（1）照明灯具的安装。书桌灯通过螺丝固定在装置顶部，壁灯安装在实训装置左右两侧，顶灯集中安装在实训装置侧面壁灯下方。工程实训时，也可以安装在设备附近的工作台上。

（2）照明灯具的接线。书桌灯通过自带的电源插头插接在配套的电源插座上，壁灯与顶灯都是通过延长设备自带电源线，并将延长后的线接入智能家居控制箱中的火线排和零线排上。

4）电动卷帘的安装与接线

（1）电动卷帘的安装。通过卷帘安装支架将电动卷帘安装在设计位置，安装时应注意安装支架之间的距离，距离过小，电动卷帘卷轴安装困难；距离过大，卷轴容易脱落。

（2）电动卷帘的接线。电动卷帘的电动机工作方式为双火线控制，接线方式如图2-86所示。

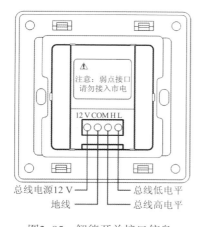

图2-85 智能开关接口信息

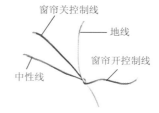

图2-86 电动卷帘接线方式

5）模拟换气扇的安装与接线

（1）模拟换气扇的安装。将2个风机、防护罩、钢丝网组装在一块，再将组装好的组件卡装在换气扇安装板上，盖上防护罩盖帽。

（2）模拟换气扇的接线。模拟换气扇输入电压为12 V，窗帘/银幕控制器输出电压为220 V，因此需要一个AC 220 V的继电器进行线路电气连接。图2-87所示为模拟换气扇接线图。

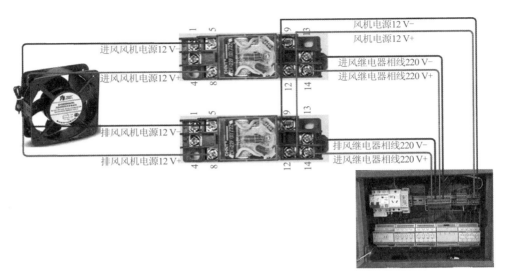

图2-87　模拟换气扇接线图

6）控制端线路连接

按照图2-88所示的控制器与智能面板接线图，将各个控制器与智能面板连接起来。接线时，注意每种颜色的线对应的接口，还应注意不要造成短路。

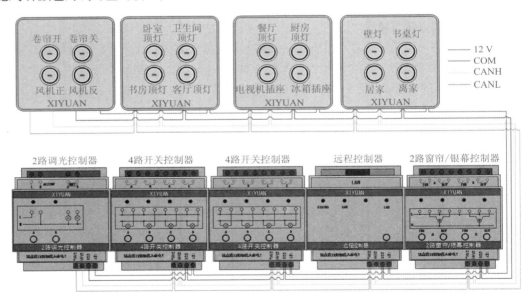

图2-88　控制器与智能面板接线图

7）控制端与前端设备线路连接

（1）把智能家居应用模型的各个设备与智能家居控制箱连通，通过控制箱内的控制器来控制智能家居应用模型中的设备，以达到原理展示和教学演示的目的。

（2）把机架外围设备与智能家居控制箱连通，包括电动卷帘、换气扇、书桌灯、顶灯以及卧室壁灯等设备。

8）检查线路

完成接线后，依次测试各个设备的线路。把万用表旋钮旋转至通断模式，检测设备线路的通断，以确保所有线路通畅。

数字万用表使用方法：

测量通断时，选择通断档，将红表笔和黑表笔分别与线路的两端导线接触，若听到蜂鸣则可判断线路是导通的，否则是不通的。

测量电流时，选择合适的量程档位，将万用表串联在被测电路中。测量前，应该断开电路，将万用表的红黑表笔串联在被断开的两点之间，查看万用表的读数，该读数就是测量的电压值。

测量电压时，选择合适的量程档位，万用表的黑色表笔接到负极，红色表笔接到正极，连接上电路，查看万用表的读数，该读数就是测量的电压值。

9）理线

按照实际要求，对预留的线进行分类整理，可采用缠绕管、波纹管、塑料理线环或者标准U理线环。安全起见，要对电源线进行防磨损保护，避免因为磨损而导致漏电或者短路。理线完成后，既要保证整体的协调与美观，也要保证后期设备维护与实训的可操作性。

5. 实训报告

（1）总结各控制器的接线方法，并绘制接口信息图和接线图（参考"步骤1"）。

（2）总结智能开关的接线方法，并绘制接口信息图和接线图（参考"步骤2"）

（3）总结电动卷帘的接线方法，并绘制接线图（参考"步骤4"）

（4）总结模拟换气扇的接线方法，并绘制接线图（参考"步骤5"）

（5）总结万用表的使用方法（参考"步骤8"）。

（6）给出两张实际操作照片，其中1张为本人上镜照片。

实训12　智能家居系统软件安装与调试

1. **实训目的**

（1）掌握智能家居计算机控制端的操作方法。

（2）掌握智能家居手机控制端的操作方法。

2. **实训要求和课时**

（1）对照说明书，能完成计算机控制端软件的安装与调试。

（2）对照说明书，能完成手机控制端软件的安装与调试。

（3）2人1组，3课时完成。

3. **实训设备、材料和工具**

1）实训设备

西元智能家居技术原理实训装置，型号 KYJJ-511。

2）实训材料

超五类 RJ-45 网络跳线 2 根，长度为 3 m。

3）实训工具

（1）笔记本计算机。

（2）手机或平板计算机等移动终端。

（3）西元物联网工具箱，型号 KYGJX-51。本实训用到的工具主要包括数字万用表、多功能剥线钳、测电笔、斜口钳、尖嘴钳、十字螺钉旋具、一字螺钉旋具、微型螺丝批、十字头微型螺钉旋具、一字头微型螺钉旋具。

4. 实训步骤

参考单元 1 实训 2 和实训 9 的内容进行调试。

5. 实训报告

（1）描述绘制电子地图的方法，并给出自己绘制的电子地图。

（2）描述系统软件调试的步骤和方法，给出在软件中添加设备、通信设置、设备地址学习截图。

（3）描述智能家居系统软件中场景设置的步骤和方法，并给出实训操作截图。

（4）描述移动终端设置的步骤和方法，并给出实训操作截图。

（5）描述移动终端远程控制的方法，并给出实训操作截图。

习　　题

一、填空题（10题，每题2分，合计20分）

1. 通信协议又称_____，是指通信双方对_____的一种约定。（参考 2.1 节的知识点）

2. RS–485 标准采用_____、_____的数据收发器来驱动总线。（参考 2.2.1 节的知识点）

3. 控制器局域网 CAN（Controller Area Network）属于_____的范畴，是一种支持_____的串行通信网络。（参考 2.3.1 节的知识点）

4. CAN 总线网络上的节点_____，任一节点均可在任意时刻主动地向网络上其他节点发送信息，通信方式灵活，利用这一特点可方便地构成_____系统。（参考 2.3.3 节的知识点）

5. LON（Local Operating Networks）总线是由美国推出的_____，主要服务于_____。（参考 2.4.1 节的知识点）

6. 蓝牙技术可实现_____与_____之间的短距离数据交换。（参考 2.6.1 节的知识点）

7. _____和_____是 Wi-Fi 网络最基本的组成部分。（参考 2.7.2 节的知识点）

8. ZigBee 技术是一种_____的无线通信技术，主要用于_____领域。（参考 2.8.2 节的知识点）

9. Z–Wave 是一种新兴的专门为_____应用设计的_____无线通信技术。（参考 2.9.2 节的知识点）

10. Z–Wave 可将任何独立的设备转换为_____，从而实现_____。（参考 2.9.2 节的知识点）

二、选择题（10题，每题3分，合计30分）

1. 要实现网络间的正常通信就必须选择合适的（　　），否则就会造成网络的接入速度太慢以及网络不稳定。（参考 2.1 节的知识点）

A. 通信方式　　　　　B. 通讯方式　　　　　C. 通信协议　　　　　D. 通讯协议

2. RS–485 总线协议采用（　　）工作方式，并且支持多点数据通信。（参考 2.2.3 节的知识点）

A. 单工　　　　　B. 双工　　　　　C. 半双工　　　　　D. 全双工

3. RS–485 总线协议的网络拓扑结构一般不包含（　　）。（参考 2.2.3 节的知识点）

A. 直线状　　　　　B. 环状　　　　　C. 星状　　　　　D. 树状

4. RS–485 总线接口是采用（　　）和（　　）的组合，具有极强的抗共模干扰能力。（参考 2.2.3 节的知识点）

A. 平衡发送器　　　　B. 平衡驱动器　　　　C. 差分接收器　　　　D. 差分驱动器

5. 总线智能家居系统具有运行稳定、安全可靠、（　　　）等优势，是智能家居市场主导技术之一。（参考2.2.4节的知识点）

A. 较低功耗　　　　B. 较高速率　　　　C. 集成拓展　　　　D. 较低成本

6. 总线技术综合评判选择的三大因素为（　　　）、（　　　）、服务对象。（参考2.2.4节的知识点）

A. 技术构架　　　　B. 适用性　　　　C. 性价比　　　　D. 应用环境

7. CAN总线传送和接收数据的方式不包括（　　　）。（参考2.3.3节的知识点）

A. 点对点　　　　B. 一点对多点　　　　C. 多点对一点　　　　D. 全局广播

8. 射频识别技术的工作频率不包括（　　　）。（参考2.5.2节的知识点）

A. 超低频　　　　B. 低频　　　　C. 高频　　　　D. 超高频

9. 蓝牙是一种（　　　）宽带无线电技术，是实现语音和数据无线传输的全球（　　　）标准。（参考2.6.2节的知识点）

A. 远程　　　　B. 短程　　　　C. 定制型　　　　D. 开放型

10. Z-Wave技术与同类的其他无线技术相比，拥有（　　　）的传输频率、（　　　）的传输距离和一定的价格优势。（参考2.9节的知识点）

A. 相对较低　　　　B. 相对较高　　　　C. 相对较远　　　　D. 相对较近

三、简答题（5题，每题10分，合计50分）

1. 什么是通信协议？（参考2.1节的知识点）

2. 简述RS-485总线协议在智能家居系统的应用。（参考2.2.4节的知识点）

3. 简述CAN总线协议的组成结构。（参考2.3.3节的知识点）

4. 简述典型RFID的组成及各部分的功能。（参考2.5.2节的知识点）

5. 简述Wi-Fi的网络协议。（参考2.7.2节的知识点）

单元 ③

智能家居系统工程常用标准

图纸是工程师的语言，标准是工程图纸的语法，本单元主要介绍最新智能家居系统常用的国家标准、行业标准等。

学习目标：

- 掌握以下3个物联网智能家居国家标准。

GB/T 34043—2017《物联网智能家居　图形符号》

GB/T 35134—2017《物联网智能家居　设备描述方法》

GB/T 35143—2017《物联网智能家居　数据和设备编码》

- 了解中国通信标准化协会在2013年发布的YDB 123—2013《泛在物联应用　智能家居系统技术要求》行业标准。

- 了解国家能源局在2014年发布的智能家居系统家庭能源网关、智能插座、智能交互终端、通信协议、功能规范等电力行业标准。

DL/T 1398.31—2014《智能家居系统　第3-1部分：家庭能源网关技术规范》

DL/T 1398.32—2014《智能家居系统　第3-2部分：智能交互终端技术规范》

DL/T 1398.33—2014《智能家居系统　第3-3部分：智能插座技术规范》

DL/T 1398.41—2014《智能家居系统　第4-1部分：通信协议—服务中心主站与家庭能源网关通信》

DL/T 1398.42—2014《智能家居系统　第4-2部分：通信协议—家庭能源网关下行通信》

DL/T 1398.2—2014《智能家居系统　第2部分：功能规范》

3.1　标准的重要性和类别

3.1.1　标准的重要性

GB/T 20000.1—2014《标准化工作指南　第1部分：标准化和相关活动的通用术语》国家标准中，对于标准的定义为"通过标准化活动，按照规定的程序经协商一致制定，为各种活动或其结果提供规则、指南或特性，供共同使用和重复使用的文件。"

智能家居系统可以定义为一个目标或者一个系统。利用先进的计算机、网络通信、自动控制等技术，将与家庭生活有关的各种应用子系统有机地结合在一起，通过综合管理，让家庭生活更舒适、安全、有效和节能。在实际工程中，必须依据相关标准，结合用户要求和现场实际情况进行个性化设计。

3.1.2　标准术语和用词说明

一般标准都有术语和定义的专门规定，对该标准常用的术语都会做出明确的规定或者定义。

在标准的最后一般有用词说明，方便在执行标准的规范条文时区别对待，一般标准对要求严格程度不同的用词说明如下：

（1）表示很严格，非这样做不可的，正面词采用"必须"，反面词采用"严禁"。

（2）表示严格，在正常情况下均应这样做的，正面词采用"应"，反面词采用"不应"或"不得"。

（3）表示允许稍有选择，在条件许可时首先应这样做的，正面词采用"宜"，反面词采用"不宜"。

（4）表示有选择，在一定条件下可以这样做的，采用"可"。

（5）标准条文中指明应按其他有关标准执行的写法为"应符合……的规定"或"应按……执行"。

3.1.3　标准的分类

《中华人民共和国标准化法》将标准划分为国家标准、行业标准、地方标准、企业标准共4类，本单元选择了2017年发布的3个最新国家标准（见图3-1）和2013—2014年发布7个行业标准进行介绍。

图3-1　2017年发布的3个物联网智能家居类标准封面

我国非常重视标准的编写和发布，在智能家居行业已经建立了比较完善的标准体系，本书主要介绍的国家标准和行业标准如下：

（1）GB/T 34043—2017《物联网智能家居　图形符号》。

（2）GB/T 35134—2017《物联网智能家居　设备描述方法》。

（3）GB/T 35143—2017《物联网智能家居　数据和设备编码》。

（4）YDB 123—2013《泛在物联应用　智能家居系统技术要求》。

（5）DL/T 1398.2—2014《智能家居系统　第2部分：功能规范》。

（6）DL/T 1398.31—2014《智能家居系统　第3-1部分：家庭能源网关技术规范》。

（7）DL/T 1398.32—2014《智能家居系统　第3-2部分：智能交互终端技术规范》。

（8）DL/T 1398.33—2014《智能家居系统　第3-3部分：智能插座技术规范》。

（9）DL/T 1398.41—2014《智能家居系统　第4-1部分：通信协议—服务中心主站与家庭能源网关通信》。

（10）DL/T 1398.42—2014《智能家居系统　第4-2部分：通信协议—家庭能源网关下行通信》。

3.2　GB/T 34043—2017《物联网智能家居图形符号》

GB/T 34043—2017《物联网智能家居　图形符号》于2017年7月31日发布，在2018年2月1日实施，由中华人民共和国国家质量监督检验检疫总局和中国国家标准化管理委员会发布。

该标准有11章和附录A，共计A4幅面47页，其中正文38页，附录9页。第1～3章为范围、规范性引用文件、术语和定义；第4章为智能家居系统图形符号分类；第5～11章为智能家居系统常用的图形符号，分为智能家用电器类、安防监控类、环境监控类、公共服务类、网络设备类、影音娱乐类、通信协议类的。附录A为资料性附录，增加了智能家居相关联辅助设备图形符号。

3.2.1　标准适用范围

本标准规定了物联网智能家居系统图形符号分类，系统中智能家用电器类、安防监控类、环境监控类、公共服务类、网络设备类、影音娱乐类、通信协议类的图形符号。本标准适用于物联网智能家居等类似智能系统的设计文件。

3.2.2　规范性引用文件

下列文件对于本文件的应用是必不可少的。凡是标注日期的引用文件，仅标注日期的版本适用于本文件。凡是不标注日期的引用文件，其最新版本（包括所有的修改单）适用于本文件。

GB/T 4327—2008　消防技术文件用消防设备图形符号

GB/T 4728.2—2018　电气简图用图形符号　第2部分：符号要素、限定符号和其他常用符号

GB/T 4728.10—2008　电气简图用图形符号　第10部分：电信：传输

GB/T 4728.11—2008　电气简图用图形符号　第11部分：建筑安装平面布置图

GB/T 5465.2—2008　电气设备用图形符号　第2部分：图形符号

GB/T 28424—2012　交通电视监控系统设备用图形符号及图例

GB/T 50114—2010　暖通空调制图标准

GB/T 50786—2012　建筑电气制图标准

GA/T 74—2017　安全防范系统通用图形符号

SL 73.5—2013　水利水电工程制图标准　电气图

3.2.3　术语和定义

1. 物联网智能家居

以住宅为平台，融合建筑、网络通信、智能家居设备、服务平台，集系统、服务、管理为一体的高效、舒适、安全、便利、环保的居住环境。

2. 智能家居设备

具有网络通信功能，可自描述、发布并能与其他节点进行交互操作的家居设备。

3. 智能家居系统

由智能家居设备通过某种网络通信协议，相互连接成为可交互控制管理的智能家居网络。

4. 家庭智能终端

物联网／移动互联网是智能家居网络的汇聚节点，通常应具有智能家居网关的功能。具有智能家居网络管理、人机交互、控制和 Web 服务器的功能。

3.2.4　智能家居系统图形符号分类

智能家居系统图形符号可分为智能家用电器类、安防监控类、环境监控类、公共服务类、网络设备类、影音娱乐类和通信协议类。图形符号包括基本符号和常用设备符号，其他同种类的设备可参考基本符号进行扩展。

3.2.5　智能家用电器类

智能家用电器类图形符号如表 3-1 所示。

表3-1　智能家用电器类图形符号

序　号	名　　称	图形符号	实物图片	说明及引用来源
5.1	电视机			GB/T 5465.2—2008
5.2	微波炉			GB/T 5465.2—2008
5.3	电冰箱			
5.4	洗衣机			
5.5	干衣机			
5.6	窗式空调器			GB/T 50114—2010
5.7	分体空调器	室内机　　室外机		GB/T 50114—2010
5.8	集中式空调机组			
5.9	电热水器			
5.10	电水壶			

序　号	名　　称	图形符号	实物图片	说明及引用来源
5.11	电饭锅			
5.12	咖啡机			
5.13	中央吸尘装置			
5.14	清洁机器人			
5.15	吸油烟机			
5.16	空气净化器			
5.17	洗碗机			
5.18	室内加热器			
5.19	加湿器			

3.2.6　安防监控类

1. 安防报警类图形符号

（1）声、光报警器类图形符号如表 3-2 所示。

表3-2　声、光报警器图形符号

序　号	名　　称	图形符号	实物图片	说明及引用来源
6.1.1	声、光报警器			基本符号，GA/T 74—2017
6.1.1.1	警报发声器			
6.1.1.2	无线警报发声器			

续表

序　号	名　称	图形符号	实物图片	说明及引用来源
6.1.1.3	声、光报警器			
6.1.1.4	无线声、光报警器			
6.1.1.5	报警灯箱			GA/T 74—2017
6.1.1.6	警铃箱			GA/T 74—2017
6.1.1.7	警号箱			语言报警同一符号，GA/T 74—2017

（2）报警控制设备类图形符号如表3-3所示。

表3-3　报警控制设备类图形符号

序　号	名　称	图形符号	实物图片	说明及引用来源
6.1.2	报警控制设备			基本符号
6.1.2.1	周界报警控制器			GA/T 74—2017
6.1.2.2	防区扩展模块			A—报警主机，P—巡查点，D—探测器，GA/T 74—2017
6.1.2.3	报警控制主机			D—报警信号输入，K—控制键盘，S—串行接口，R—继电器触点（报警输出），GA/T 74—2017

（3）报警传输类图形符号如表3-4所示。

表3-4　报警传输类图形符号

序　号	名　称	图形符号	实物图片	说明及引用来源
6.1.3	报警传输设备	X		基本符号，X代表传输设备，例如，P—处理机
6.1.3.1	报警中继数据处理机	P		GA/T 74—2017

序 号	名 称	图形符号	实物图片	说明及引用来源
6.1.3.2	传输发送器	Tx		GA/T 74—2017
6.1.3.3	传输接收器	Rx		GA/T 74—2017
6.1.3.4	传输发送、接收器	Tx/Rx		GA/T 74—2017

（4）报警开关类图形符号如表3-5所示。

表3-5　报警开关类图形符号

序 号	名 称	图形符号	实物图片	说明及引用来源
6.1.4	报警开关			基本符号，GA/T 74—2017
6.1.4.1	紧急脚挑开关			GA/T 74—2017
6.1.4.2	紧急按钮开关			GA/T 74—2017
6.1.4.3	无线紧急按钮开关			
6.1.4.4	压力垫开关			
6.1.4.5	磁开关入侵探测器			
6.1.4.6	无线磁开关入侵探测器			

（5）振动、接近式探测器类图形符号如表3-6所示。

表3-6　振动、接近式探测器类图形符号

序 号	名 称	图形符号	实物图片	说明及引用来源
6.1.5	振动、接近式探测器			基本符号
6.1.5.1	声波探测器			GA/T 74—2017

序　号	名　称	图形符号	实物图片	说明及引用来源
6.1.5.2	分布电容探测器			GA/T 74—2017
6.1.5.3	压敏探测器	P		GA/T 74—2017
6.1.5.4	振动入侵探测器	A		结构的或惯性的含振动分析器
6.1.5.5	振动声波复合探测器	A/D		GA/T 74—2017
6.1.5.6	被动式玻璃破碎探测器	B		
6.1.5.7	无线被动式玻璃破碎探测器	B		

（6）报警探测器类图形符号如表3-7所示。

表3-7　报警探测器类图形符号

序　号	名　称	图形符号	实物图片	说明及引用来源
6.1.6	报警类探测器			基本符号
6.1.6.1	感温火灾探测器（点型）			GB/T 50786—2012
6.1.6.2	感温火灾探测器（点型、非地址码型）	N		GB/T 50786—2012
6.1.6.3	感温火灾探测器（点型、防爆型）	EX		GB/T 50786—2012
6.1.6.4	感温火灾探测器（线型）			GB/T 50786—2012
6.1.6.5	无线感温探测器			GB/T 50786—2012
6.1.6.6	感烟火灾探测器（点型）			GB/T 50786—2012

续表

序　号	名　称	图形符号	实物图片	说明及引用来源
6.1.6.7	感烟火灾探测器（点型、非地址码型）			GB/T 50786—2012
6.1.6.8	感烟火灾探测器（点型、防爆型）			GB/T 50786—2012
6.1.6.9	无线烟感探测器			
6.1.6.10	复合式感光感温火灾探测器（点型）			GB/T 50786—2012
6.1.6.11	复合式感温感烟火灾探测器（点型）			GB/T 50786—2012
6.1.6.12	复合式感光感烟火灾探测器（点型）			GB/T 50786—2012
6.1.6.13	光束感烟感温火灾探测器（线型、发射部分）			GB/T 50786—2012
6.1.6.14	光束感烟感温火灾探测器（线型、接收部分）			GB/T 50786—2012
6.1.6.15	可燃气体探测器			GB/T 50786—2012
6.1.6.16	无线可燃气体探测器			

（7）控制阀类图形符号如表 3-8 所示。

表3-8　控制阀类图形符号

序　号	名　称	图形符号	实物图片	说明及引用来源
6.1.7	控制阀			基本符号，GB/T 4327—2008
6.1.7.1	电磁阀			GB/T 50786—2012

续表

序 号	名 称	图形符号	实物图片	说明及引用来源
6.1.7.2	电动阀	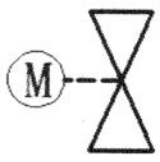		GB/T 50786—2012
6.1.7.3	信号阀（带监视信号的检修阀）			GB/T 50106—2010

2. 视频监控类图形符号

（1）空间移动探测器类图形符号如表3-9所示。

表3-9 空间移动探测器类图形符号

序 号	名 称	图形符号	实物图片	说明及引用来源
6.2.1	空间移动探测器	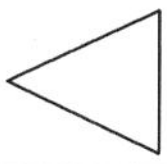	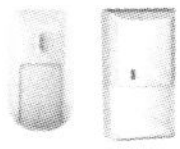	GA/T 74—2000
6.2.1.1	被动红外入侵探测器	 IR		GA/T 74—2000
6.2.1.2	无线被动红外入侵探测器	 IR	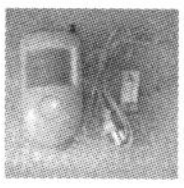	
6.2.1.3	微波多普勒探测器	 M		
6.2.1.4	超声波多普勒探测器	 U		
6.2.1.5	被动红外线/超声波双技术探测器	 IR/U		GA/T 74—2000
6.2.1.6	微波和被动红外复合入侵探测器	 IR/M		
6.2.1.7	无线被动红外/微波双技术探测器	 IR/M		
6.2.1.8	三复合探测器	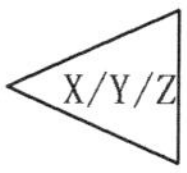 X/Y/Z		X、Y、Z也可是相同的，如X=Y=Z=IR，GA/T 74—2017

（2）摄像机类图形符号如表 3-10 所示。

表3-10　摄像机类图形符号

序　号	名　称	图形符号	实物图片	说明及引用来源
6.2.2	摄像机			基本符号， GB/T 50786—2012
6.2.2.1	彩色摄像机			GB/T 50786—2012
6.2.2.2	彩色转黑白摄像机			GB/T 50786—2012
6.2.2.3	带云台的摄像机			GB/T 50786—2012
6.2.2.4	有室外防护罩的带云台的摄像机	OH		GB/T 50786—2012
6.2.2.5	红外摄像机	IR		GB/T 50786—2012
6.2.2.6	红外带照明灯摄像机	IR		GB/T 50786—2012
6.2.2.7	半球形摄像机	H　形式一　形式二		GB/T 50786—2012
6.2.2.8	全球形摄像机	R　形式一　形式二		GB/T 50786—2012
6.2.2.9	网络数字摄像机	IP		GB/T 50786—2012

（3）防护罩类图形符号如表 3-11 所示。

表3-11　防护罩类图形符号

序　号	名　称	图形符号	实物图片	说明及引用来源
6.2.3	防护罩			基本符号
6.2.3.1	室外防护罩			
6.2.3.2	室内防护罩			

（4）安防录像机类图形符号如表 3-12 所示。

表3-12　安防录像机类图形符号

序　号	名　称	图形符号	实物图片	说明及引用来源
6.2.4	安防录像机			普通录像机、彩色录像机通用符号，GB/T 74—2000
6.2.4.1	数字硬盘录像机	DVR		用于视频图像的存储、查询及调用，GB/T 28424—2012
6.2.4.2	网络硬盘录像机	NVR		

（5）监视器类图形符号如表 3-13 所示。

表3-13　监视器类图形符号

序　号	名　称	图形符号	实物图片	说明及引用来源
6.2.5	监视器			基本符号
6.2.5.1	监视器（黑白）			GB/T 74—2017
6.2.5.2	彩色监视器			GB/T 74—2017

（6）视频处理类图形符号如表 3-14 所示。

表3-14　视频处理设备类图形符号

序　号	名　称	图形符号	实物图片	说明及引用来源
6.2.6	视频处理设备			基本符号
6.2.6.1	视频移动报警器	VM		GA/T 74—2017
6.2.6.2	视频顺序切换器	VS		GA/T 74—2017，X代表几路输入，Y代表几路输出
6.2.6.3	视频补偿器	VA		GA/T 74—2017
6.2.6.4	时间信号发生器	TG		GA/T 74—2017

（7）转换设备类图形符号如表 3-15 所示。

表3-15　转换设备类图形符号

序　号	名　称	图形符号	实物图片	说明及引用来源
6.2.7	转换设备	X Y		基本符号
6.2.7.1	云台、镜头解码器	P L		GA/T 74—2017

（8）控制主机类图形符号如表 3-16 所示。

表3-16　控制主机类图形符号

序　号	名　称	图形符号	实物图片	说明及引用来源
6.2.8	控制主机	X X X X X X		基本符号 X—代表接口特性
6.2.8.1	矩阵控制器	A_o M P A_i C K		A_i—报警输入，A_o—报警输出，C—视频输入，P—云台镜头控制，K—键盘控制，M—视频输出，GA/T 74—2017
6.2.8.2	数字监控主机	M VGA P A_i C K		VGA—计算机显示器（主输出），M—分控输出、监视器，K—鼠标、键盘、其余同上，GA/T 74—2017

（9）安防专用视、听器材类图形符号如表 3-17 所示。

表3-17　安防专用视、听器材类图形符号

序　号	名　称	图形符号	实物图片	说明及引用来源
6.2.9	安防专用视、听器材			基本符号
6.2.9.1	声音复核装置			GA/T 74—2007
6.2.9.2	安防专用照相机			GA/T 74—2007
6.2.9.3	安防专用视频摄像机	V		GA/T 74—2007

3. 楼宇对讲类图形符号

（1）楼宇对讲设备类图形符号如表3-18所示。

表3-18　楼宇对讲设备类图形符号

序　号	名　称	图形符号	实物图片	说明及引用来源
6.3.1	楼宇对讲设备			基本符号
6.3.1.1	访客呼叫机			
6.3.1.2	黑白可视楼宇对讲系统主机			
6.3.1.3	彩色可视楼宇对讲系统主机			
6.3.1.4	数字彩色可视楼宇对讲系统主机			
6.3.1.5	访客接收机			
6.3.1.6	可视室内机			
6.3.1.7	非可视门口机			
6.3.1.8	黑白可视门口机			
6.3.1.9	彩色可视门口机			
6.3.1.10	数字彩色可视门口机			
6.3.1.11	非可视小区围墙机			

序　号	名　　称	图形符号	实物图片	说明及引用来源
6.3.1.12	黑白可视小区围墙机			
6.3.1.13	彩色可视小区围墙机			
6.3.1.14	数字彩色可视小区围墙机			
6.3.1.15	非可视室内机			
6.3.1.16	黑白可视室内机			
6.3.1.17	彩色可视室内机			
6.3.1.18	数字彩色可视室内机			
6.3.1.19	非可视别墅门口机			
6.3.1.20	黑白可视别墅门口机			
6.3.1.21	彩色可视别墅门口机			
6.3.1.22	数字彩色可视别墅门口机			

（2）识别器类图形符号如表3-19所示。

表3-19　识别器类图形符号

序　号	名　　称	图形符号	实物图片	说明及引用来源
6.3.2	识别器			基本符号

续表

序　号	名　称	图形符号	实物图片	说明及引用来源
6.3.2.1	指纹识别器			GA/T 74—2017
6.3.2.2	掌纹识别器			
6.3.2.3	人脸识别器			
6.3.2.4	虹膜识别器			
6.3.2.5	声控锁			GA/T 74—2017
6.3.2.6	语音识别器			

（3）智能锁类图形符号如表3-20所示。

表3-20　智能锁类图形符号

序　号	名　称	图形符号	实物图片	说明及引用来源
6.3.1	智能锁			基本符号
6.3.3.1	指纹锁			
6.3.3.2	掌纹锁			
6.3.3.3	遥控锁			
6.3.3.4	智能卡锁			

4. 周界防护装置及防区等级类图形符号

（1）周界防护探测器类图形符号如表 3-21 所示。

表3-21 周界防护探测器类图形符号

序 号	名 称	图形符号	实物图片	说明及引用来源
6.4.1	周界防护探测器			基本符号
6.4.1.1	主动红外入侵探测器	Tx IR Rx		发射、接收分别为 Tx、Rx
6.4.1.2	遮挡式微波探测器	Tx M Rx		GA/T 74—2017
6.4.1.3	埋入线电场扰动探测器	L		GA/T 74—2017
6.4.1.4	弯曲或震动电缆探测器	C		GA/T 74—2017
6.4.1.5	拾音器电缆探测器			GA/T 74—2017
6.4.1.6	光缆探测器	F		GA/T 74—2017
6.4.1.7	高压脉冲探测器	H		GA/T 74—2017
6.4.1.8	激光探测器	LD		GA/T 74—2017

（2）读卡器类图形符号如表 3-22 所示。

表3-22 读卡器类图形符号

序 号	名 称	图形符号	实物图片	说明及引用来源
6.4.2	读卡器			基本符号 GA/T 74—2017
6.4.2.1	键盘读卡器	KP		GA/T 74—2017

3.2.7 环境监控类

1. 空气环境监控设备类图形符号

空气环境监控设备类图形符号如表3-23所示。

表3-23 空气环境监控设备类图形符号

序 号	名　　称	图形符号	实物图片	说明及引用来源
7.1	空气环境监控设备			基本符号
7.1.1	温度传感器			T—Temperature缩写
7.1.2	无线温度传感器			T—Temperature缩写
7.1.3	湿度传感器			M—Moisture缩写
7.1.4	无线湿度传感器			M—Moisture缩写
7.1.5	甲醛传感器			HCHO—甲醛
7.1.6	无线甲醛传感器			HCHO—甲醛
7.1.7	挥发性有机化合物传感器			VOC—挥发性有机化合物
7.1.8	无线挥发性有机化合物传感器			VOC—挥发性有机化合物
7.1.9	二氧化碳传感器			CO_2—二氧化碳
7.1.10	无线二氧化碳传感器			CO_2—二氧化碳
7.1.11	PM2.5传感器			

序　号	名　　称	图形符号	实物图片	说明及引用来源
7.1.12	无线PM2.5传感器	PM2.5		
7.1.13	二氧化硫传感器	SO_2		SO_2—二氧化硫
7.1.14	无线二氧化硫传感器	SO_2		SO_2—二氧化硫
7.1.15	风、雨传感器	WR		WR—Wind Rain缩写
7.1.16	无线风雨传感器	WR		WR—Wind Rain缩写
7.1.17	温度调节控制器	TC		T—Temperature缩写 C—Control缩写
7.1.18	电热温度控制器	EHTC		EHTC—Electric Heating Temperature Controller 缩写
7.1.19	湿度调节控制器	MC		M—Moisture缩写 C—Control缩写
7.1.20	空气质量调节控制器	Q		Q—Quality缩写

2. 水环境设备类图形符号

水环境设备类图形符号如表3-24所示。

表3-24　水环境设备类图形符号

序　号	名　　称	图形符号	实物图片	说明及引用来源
7.2	水环境设备			基本符号
7.2.1	水硬度传感器	HW		HW—Hardness of Water 缩写
7.2.2	浊度传感器	WTu		WT_u—Water Turbidity缩写

续表

序　号	名　称	图形符号	实物图片	说明及引用来源
7.2.3	pH值传感器	pH		pH—Potential of Hydrogen值缩写
7.2.4	热水交换器	WH		WH—Water Heating缩写
7.2.5	净水设备	WP		WC—Water Purify缩写
7.2.6	软水设备	WS		WS—Water Softening缩写
7.2.7	废水处理设备	WT		WT—Water Treating 缩写

3. 声光环境设备类图形符号

声光环境设备类图形符号如表3-25所示。

表3-25　声光环境设备类图形符号

序　号	名　称	图形符号	实物图片	说明及引用来源
7.3	声光环境设备			基本符号
7.3.1	声音传感器	V		V—Voice 缩写
7.3.2	亮度传感器	S		S—Strength 缩写
7.3.3	照度传感器	IL		IL—Illuminance缩写
7.3.4	紫外线辐射照度计	UR		UR—Ultraviolet Rays缩写

4. 单线制暗装智能开关类图形符号

单线制暗装智能开关类图形符号如表3-26所示。

表3-26　单线制暗装智能开关类图形符号

序　号	名　称	图形符号	实物图片	说明及引用来源
7.4	单线制暗装智能开关			基本符号

序 号	名 称	图形符号	实物图片	说明及引用来源
7.4.1	单联暗装智能开关			Z—智能
7.4.2	双联暗装智能开关			Z—智能
7.4.3	三联暗装智能开关			Z—智能
7.4.4	单联调光暗装智能开关			Z—智能
7.4.5	双联调光暗装智能开关			Z—智能

5. 无线智能开关类图形符号

无线智能开关类图形符号如表 3-27 所示。

表3-27　无线智能开关类图形符号

序 号	名 称	图形符号	实物图片	说明及引用来源
7.6	无线智能开关			基本符号，箭头代表无线可移动，Z—智能
7.6.2	双联无线开关			箭头代表无线可移动，Z—智能
7.6.3	三联无线开关			箭头代表无线可移动，Z—智能

6. 暗装智能插座类图形符号

暗装智能插座类图形符号如表 3-28 所示。

表3-28　暗装智能插座类图形符号

序 号	名 称	图形符号	实物图片	说明及引用来源
7.9	暗装智能插座	Z		基本符号
7.9.1	10A暗装智能插座	Z10A		Z—智能
7.9.2	16A暗装智能插座	Z16A		Z—智能

7. 移动式智能插座类图形符号

移动式智能插座类图形符号如表3-29所示。

表3-29　移动式智能插座类图形符号

序　号	名　称	图形符号	实物图片	说明及引用来源
7.10	移动式智能插座	Zy		基本符号，Z—智能，y—移动
7.10.1	10A移动式智能插座	Zy10 A		基本符号，Z—智能，y—移动
7.10.2	16A移动式智能插座	Zy16 A		基本符号，Z—智能，y—移动

8. 电动窗帘控制器类图形符号

电动窗帘控制器类图形符号如表3-30所示。

表3-30　电动窗帘控制器类图形符号

序号	名称	图形符号	实物图片	说明及引用来源
7.11	电动窗帘控制器			基本符号
7.11.1	单帘电动窗帘控制器			
7.11.2	双帘电动窗帘控制器			

9. 电动开合帘装置类图形符号

电动开合帘装置类图形符号如表3-31所示。

表3-31　电动开合帘装置类图形符号

序　号	名　称	图形符号	实物图片	说明及引用来源
7.12	电动开合帘装置			基本符号
7.12.1	单帘电动开合帘装置			
7.12.2	双帘电动开合帘装置			

10. 电动卷合帘类图形符号

电动卷合帘类图形符号如表 3-32 所示。

表3-32 电动卷合帘类图形符号

序　号	名　称	图形符号	实物图片	说明及引用来源
7.13	电动卷合帘装置			基本符号

11. 遮阳装置类图形符号

遮阳装置类图形符号如表 3-33 所示。

表3-33 遮阳装置类图形符号

序　号	名　称	图形符号	实物图片	说明及引用来源
7.14	遮阳装置			基本符号

12. LED 灯类图形符号

LED 灯类图形符号如表 3-34 所示。

表3-34 LED灯类图形符号

序　号	名　称	图形符号	实物图片	说明及引用来源
7.15	LED灯			基本符号
7.15.1	LED调光灯			可调亮度
7.15.2	LED全彩调光灯			可调RGBW全色彩及亮度和色温
7.15.3	LED复合调光灯			可调亮度和色温

13. 遥控器类图形符号

遥控器类图形符号如表 3-35 所示。

表3-35 遥控器类图形符号

序　号	名　称	图形符号	实物图片	说明及引用来源
7.16	遥控类设备			基本符号

续表

序　号	名　称	图形符号	实物图片	说明及引用来源
7.16.1	红外遥控器	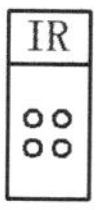 IR		IR—红外
7.16.2	组合遥控器	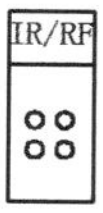 IR/RF		IR—红外 RF—射频
7.16.3	场景控制器	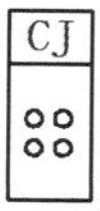 CJ	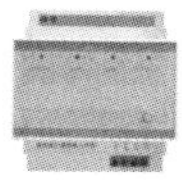	CJ—场景
7.16.4	LED遥控器	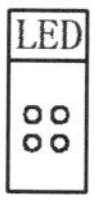 LED	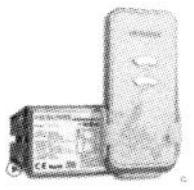	

14. 转换类设备图形符号

转换类设备图形符号如表 3-36 所示。

表3-36　转换类设备图形符号

序　号	名　称	图形符号	实物图片	说明及引用来源
7.17	转换类设备	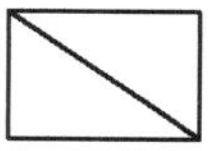		基本符号
7.17.1	射频转发器			
7.17.2	红外转发器			
7.17.3	协议转换模块	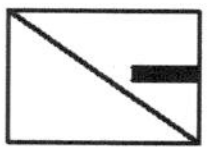		

3.2.8　公共服务类

1. 智能计量表类图形符号

智能计量表类图形符号如表 3-37 所示。

表3-37　智能计量表类图形符号

序　号	名　称	图形符号	实物图片	说明及引用来源
8.1	智能计量表设备	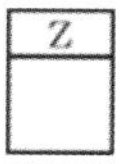 Z	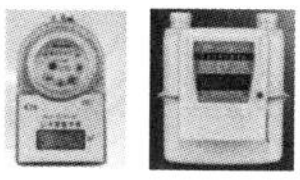	基本符号，Z—智能

序 号	名 称	图形符号	实物图片	说明及引用来源
8.1.1	智能水表	Z / WM		Z—智能，WM—水计量
8.1.2	智能电度表	Z / Wh		Z—智能，Wh—电度表
8.1.3	智能燃气表	Z / GM		Z—智能，GM—燃气计量
8.1.4	智能热能表	Z / HM		Z—智能，HM—燃气计量

2. 计量表系统信息采集设备类图形符号

计量表系统信息采集设备类图形符号如表 3-38 所示。

表3-38 计量表系统信息采集设备类图形符号

序 号	名 称	图形符号	实物图片	说明及引用来源
8.2	计量表系统信息采集设备	C		基本符号，C—采集
8.2.1	水表采集模块	C / WM		C—采集
8.2.2	电表采集模块	C / Wh		Wh—电度表
8.2.3	燃气表采集模块	C / GM		GM—燃气计量
8.2.4	暖通采集模块	C / HM		HM—热能计量
8.2.5	便携式手抄器	C / S		C—采集，S—手抄
8.2.6	集中抄表器	C / J		C—采集，J—集中

3.2.9 网络设备类

1. 智能终端类图形符号

智能终端类图形符号如表 3-39 所示。

表3-39 智能终端类图形符号

序 号	名 称	图形符号	实物图片	说明及引用来源
9.1	智能终端			基本符号
9.1.1	家庭智能终端	ZD		ZD—智能终端
9.1.2	Wi-Fi网络终端			

2. 路由设备类图形符号

路由设备类图形符号如表 3-40 所示。

表3-40 路由设备类图形符号

序 号	名 称	图形符号	实物图片	说明及引用来源
9.2	路由设备	Z		基本符号，Z—智能
9.2.1	TCP-IP路由器	Z TCP/IP		
9.2.2	LonWorks路由器	Z LonWorks		

3. 网络交换设备类图形符号

网络交换设备类图形符号如表 3-41 所示。

表3-41 网络交换设备类图形符号

序 号	名 称	图形符号	实物图片	说明及引用来源
9.3	网络交换设备			基本符号
9.3.1	TCP/IP路由器	TCP/IP		

序　号	名　　称	图形符号	实物图片	说明及引用来源
9.3.2	LonWorks交换机			
9.3.3	光纤交换机			

4. 网络服务器类图形符号

网络服务器类图形符号如表3-42所示。

表3-42　网络服务器类图形符号

序　号	名　　称	图形符号	实物图片	说明及引用来源
9.4	网络服务器			基本符号
9.4.1	Internet服务器			
9.4.2	局域网服务器			LAN—局域网

3.2.10　影音娱乐类

1. 扬声器类图形符号

扬声器类图形符号如表3-43所示。

表3-43　扬声器类图形符号

序　号	名　　称	图形符号	实物图片	说明及引用来源
10.1	扬声器			基本符号，C—吸顶式安装，R—嵌入式安装，W—壁挂式安装，GB/T 50786—2012
10.1.1	扬声器箱、音响、声柱			基本符号，C—吸顶式安装R—嵌入式安装，W—壁挂式安装，GB/T 50786—2012
10.1.2	嵌入式安装扬声器箱			GB/T 50786—2012

2. 媒体播放器类图形符号

媒体播放器类图形符号如表 3-44 所示。

表3-44 媒体播放器类图形符号

序 号	名 称	图形符号	实物图片	说明及引用来源
10.2	媒体播放器			基本符号， GB/T 5465.2—2008

3. 投影仪图形符号

投影仪图形符号如表 3-45 所示。

表3-45 投影仪图形符号

序 号	名 称	图形符号	实物图片	说明及引用来源
10.3	投影仪			基本符号， GB/T 5465.2—2008

4. 电动投影幕图形符号

电动投影幕图形符号如表 3-46 所示。

表3-46 电动投影幕图形符号

序 号	名 称	图形符号	实物图片	说明及引用来源
10.4	电动投影幕			基本符号

5. 背景音乐系统设备类图形符号

背景音乐系统设备类图形符号如表 3-47 所示。

表3-47 背景音乐系统设备类图形符号

序 号	名 称	图形符号	实物图片	说明及引用来源
10.5	背景音乐系统设备			基本符号
10.5.1	背景音乐主机			M—Main缩写
10.5.2	背景音乐控制器			C—Control缩写

序　号	名　　称	图形符号	实物图片	说明及引用来源
10.5.3	背景音乐功放			P-Power缩写
10.5.4	IP网络音频终端			T-Terminac缩写
10.5.5	音视频显示面板			D-Display缩写

3.3　GB/T 35134—2017《物联网智能家居设备描述方法》

GB/T 35134—2017《物联网智能家居　设备描述方法》于 2017 年 12 月 29 日发布，在 2018 年 2 月 1 日实施。该标准由中华人民共和国国家质量监督检验检疫总局和中国国家标准化管理委员发布。

该标准有 8 章和 3 个附录，共计有 A4 幅面 32 页，其中标准正文为 19 页，附录为 13 页。第 1 ~ 4 章为范围、规范性引用文件、术语和定义、缩略词；第 5 章为设备的描述方法；第 6 章为设备功能对象类型；第 7 章为设备描述文件的定义域和编码；第 8 章为设备功能对象数据结构规范。附录 A 主要为 DDL 与 XML 格式对照；附录 B 主要为楼宇对讲机设备描述语言编写的设备描述文本示例；附录 C 主要为楼宇对讲机 XML 语言形式表达的设备描述文本示例。

3.3.1　标准适用范围

该标准规定了物联网智能家居设备的描述方法、描述文件的格式要求、功能对象类型、描述文件元素的定义域和编码、描述文件的使用流程和功能对象数据结构。

该标准适用于智能家居系统中的所有家居设备，包括家用电器、照明系统、水电气热计量表、安全及报警系统和计算机信息设备、通信设备、智能社区公共安全防范系统、公共设备监控系统、家庭信息采集及设备控制系统以及所有面向家居设备的应用、服务的各种控制网络系统中的有关设备。

3.3.2　规范性引用文件

下列文件对于本文件的应用是必不可少的。凡是标注日期的引用文件，仅标注日期的版本适用于本文件。凡是不标注日期的引用文件，其最新版本（包括所有的修改单）适用于本文件。

GB/T 1988—1998　信息技术　信息交换用七位编码字符集

GB 2312—1980　信息交换用汉字编码字符集　基本集

GB/T 35143—2017　物联网智能家居　数据和设备编码

3.3.3　术语和定义

1. 物联网智能家居

以住宅为平台，融合建筑、网络通信、智能家居设备、服务平台，集系统、服务、管理为一体的高效、舒适、安全、便利、环保的居住环境。

2．智能家居设备

具有网络通信功能，可自描述、发布并能与其他节点进行交互操作的家居设备。

3．智能家居系统

由智能家居设备通过某种网络通信协议，相互连接成为可交互控制管理的智能家居网络。

4．设备描述

对设备自有功能和服务的表述。

5．设备描述方法

对设备自有功能和服务表述的方法。

6．设备描述文件

智能家居设备向智能家居系统发布的对自有功能和服务表述的自描述文件。

7．设备描述语言

设备功能对象数据结构描述的规定，对设备描述文件编写内容和格式化要求的详细规范。

3.3.4　缩略语

下列缩略语适用于本文件。

DDL　设备描述语言（Device Description Language）

XML　可扩展标记语言（Extensible Markup Language）

3.3.5　设备描述方法

1．一般规定

物联网智能家居系统应实现对设备的管理和监控，向网关提供全部功能和服务信息。信息包括设备的功能、控制命令、交互接口及返回信息。

2．面向对象的设备描述内容

设备描述内容应以设备的功能为对象，包含下列内容：

（1）对象：与某一特定功能相关的所有数据元素的集合。

（2）类：具有相同应用功能，执行类似的任务，归纳成标准数据结构，称为对象的"类"。

（3）属性：对象执行的功能任务，称为对象的"属性"，属性可由若干层次组成。

3．设备描述文件的编码格式

设备描述文件按 GB/T 1988—1998 和 GB 2312—1980 的规定进行编译。

4．设备描述文件的界定符

字符串应由若干字段组成，字段之间通过一对界定符（起始标签和结束标签）界定：

（1）对象界定符："{ ／"和／）"。

（2）部分（属性部分和操作部分）界定符："[／"和"／]"。

（3）功能 Function 界定符："< ／"和"／>"。

（4）基本界定符，如参数之间的分隔和功能内部之间的分隔，用"；"。

5．设备描述文件格式

设备描述文件的基本格式如下：

{ ／ Oi[／ Xj </B1；B2；B3；B4；B5/> ／] ／ }

其中，Oi 是第 i 个对象类型标识；

Xj 是该对象的第 j 个属性标识；

B1：Function ID（功能标识）；

B2：Function Name（功能名称）；

B3：Function Description（功能描述）；

B4：Function Type（功能执行方式）；

B5：Function Parameters（功能参数个数）。

3.3.6 设备功能对象类型

1. 一般规定

设备功能对象分为系统、基础、合成、关联和组合 5 种类型。对象分类描述文本结构及示例参见该标准的附录 A、附录 B、附录 C。

2. 系统功能对象

系统功能对象应包括下列内容：

（1）System 对象：描述设备发现和注册的基本工作模式。

（2）Device 对象：描述设备本身的详细信息，定义了设备的唯一标识码。

（3）File 对象：描述设备与系统间的数据传输过程。

3. 基础功能对象

基础功能对象应包括下列内容：

（1）Analog Value 对象：描述节点中的模拟量及对模拟量的操作。

模拟量为具有上限和下限，并在其间具有连续值的数据，如电视中的音量、亮度等。

（2）Switch Value 对象：描述开关量及对开关量的操作。

开关量定义为只存在两种相反状态值的数据，如电源开关等。

（3）Enum Value 对象：描述枚举量及对枚举量的操作。

枚举量定义为具有有限个确定的非连续值的数据，如空调的制热、制冷、除湿、通风就为一组枚举量。

（4）Time 对象：描述时间数据及对时间数据的操作。

时间数据包括日期及时间，使用两种模式：时间跨度模式及时刻模式。

（5）Event 对象：描述事件数据及对事件数据的操作。

事件对象为设备内部触发而产生的操作，生成一种消息，如报警信息等，并定义事件的级别以及类型。

4. 合成功能对象

合成功能对象应包括下列内容：

（1）Schedule 对象：描述时间触发型任务，包括设定时间及执行的任务。

（2）Action 对象：描述状态触发型的内部任务，包括触发状态及执行的内部任务。

5. 关联功能对象

关联功能对象应包括下列内容：

（1）Loop Action 对象：描述外部事件触发的内部任务，包括外部的触发条件及内部执行的任务。

（2）Action Loop 对象：描述内部活动触发的外部任务，包括内部触发条件及外部执行的任务。

6. 组合功能对象

组合功能对象应包括下列内容：

（1）Group 对象：为一个辅助的功能对象，描述了设备功能的分组形式的使用。

（2）Combine Operation 对象：描述一系列功能的顺序执行。

3.3.7 设备描述文件元素的定义域和编码

1. 元素编码的定义域

1）数据类型

数据类型定义应包括下列内容：

（1）字节类型：赋值范围为 0 ~ 255。

（2）布尔类型：1 和 0，1 为真，0 为假。

（3）文本类型应符合下列要求：

① 英文字符，最多 128 个字符（符合 GB/T 1988—1998 的要求）。

② 中文字符，最多 64 个汉字符（符合 GB 2312—1998 的要求）。

③ 文本中不得包含与 5.3 规定界定符相同的字符。

（4）数组类型：数组长度范围为 0 ~ 255。

2）功能对象属性标识

功能对象通用属性标识应包括下列内容：

（1）类的标识 Class ID：0 ~ 99 类的序号（0 为 System 类，唯一）。

（2）对象标识 Object ID：1 ~ 255（其中 Object ID = 1 为 System 类对象，是唯一的；其他的 Object ID=2 ~ 99）。

（3）父对象组标识 Father Group：10 ~ 250 组标识，为 0 则未分组。

3）对象分组描述

对象分组描述应包括下列内容：

（1）Father Group 属性为类的分组，Group 类的 Object ID。

（2）同一组类用一个 Group 类来描述。

2. 元素的定义域与编码规则

本条规定的编码规则，除对象类型、功能类型、元素类型按同类型的序号标识外。其他标识代码应按 GB/T 35143—2017 的规定执行。编码规则应符合下列要求：

（1）用户不可更改，并应符合下列要求：

① Class ID：类的序号，由数字 1 ~ 99 组成。

② Function ID：功能的序号，由十六进制数组成。由于采用 8 位位组传送，只有一位数时，十位补 0，如 01，02，0A。

③ Type：元素类型，由序号组成，在第 8 章表 1 属性说明表中定义。

（2）用户（企业）自定义代码：

① Object ID：对象标识，用户可以填入该元素对象的标识代码。缺省值为两位数字组成，父对象为 20，30...；则子对象为 21，22...；31，32...。

② Father Group：对象所隶属的组，用户可以填入该对象所属父对象组的标识代码。

③ Object Name：对象名，用户可以填入本企业习惯的该功能对象名称，应为汉字或 GB

2312—1980 的扩充。

（3）布尔类型的数据：用 1 表示真；用 0 表示假。例如，Function Report，为 1 表示正常，为 0 表示不正常。

3.3.8 设备功能对象数据结构规范

1. 设备描述语言的说明

设备描述语言用以描述资源对象的数据结构，应包括下列内容：

1）操作

定义如下：

```
Function{
    ID;
    Name;
    Description;
    Type;
    ParamNum;
}
```

2）属性

按照规定的顺序和数据类型，使用文本方式表示，如表 3-48 所示。

表3-48　属性说明表

名　称	类　型	说　　明			
ID	字节	标示ID，在同一个类中不能重复			
Name	字符	名称			
Description	字符	实现功能的描述			
Type	字节	执行方式	值	说　明	
			1	网关主动向设备发送	
			2	设备向网关返回	
			3	设备自身执行	
			4	设备主动发送	
ParamNum	字节	参数个数			

2. 设备描述语言对象的分类

1）系统功能对象

（1）总则。系统功能对象包括 System 对象、Device 对象以及 File 对象，并由相应的 System 类、Device 类、File 类实现数据描述。每个设备中，这 3 个对象必须实现，而且 System 对象和 Device 对象都仅有 1 个，File 对象必须至少存在 1 个设备文本传输类以实现设备描述文本的传输。

（2）System 对象。System 对象描述了设备的基本工作模式，定义了设备统一的访问接口和访问方式，实现了与通信协议和通信设备无关的家庭网络设备的发现和注册功能。同时，System 对象描述了设备注册后对设备状态的查询及控制功能。具体描述方法详见 GB/T35134—2017《物

联网智能家居　设备描述方法》第 8.2.1.2 条的规定。

（3）Device 对象。Device 对象描述了设备本身的详细信息，并定义了设备型号的唯一标识码，同型号的设备使用相同的设备描述语言文本，以减少设备注册时的数据传输开销。

本条规定的产品代码、型号代码、版本号、产品类型代码、厂商代码均应按 GB/T 35143—2017 第 5 章的规定执行。具体描述方法详见 GB/T 35134—2017《物联网智能家居　设备描述方法》第 8.2.1.3 条的规定。

（4）File 对象。File 对象描述了设备与系统间的数据传输过程。设备在注册到系统时，一般情况下需要传输设备描述文本至系统，因此，必须至少实现一个描述设备描述文本传输的类。同时，File 对象还可以描述设备与系统间的其他数据传输过程，如图片、声音、资源文件等。具体描述方法详见 GB/T 35134—2017《物联网智能家居　设备描述方法》第 8.2.1.4 条的规定。

2）基础功能对象

（1）一般规定。基础功能对象包括 5 种，描述了设备的基本数据类型及其操作，并由这些基础功能对象组合，可以描述其他复杂的功能。

（2）Analog Value 对象。Analog Value 对象描述了设备中的模拟量及对模拟量的操作。模拟量为具有上限和下限，并在其间具有连续值的数据，如电视中的音量、亮度等。具体描述方法详见 GB/T 35134—2017《物联网智能家居　设备描述方法》第 8.2.2.2 条的规定。

（3）Switch Value 对象。Switch Value 对象描述了开关量及对开关量的操作。开关量定义为只存在两种相反状态值的数据，如电源开关等。具体描述方法详见 GB/T 35134—2017《物联网智能家居　设备描述方法》第 8.2.2.3 条的规定。

（4）Enum Value 对象。Enum Value 对象描述了枚举量及对枚举量的操作。枚举量定义为具有有限个确定的非连续值的数据，如空调的制热、制冷、除湿、通风就为一组枚举量。具体描述方法详见 GB/T 35134—2017《物联网智能家居　设备描述方法》第 8.2.2.4 条的规定。

（5）Time 对象。Time 对象描述了时间数据及对时间数据的操作。时间数据包括日期及时间，使用两种模式：时间跨度模式及时刻模式。具体描述方法详见 GB/T 35134—2017《物联网智能家居　设备描述方法》第 8.2.2.5 条的规定。

（6）Event 对象。Event 对象描述了时间数据及对事件数据的操作。事件对象为设备内部出发而产生的操作，声称一种消息，如报警信息等，并定义事件级别以及类型。

本条规定的事件的级别以及类型的标识代码应按 GB/T 35143—2017 的 6.3 条、第 8 章、第 9 章各类故障类型级别的规定执行。具体描述方法详见 GB/T 35134—2017《物联网智能家居　设备描述方法》第 8.2.2.6 条的规定。

3）合成功能对象

详见 GB/T 35134—2017《物联网智能家居　设备描述方法》第 8.2.3 条的规定。

4）关联功能对象

详见 GB/T 35134—2017《物联网智能家居　设备描述方法》第 8.2.4 条的规定。

5）组合功能对象

详见 GB/T 35134—2017《物联网智能家居　设备描述方法》第 8.2.5 条的规定。

6）附录 A 为资料性附录

共有 1 页，通过表 A.1 说明了开关类示例及设备描述语言的语句。

7）附录 B 为资料性附录

共有 3 页，给出了楼宇对讲机设备描述语言编写的设备描述文本示例。

8）附录 C 为资料性附录

共有 9 页，给出了楼宇对讲机 XML 语言形式的设备描述文本示例。

3.4 GB/T 35143—2017《物联网智能家居数据和设备编码》

3.4.1 范围

该标准规定了物联网智能家居系统中各种设备的基础数据和运行数据的编码序号，设备类型的划分和设备编码规则。

该标准适用于物联网智能家居系统中各种智能家居设备。

3.4.2 规范性引用文件

下列文件对于本文件的应用是必不可少的。凡是标注日期的引用文件，仅标注日期的版本适用于本文件。凡是不标注日期的引用文件，其最新版本（包括所有的修改单）适用于本文件。

GB/T 1988—1998 信息技术 信息交换用七位编码字符集

GB 12904—2008 商品条码 零售商品编码与条码表示

3.4.3 术语和定义

下列术语和定义适用于本文件：

1. 物联网智能家居

以住宅为平台，融合建筑、网络通信、智能家居设备、服务平台，集系统、服务、管理为一体的高效、舒适、安全、便利、环保的居住环境。

2. 智能家居设备

具有网络通信功能，可自描述、发布并能与其他节点进行交互操作的家居设备。

3. 智能家居系统

由智能家居设备通过某种网络通信协议，相互连接成为可交互控制管理的智能家居网络。

3.4.4 物联网智能家居数据分类

1. 设备基础数据及序号定义

设备基础数据包括设备产品数据、厂商代码和设备类型。设备基础数据变量编码序号范围为 0001 ～ 0010（十进制）。

2. 设备运行数据及序号定义

设备运行数据包括通用操作指令、控制查询变量和故障分类,不同类变量编码序号范围如下：

（1）通用运行数据变量编码序号范围为 0011 ～ 0200。

（2）智能家用电器类产品运行数据变量编码序号范围为 0201 ～ 1000。

（3）安防监控类产品运行数据变量编码序号范围为 1001 ～ 1600。

（4）环境控制类产品运行数据变量编码序号范围为 1601 ～ 2200。

（5）公共服务表类产品运行数据变量编码序号范围为 2201 ～ 2800。

（6）影音设备类运行数据变量编码序号范围为2801～3200。

3. 厂家自定义数据及序号定义

厂家自定义的变量序号从5000向后排序。

3.4.5 设备基础数据

1. 设备产品数据

1）设备产品数据的内容

设备产品数据的内容如表3-49所示，变量编码序号为0001～0010。

表3-49 设备产品数据表

序 号	变 量	变量名称	值	说 明
0001	Manufacture_ID	厂商代码	13位ASCII码表示	企业的EAN-13编码
0002	Device_ID	设备类型	十六进制表示	设备类型分为设备大类、设备中类和设备小类
0003	Model_ID	型号ID	十六进制表示	由厂商自行定义
0004	Serial_No	序列号	十六进制表示	由厂商自行定义
0005	version_No	版本	2位十六进制表示	由厂商自行定义
0006			0006～0010，预留	

注：序号在使用中以十六进制表示，定长2字节，长度不足时高位补0

2）设备标识

设备标识（ID号）是物联网智能家居产品的唯一标识，用来表示设备的产品数据，其内容包括厂商代码、设备类型、产品型号及序列号等。设备标识中A部数值表示厂商代码，为企业的EAN-13编码，按GB 12904—2008的规定执行；B部表示设备类型中的设备大类；C部、D部数值分别表示设备所属的中类、小类；E部数值表示家电产品的厂商自定义型号、生产序列号，由企业自行定义。如图3-2所示，设备标识应符合GB/T 1988—1998的要求。

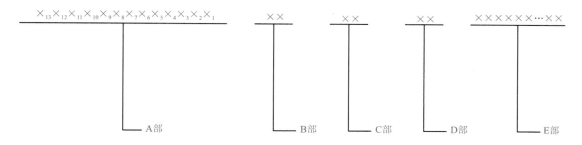

图3-2 设备标识示意图

2. 设备类型

1）一般规定

按照功能，可分为设备大类、设备中类和设备小类，每种设备应有唯一的设备类型号。设备类型由3个字节组成，最高字节表示设备大类，中间字节表示设备中类，最低字节表示设备小类，如图3-3所示。

示例：

智能家居系统中的楼宇对讲的室内机 ID 可表示为 0x02 0x03 0x01。其中，0x02 表示设备大类，0x03 表示设备中类，0x01 表示设备小类。

表 3-50 ～ 表 3-60 中的值范围 0x01 ～ 0xFF，未被分配的值为预留。

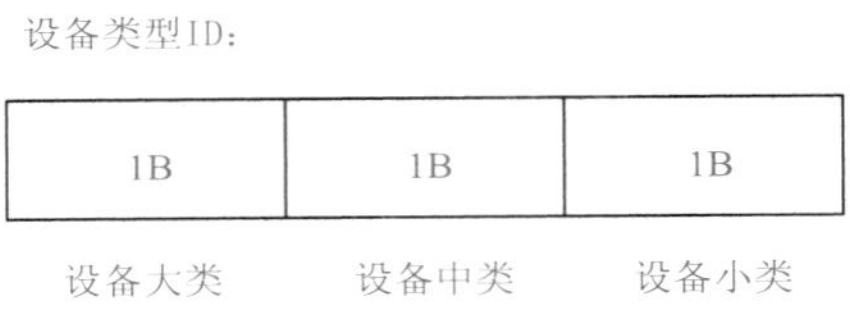

设备类型ID：

1B	1B	1B
设备大类	设备中类	设备小类

图3-3　设备类型ID表示方法

2）设备大类划分

物联网智能家居系统设备按照功能可分为智能家用电器类、安防监控类、环境监控类、公共服务类和影音娱乐类 5 个大类，各类对应的值如表 3-50 所示。

表3-50　设备大类表

值	设备大类
0x01	智能家用电器类
0x02	安防监控类
0x03	环境监控类
0x04	公共服务类
0x05	影音娱乐类

注：智能家用电器中类和小类分类不在该标准描述

3）安防监控类

（1）安防监控类划分。安防监控类设备中类可划分为安防报警类、视频监控类和楼宇对讲类，如表 3-51 所示。

表3-51　安防监控类设备中类表

值	安防监控类设备中类
0x01	安防报警类
0x02	视频监控类
0x03	楼宇对讲类

（2）安防报警类。安防报警类设备小类如表 3-52 所示。

表3-52　安防报警类设备小类表

值	安防报警类设备小类
0x01	紧急按钮开关
0x02	门磁开关
0x03	多技术入侵探测器
0x04	被动红外入侵探测器
0x05	微波入侵探测器
0x06	超声波入侵探测器

续表

值	安防报警类设备小类
0x07	主动式红外入侵探测器
0x08	烟感探测器
0x09	振动传感器
0x10	玻璃破碎探测器
0x11	漏水检测探测器
0x12	空间移动探测器
0x13	燃气阀
0x14	智能锁
0x15	可燃气体探测器
0x16	感温探测器

（3）视频监控类。视频监控类设备小类如表3-53所示。

表3-53　视频监控类设备小类

值	视频监控类设备小类
0x01	摄像机
0x02	云台
0x03	录像机

（4）楼宇对讲类。楼宇对讲类设备小类如表3-54所示。

表3-54　楼宇对讲类设备小类

值	楼宇对讲类设备小类
0x01	室内机
0x02	门口机
0x03	围墙机
0x04	系统主机

4）环境监控类

（1）环境监控类分类。环境监控类设备中类可分为空气环境监控设备类、水环境设备类和声光环境设备类，如表3-55所示。

表3-55　环境监控类设备中类表

值	环境监控类设备中类
0x01	空气环境监控设备类
0x02	水环境设备类
0x03	声光环境设备类

（2）空气环境监控类。空气环境监控类设备小类如表 3-56 所示。

表3-56　空气环境监控类设备小类表

值	空气环境监控类设备小类
0x01	温度传感器
0x02	湿度传感器
0x03	甲醛传感器
0x04	PM2.5传感器
0x05	二氧化碳传感器
0x06	二氧化硫传感器
0x07	风、雨传感器
0x08	温度调节控制器
0x09	湿度调节控制器
0x10	空气质量调节控制器

（3）水环境监控类。水环境监控类设备小类如表 3-57 所示。

表3-57　水环境监控类设备小类表

值	水环境监控类设备小类
0x01	水硬度传感器
0x02	浊度传感器
0x03	pH传感器
0x04	热水设备
0x05	净水设备
0x06	软水设备
0x07	废水处理设备

（4）声光环境监控类。声光环境监控类设备小类如表 3-58 所示。

表3-58　声光环境监控类设备小类表

值	声光环境监控类设备小类
0x01	声音传感器
0x02	亮度传感器
0x03	照度传感器
0x04	紫外线辐射照度计
0x05	灯光设备
0x06	遮阳装置

5）公共服务类

公共服务类设备中类如表 3-59 所示。

表3-59 公共服务类设备中类表

值	公共服务类设备中类
0x01	智能水表
0x02	智能电能表
0x03	智能燃气表
0x04	智能热能表

6）影音娱乐类

影音娱乐类设备中类如表 3-60 所示。

表3-60 影音娱乐类中类表

值	影音娱乐类设备中类
0x01	智能电视机
0x02	智能音箱
0x03	智能功率放大器
0x04	媒体播放器
0x05	媒体服务器

3.4.6 设备通用运行数据

1. 设备通用操作指令

设备通用操作指令如表 3-61 所示。

表3-61 设备通用操作指令表

序 号	操作指令变量名称	英文名称	参 数	说 明
0011	查询全部变量状态	Query_all	—	—
0012	查询多个变量状态	Query_some	变量数量n+变量序号1+变量序号2+···+变量序号n	—
0013	查询单个变量状态	Query	变量序号	—
0014	组合变量设置	Set_all	变量数量 n +变量序号1+参数值+变量序号2+参数值+···+变量序号 n +参数值+···	—
0015	单个变量设置	Set	变量序号+参数值	—
0016	组合变量状态反馈	State_some	变量数量 n +变量序号1+变量1参数值+变量序号2+变量2参数值+···+变量序号 n +变量 n 参数值+···	状态返回值与查询变量顺序相符，且变量值为当前设备的状态
0017	单个状态反馈	State	变量序号+参数值	与"查询单个变量状态"对应，返回变量的当前值

序 号	操作指令变量名称	英文名称	参 数	说 明
0018	多个故障信息反馈	Failure_some	故障个数+故障代码1+故障代码2+…+故障代码 n	—
0019	单个故障信息反馈	Failure	故障代码序号	—
0020	上位机给设备发送消息或通知	Massage	String，不超过50个汉字	—
0021	0021~0029：预留			

2. 设备通用控制与查询变量

设备通用控制和查询变量如表3-62所示。

表3-62 设备通用控制和查询变量表

序 号	变量名称	英文名称	参数值	读/写	说 明
0030	电源	Power	00，01	R/W	00电源关闭，01电源打开
0031	待机	Standby	00，01	R/W	00从正常到待机，01从待机到正常
0032	运行状态	Operating State	00，01，02	R/W	00停止，01开始，02暂停
0033	面板锁定	Lock Panel	00，01	R/W	00面板解锁，用户不允许使用面板对设备进行change操作；01锁定面板，用户允许使用面板对设备进行change操作
0034	网络时间同步	Synchronous Time	00，01	R/W	00不允许，01允许
0035	远程控制状态	Remote Control	00，01	R/W	00不允许远程控制，用户不能通过网络对设备进行change操作；01允许远程控制，用户可以通过网络对设备进行change操作
0036	网络时间同步	Synchronous Time	00，01	R/W	00不允许，01允许
0037	当前时间	Current YMDHMS	（年–月–日–时–分–秒）共7个字节，年为2个字节，其余各为1个字节	R/W	对设备同步当前网络时间
0038	当前时间	Current Time	8个字节无符号数表示		从1970年1月1日00：00：00 UTC开始所经过的秒数
0039	当前日期年月日	CurrentYMD	（年–月–日），年为2个字节，月为1个字节，日为1个字节	R/W	—
0040	当前时间时分秒	CurrentHMS	（时–分–秒），3个字节无符号数	R/W	—
0041	定时关机时间	CloseYMDHMS	（年–月–日–时–分–秒）7个字节	R/W	—
0042	定时开机时间	OpenYMDHMS	（年–月–日–时–分–秒）7个字节	R/W	—

续表

序　号	变量名称	英文名称	参数值	读/写	说　明
0043	定时开机时间段	OpenTime-SpaceHMS	3个字节无符号数，时-分-秒	R/W	从当前时间推迟的时间段
0044	定时关机时间段	CloseTime-SpaceHMS	3个字节无符号数，时-分-秒	R/W	从当前时间推迟的时间段
0045	定时开关	Timer Open Close	00，01	R/W	不允许定时开关，允许定时开关
0046	定时开机开关	Timer Open	00，01	R/W	不允许定时开机，允许定时开机
0047	定时关机开关	Timer Close	00，01	R/W	不允许定时关机，允许定时关机
0048	当前温度	Current Temp	2个字节有符号整数，$-200℃ \sim 200℃$，精度为0.1℃	R	单位摄氏度
0049	当前湿度	Current Humidity	1个字节无符号数，$0\% \sim 100\%$	R	单位百分比，只适用于有单一湿度设置的家电用器
0050	电压	Current Voltage	2个字节无符号数，$0\,V \sim 999\,V$，精度为1 V	R	当前电压值
0051	电流	Current Ampere	2个字节无符号数，$0\,A \sim 99.99\,A$，精度为0.01 A	R	当前电流值
0052	频率	Frequency	2个字节无符号数 $0\,Hz \sim 99.99\,Hz$，精度0.01 Hz	R	当前频率值
0053	无功功率	Reactive Power	4个字节有符号数，$-99.9999\,kvar \sim 99.9999\,kvar$，精度为0.0001 kvar	R	当前无功功率值
0054	功率因数	Power Factor	2个字节有符号数，十六进制，精度为0.001	R	当前功率因数值
0055	电能	Electric Energy	4个字节无符号数，$0\,kW \cdot h \sim 999999.99\,kW \cdot h$，精度为0.01 kW · h	R	当前电能累计值
0056	房间编号	Room Num	1字节无符号数	R	当前房间编号
0057	有人/无人	People	00—无人，01—有人	R	—
0058			0058～0150：预留		

3. 设备通用故障分类

设备通用故障分类如表3-63所示。

表3-63　设备通用故障分类表

序　号	变量名称	故障参数	英文名称
0151	危险（严重故障）	具体见相关产品故障代码	Danger
0152	故障（一般故障）	具体见相关产品故障代码	Failure
0153	警告（轻微故障）	具体见相关产品故障代码	Warning
0154	提醒（轻微故障）	具体见相关产品故障代码	Noticing
0155		0155～0200：预留	

3.4.7 安防监控类运行数据

1. 安防报警类运行数据

1）安防报警类控制和查询变量

安防报警类控制和查询变量如表3-64所示。

表3-64　安防报警类控制和查询变量表

序　号	变量名称	英文名称	参　　数	读/写	说　　明
1001	防区布防	ArmZone	Zoneid：1个字节无符号数，0—设置全部防区，1—设置1号防区，2—设置2号防区，3—设置3号防区，……	W	按照防区进行布防，当Zoneid=0时，设置全部防区布防
1002	防区撤防	DisarmZone	参数为两部分：高字节为防区号Zoneid，后面的字节代表撤防密码password。Zoneid：1个字节无符号数；Password：8个字节ASCII码	W	按照防区进行撤防，当Zoneid=0时，设置全部防区撤防
1003	查询防区布/撤防状态	GetZoneState	Zoneid	W	当Zoneid=0时，获取全部防区状态，以逗号隔开
1004	防区旁路	BypassZone	参数为两部分：高字节为防区号Zoneid，后面的字节代表撤防密码password。Zoneid：1个字节无符号数；Password：8个字节ASCII码	W	按照防区进行防区旁路，当Zoneid=0时，设置全部防区旁路
1005	防区有效性设置	ZoneEnable	参数为两部分：高字节为防区号Zoneid，后面的字节代表撤防密码password。Zoneid：1个字节无符号数；Password：8个字节ASCII码	W	按照防区设置是否有效，当Zoneid=0时，设置全部防区
1006	防区有效性状态	ZoneEnableStatus	Zoneid+00防区无效，Zoneid+01防区有效	R	该变量与防区有效性设置和查询指令配合使用
1007	防区状态	ZoneStatus	01防区布防，02防区撤防，03防区旁路	R	与查询防区布撤防状态配合使用
1008	获取防区报警状态	GetZoneAlarmState	Zoneid+报警状态；报警状态：00—正常，01—异常报警	R	—
1009	报警音量调节	AlarmVoice	0%～100%	R/W	—
1010	传感器电池电量信息	SensorBattery-Capacity	0%～100%	R	—
1011	传感器电池电量状态	SensorPower-Status	00—探头电池电量正常，01—探头电池电量低	R	—
1012	获取传感器信号强度	SensorSignal-Strength	0%～100%	R	—
1013	传感器在线状态	SensorOnlineStatus	00—探头不在线，01—探头在线	R	—

续表

序　号	变量名称	英文名称	参　　数	读/写	说　明
1014	传感器类型	SensorType	00—紧急按钮开关，01—门磁开关，02—多技术入侵传感器，03—被动红外入侵探测器，04—微波入侵探测器，05—超声波入侵探测器，06—主动式入侵探测器，07—烟感探测器，08—振动探测器，09—玻璃破碎探测器，10—漏水检测探测器，11—空间移动探测器，12—其他	R	—
1015			1015～1100：预留		

2）安防报警类故障变量

安防报警类故障变量如表3-65所示。

表3-65　安防报警类故障变量表

序　　号	变量含义	故障分类
1101	紧急按钮开关报警	危险
1102	门磁开关报警	危险
1103	综合入侵传感器报警	危险
1104	被动红外入侵探测器报警	危险
1105	微波入侵探测器报警	危险
1106	超声波入侵探测器报警	危险
1107	主动式红外入侵探测器报警	危险
1108	烟感探测器报警	危险
1109	振动探测器报警	危险
1110	玻璃破碎探测器报警	危险
1111	漏水检测探测器报警	危险
1112	空间移动探测器报警	危险
1113	可燃气体探测器报警	危险
1114	传感器电池电量低报警	故障
1115	传感器信号弱报警	故障
1116	紧急按钮开关故障	故障
1118	综合入侵传感器故障	故障
1119	被动红外入侵探测器故障	故障
1120	微波入侵探测器故障	故障
1121	超声波入侵探测器故障	故障
1122	主动式红外入侵探测器故障	故障
1123	烟感探测器故障	故障
1124	振动探测器报警故障	故障

序　　号	变量含义	故障分类
1125	玻璃破碎探测器故障	故障
1126	漏水检测探测器故障	故障
1127	空间移动探测器故障	故障
1128	可燃气体探测器故障	故障
1129	1129～1200：预留	

3）燃气阀门控制和查询变量

燃气阀门控制和查询变量如表3-66所示。

表3-66　燃气阀门控制和查询变量表

序号	变量名称	英文名称	参数	读/写	说明
1201	阀门开关	GasSwitch	00—关闭，01—打开	R/W	—
1202	阀门开合度	GasSwitchValue	0%～100%，1个字节无符号数。0—关闭，100—打开	R/W	燃气阀门开合度
1203	1203～1210：预留				

4）燃气阀门故障变量

燃气阀门故障变量如表3-67所示。

表3-67　燃气阀门故障变量

序　　号	变量含义	故障分类
1211	燃气阀无法关闭	危险
1212	燃气阀无法打开	故障
1213～1230	预留	

5）智能门锁控制和查询变量

智能门锁控制和查询变量如表3-68所示。

表3-68　智能门锁控制和查询变量表

序　　号	变量名称	英文名称	参　　数	读/写	说　明
1231	门锁控制	Door Locked	00—锁门，01—开锁	R/W	—
1232	允许远程开锁	Remote Open Door	00—不允许，01—允许	R/W	—
1233	门开方向	Door Open Direction	00—人员从内向外出，01—人员从外向内入	R	—
1234～1250	预留				

6）智能门锁故障变量

智能门锁故障变量如表 3-69 所示。

表3-69　智能门锁故障变量表

序　号	变量含义	故障分类
1251	门未锁好	危险
1252	胁迫开门	危险
1253	电量不足	故障
1254	暴力破坏	危险
1255	恶意破解	危险
1256	超过密码（按键、指纹、掌纹、声控、眼纹、人像识别等方式）输入错误次数报警	危险
1257	密码（按键、指纹、掌纹、声控、眼纹、人像识别等方式）输入超时	警告
1258	1258～1300：预留	

2. 视频监控类运行数据

1）视频监控类控制和查询变量

视频监控类控制和查询变量如表 3-70 所示。

表3-70　视频监控类控制和查询变量表

序　号	变量名称	英文名称	参　数	读/写	说　明
1301	视频预览	ShowVideo	—	W	—
1302	图像存储	RecordVideo	—	W	—
1303	图像回放	ReviewVideo	（年–月–日–时–分–秒）共7个字节，年为2个字节，其余各为1个字节	W	—
1304	云台控制	PanTiltControl	01—上，02—下，03—左，04—右	W	—
1305	摄像头焦距	CarmeraFocus	焦距倍数，2个字节无符号数，1.0～9.9倍，精度为0.1	R/W	—
1306	云台水平角度	PanTilt–HorizonaAngle	0°～360°（最左为0°）	R/W	—
1307	云台垂直角度	Pan Tilt–VerticalAngle	0°～360°（最下为0°）	R/W	—
1308	移动侦测功能	MoveDetect	00—打开，01—关闭	R/W	—
1309	移动侦测灵敏度	MoveDetect–Sensitivity	0～10级，10—最灵敏	R/W	—
1310	分辨率（像素）	CurrentResolution	宽：2字节，高：2字节	R	—
1311	信噪比	SNR	28 dB，35 dB	R	—
1314	1314～1400：预留				

2）视频监控类故障变量

视频监控类故障变量如表 3-71 所示。

表3-71 视频监控类故障变量表

序　　号	变量含义	故障分类
1401	摄像机无视频信号	危险
1402	视频信号出现条纹	警告
1403	摄像机不聚焦	故障
1404	摄像机被拆除	危险
1405	1405～1500：预留	

3. 楼宇对讲类运行数据

1）楼宇对讲类控制和查询变量

楼宇对讲类控制和查询变量如表3-72所示。

表3-72 楼宇对讲类控制和查询变量表

序　号	变量名称	英文名称	参　　数	读/写	说　明
1501	呼叫	Call	被呼叫用户编号，0000—门前机，1111—物业管理机。	W	—
1502	接听	TakingCall	—	W	—
1503	挂机	EndCall	—	W	—
1504	抓拍	Snapshot	—	W	—
1505	录音	RecordVideo	—	W	—
1506	录像	RecordVideo	—	W	—
1507	开锁	OpenDoor	—	W	—
1508	门锁状态	DoorState	00—未开锁，01—已开锁	R	—
1509	门铃状态	DoorPhoneState	00—空闲状态，01—振铃状态，02—通话状态	R	—
1510	1510～1570：预留				

2）楼宇对讲类故障变量

楼宇对讲类故障变量如表3-73所示。

表3-73 楼宇对讲类故障变量表

序　　号	变量含义	故障分类
1571	未挂机	警告
1572	门锁未打开	故障
1573	暴力破坏	危险
1574	恶意破解	危险
1575	1575～1600：预留	

3.4.8 环境控制类运行数据

1. 空气环境监控类运行数据

1）空气环境监控类控制和查询变量

空气环境监控类控制和查询变量如表3-74所示。

表3-74 空气环境监控类控制和查询变量表

序号	变量名称	英文名称	参数	读/写	说明
1601	新风功能	Fresh Air Func	00—关闭，01—打开	R/W	—
1602	甲醛探测功能	CH_2O Sensing Fun	00—关闭，01—打开	R/W	—
1603	VOC探测功能	VOC Sensing Func	00—关闭，01—打开	R/W	—
1604	PM2.5探测功能	PM2.5 Sensing Func	00—关闭，01—打开	R/W	—
1605	二氧化碳探测功能	CO_2 Sensing Fun	00—关闭，01—打开	R/W	—
1606	二氧化硫探测功能	SO_2 Sensing Fun	00—关闭，01—打开	R/W	—
1607	湿度探测功能	Humid Sensing Fun	00—关闭，01—打开	R/W	—
1608	湿度触发上限值	Target Humidity High	0%～100%	R/W	设定湿度触发上限值
1609	湿度触发下限值	Target Humidity Low	0%～100%	R/W	设定湿度触发下限值
1610	温度触发上限值	Target Temp High	2个字符有符号数，精度为0.1℃	R/W	设定温度触发上限值，摄氏度
1611	温度触发下限值	Target Temp Low	2个字符有符号数，精度为0.1℃	R/W	设定温度触发下限值，单位摄氏度
1612	温度调节控制器开关	Temp Adjust	00—关闭，01—打开	R/W	与温度调节控制器编号联合使用
1613	温度调节控制器编号	Temp Adjust Serial	0～99	R/W	00为所有的适度调节器
1614	出风量加	Air Velocity Add	—	W	—
1615	出风量减	Air Velocity Reduce	—	W	—
1616	出风量	Air Velocity	—	R/W	—
1617	出风温度加	Outlet Temp Add	—	W	—
1618	出风温度减	Outlet Temp Reduce	—	W	—
1619	出风温度	Outlet Temp	1个字节无符号数，0℃～60℃，精度为0.1℃；0xFF为无效读数	R/W	—
1620	湿度调节控制器开关	Wet Adjust	00—关闭，01—打开	R/W	与湿度调节控制器编号联合使用

序 号	变量名称	英文名称	参 数	读/写	说 明
1621	湿度调节控制器编号	Wet Adjust Serial	0～99	R/W	00为所有的适度调节器
1622	室外风探测值	Wind Level	00：微风<10m/h 01：3～4级10～17m/h 02：4～5级17～25m/h 03：5～6级25～34m/h 04：6～7级34～43m/h 05：7～8级43～54m/h 06：8～9级54～65m/h 07：9～10级65～77m/h 08：10～11级77～89m/h 09：11～12级89～102m/h	R	—
1623	空气质量等级	Air Quality Level	00优，01良，02中，03差	R	—
1624	室内甲醛探测值	CH_2O Value	$1\mu g/m^3 \sim 10\,000\,\mu g/m^3$	R	—
1625	室内VOC探测值	VOC Value	$1\mu g/m^3 \sim 1\,023\,\mu g/m^3$	R	—
1626	室内PM2.5探测值	PM2.5 Value	$1\mu g/m^3 \sim 500\,\mu g/m^3$	R	—
1627	室内二氧化碳探测值	CO_2 Value	$1mg/m^3 \sim 10\,000\,mg/m^3$	R	—
1628	室内二氧化硫探测值	SO_2 Value	$1\mu g/m^3 \sim 10\,000\,\mu g/m^3$	R	—
1629	室外雨探测值	Rain Snow Level	00—晴，01—多云，02—阴，03—阵雨，04—雷阵雨，05—雷阵雨伴有冰雹，06—雨夹雪，07—小雨，08—中雨，09—大雨，10—暴雨，11—大暴雨，12—特大暴雨，13—阵雪，14—小雪，15—中雪，16—大雪，17—暴雪，18—雾，19—冻雨，20—霾	R	—
1630	1630～1700：预留				

2）空气环境监控类故障变量

空气环境监控类故障变量如表3-75所示。

表3-75 空气环境监控类故障变量表

序 号	变量含义	故障分类
1701	甲醛传感器坏	故障
1702	VOC传感器坏	故障
1703	PM2.5传感器坏	故障
1704	二氧化碳传感器坏	故障

序 号	变量含义	故障分类
1705	二氧化硫传感器坏	故障
1706	风雨传感器坏	故障
1707	湿度传感器坏	故障
1708	温度传感器坏	故障
1709	1709~1800：预留	

2. 水环境监控类运行数据

1）水环境监控类控制和查询变量

水环境监控类控制和查询变量如表3-76所示。

表3-76 水环境监控类控制和查询变量表

序 号	变量名称	英文名称	参 数	读/写	说 明
1801	净水功能	Water Purifier	00—关闭，01—打开	R/W	—
1802	软水功能	Shower Softener	00—关闭，01—打开	R/W	—
1803	纯水功能	Pure Water	00—关闭，01—打开	R/W	—
1804	热水功能	Water Heater	00—关闭，01—打开	R/W	—
1805	自动冲洗功能	Auto Flush	00—关闭，01—打开	R/W	—
1806	设置热水加热温度	Water Temp Set	1个字节无符号数，30℃~75℃，精度为1℃，0xFF为无效读数	R/W	—
1807	出水温度	Water Temp	1个字节无符号数，10℃~75℃，精度为1℃，0xFF为无效读数	R/W	—
1808	调节水阀门值	Water Valve	0%~100%，0为全关，100为全开	R/W	—
1809	入水TDS值	InTDS	0~65 535，步长1，单位：mg/L	R	—
1810	出水TDS值	OutTDS	0~65 535，步长1，单位：mg/L	R	—
1811	总流量	Total Flow	0~4 294 967 295，步长1，单位：L	R	—
1812	原水质量	Initial Water Quality	00—杂质很少，01—杂质少，02—杂质较少，03—杂质稍多，04—杂质较多，05—水质不合格	R	—
1813	纯水质量	Purified Water Quality	00—优，01—良，02—差	R	—
1814	1814~1900：预留				

2）水环境监控类运行数据

水环境监控类故障变量如表3-77所示。

表3-77　水环境监控类故障变量表

序　号	变量含义	故障分类
1901	滤芯（膜）更换	提醒
1902	缺水保护	提醒
1903	满水停机	提醒
1904	过热保护	报警
1905	水压过低	提醒
1906~2000	预留	

3. 声光环境监控类运行数据

1）声光环境监控控制和查询变量

声光环境监控控制和查询变量如表3-78所示。

表3-78　声光环境监控控制和查询变量表

序　号	变量名称	英文名称	参　数	读/写	说　明
2001	灯光亮度	LightBrightness	0~100，1个字节无符号数，0—不亮，100—全亮	R/W	—
2002	灯光色度	LightColor	RGB各1个字节	R/W	—
2003	窗帘（百叶窗）开合度	CurtainControl	0%~100%，0—全关，100—全开	R/W	—
2004	人走灯灭模式	LightfollowPeople	00—关闭，01—打开	R/W	—
2005	环境音量	EnvirVolume	0 dB~255 dB，1个字节无符号数	R	—
2006	环境亮度	EnvirBrightness	—	R	—
2007	照明调节器编号	LightAdjustSerial	1个字节无符号数，0~255	R	—
2008	灯光模式	LightMode	00—睡眠模式，01—起夜模式，02—阴天模式，03—晴天模式，04—电视机模式，05—用餐模式，06—回家模式，07—离家模式，08—聚会模式，09—自定义模式1，10—自定义模式2，11—自定义模式3，12—自定义模式4	R/W	—
2009	2009~2100：预留				

2）声光环境监测类故障变量

声光环境监测类故障变量如表3-79所示。

表3-79　声光环境监测类故障变量表

序　号	变量含义	故障分类
2101	声音传感器故障	故障
2102	亮度传感器故障	故障

序　号	变量含义	故障分类
2103	照度传感器故障	故障
2104	紫外线辐射照度计故障	故障
2105	灯故障	故障
2106	开关面板故障	故障
2107	遮阳装置故障	故障
2108	2108~2200：预留	

3.4.9　公共服务类运行数据

1. 公共服务类控制和查询变量

公共服务类控制和查询变量如表3-80所示。

表3-80　公共服务类控制和查询变量表

序　号	变量名称	英文名称	参　数	状　态	说　明
2201	电能表度数	Get Electirc Meter Value	4个字节无符号数，0~65 536	R	—
2202	水表度数	Get Water Meter Value	4个字节无符号数，0~65 536	R	—
2203	燃气表度数	Get Gas Meter Value	4个字节无符号数，0~65 536	R	—
2204	热能表数	Get Thermal Meter Value	4个字节无符号数，0~65 536	R	—
2205	电费月度使用单	Get Electirc Meter–Value of Month	年–月，如2014–11	R	—
2206	水费月度使用单	Get Water Meter–Value of Month	年–月，如2014–11	R	—
2207	燃气月度使用单	Get Gas Meter Value of Month	年–月，如2014–11	R	—
2208	热能表月度使用单	Get Thermal Meterf E. Value of Month	年–月，如2014–11	R	—
2209	2209~2300：预留				

2. 公共服务类故障变量

公共服务类故障变量如表3-81所示。

表3-81　公共服务类故障变量表

序　号	变量含义	故障分类
2301	电能表故障	危险
2302	水表故障	危险
2303	燃气表故障	危险
2304	热能表故障	危险
2305	2305~2800：预留	

3.4.10 影音娱乐类运行数据

1. 影音娱乐类控制和查询变量

影音娱乐类控制和查询变量如表 3-82 所示。

表3-82 影音娱乐类控制和查询变量表

序 号	变量名称	英文名称	参 数	状 态	说 明
2801	节目加	Increase Program	—	W	返回当前节目
2802	节目减	Decrease Program	—	W	返回当前节目
2803	节目	Program	0 ~ 255	R/W	—
2804	音量加	Increase Volume	—	W	返回当前音量
2805	音量减	DecreaseVolume	—	W	返回当前音量
2806	音量	Volume	0 ~ 100	R/W	—
2807	播放	Play	—	W	
2808	暂停	Pause	—	W	
2809	停止	Stop	—	W	
2810	快进	Fast Forward	倍速：1，2，4，8，16	W	
2811	快退	Fast Backward	倍速：1，2，4，8，16	W	
2812	对比度加	Increase Contrast	—	W	返回当前对比度
2813	对比度减	Decrease Contrast	—	W	返回当前对比度
2814	对比度	Contrast	0 ~ 100	R/W	—
2815	亮度加	Increase Brightness	—	W	返回当前亮度
2816	亮度减	Decrease Brightness	—	W	返回当前亮度
2817	亮度	Brightness	0 ~ 100	R/W	—
2818	图像媒体格式	Image Format	00—JPEG，01—GIF，02—TIFF，03—PNG	R	
2819	视频媒体格式	Video Format	00—MPEG，01—MPEG2，02—MPEG4，03—H.264，04—H.263，05—AVC，06—ACI，07 WMV9	R	
2820	音频媒体格式	Audio Format	00—LPCM（双声道），01—AC-3，02—AAC，03—ATRAC 3+，04—MP3，05—WMA，06—G.711	R	
2821	静音	Mute	—	W	
2822	切换字幕	Subtitle Switch	—	W	
2823	切换声道	Channel Switch	—	W	
2824			2824 ~ 2900：预留		

2. 公共服务类故障变量

影音娱乐类故障变量如表3-83所示。

表3-83　影音娱乐类故障变量表

序　　号	变量含义	故障分类
2901	遥控器故障	故障
2902	音频媒体格式不支持	提醒
2903	图像媒体格式不支持	提醒
2904～3200	预留	

3.5　YDB 123—2013《泛在物联应用　智能家居系统　技术要求》

该标准是为了适应信息通信业发展对通信标准文件的需要，由中国通信标准化协会组织制定，推荐参考使用，主要起草单位有中兴通讯股份有限公司、中国电信集团公司、中国移动通信集团公司、中国联合网络通信集团公司。该标准规定了基于公共通信网络的智能家居系统的技术要求，适用于基于公共通信网络提供智能家居服务的建设。

该标准由中国通信标准化协会发布，在2013年3月6日印发，共有A4幅面20页（正文14页），有11章和2个附录。标准目录如下：

1　范围

2　规范性引用文件

3　缩略语

4　术语和定义

5　智能家居业务概述

　　5.1　智能家居系统概述

　　5.2　智能家居业务分类

6　智能家居系统

　　6.1　系统架构

　　6.2　功能实体

　　6.3　接口

7　智能家居对感知延伸层的要求

　　7.1　总体要求

　　7.2　技术要求

8　智能家居对网络层的要求

　　8.1　总体要求

　　8.2　技术要求

9　智能家居对业务平台层的要求

　　9.1　总体要求

　　9.2　技术要求

10　QoS 要求

11　安全要求

　　11.1　网络安全要求

　　11.2　系统安全要求

　　11.3　信息安全要求

附录 A（资料性附录）　智能家居用例

附录 B（资料性附录）　智能家居流程

3.6　DL/T 1398.31—2014《智能家居系统　第 3-1 部分：家庭能源网关技术规范》

该标准为中国电力行业标准，规定了家庭能源网关的功能要求、电气性能、通信性能、电磁兼容要求、机械性能、适应环境、可靠性要求、检验规则等，适用于家庭能源网关的研发、生产、使用和检验。

该标准由中国电力企业联合会提出，国家能源局在 2014 年 10 月 15 日发布，并于 2015 年 3月 1 日实施。该标准共有 A4 幅面 14 页（正文 9 页），有 7 章和 1 个附录 A，标准目录如下：

1　范围

2　规范性引用文件

3　缩略语

4　功能配置及要求

5　技术要求

6　检验规则

7　标识、包装、储存及运输

附录 A（规范性附录）　家庭能源网关的通信性能

封面如图 3-4 所示。

图 3-4　DL/T 1398.31 标准封面

3.7　DL/T 1398.32—2014《智能家居系统　第3-2部分：智能交互终端技术规范》

该标准为中国电力行业标准，规定了智能交互终端的功能要求、通信协议和检验规则，适用于智能交互终端的研发、使用和检验。

该标准由中国电力企业联合会提出，国家能源局在2014年10月15日发布，并于2015年3月1日实施。该标准共有A4幅面21页（正文4页），有4章和1个附录A，标准目录如下：

1　范围

2　规范性引用文件

3　功能配置及要求

4　检验规则

附录A（规范性附录）　智能交互终端与服务中心主站应用层通信协议

封面如图3-5所示。

图3-5　DL/T 1398.32标准封面

3.8　DL/T 1398.33—2014《智能家居系统　第3-3部分：智能插座技术规范》

该标准为中国电力行业标准，规定了智能插座的功能要求、电气性能、通信性能、电磁兼容要求、机械性能、适应环境、可靠性要求、检验规则，适用于智能插座的研发、生产、使用和检验。

该标准由中国电力企业联合会提出，国家能源局在2014年10月15日发布，并于2015年3月1日实施。该标准共有A4幅面14页（正文9页），有4章和1个附录A，标准目录如下：

1　范围

2　规范性引用文件

3　缩略语

4 分类

5 功能配置及要求

6 技术要求

7 检验规则

8 标识、包装、储存及运输

附录 A（规范性附录） 智能插座的通信性能

封面如图 3-6 所示。

图3-6 DL/T 1398.33标准封面

3.9 DL/T 1398.41—2014《智能家居系统 第 4-1 部分：通信协议—服务中心主站与家庭能源网关通信》

该标准为中国电力行业标准，规定了服务中心主站与家庭能源网关之间进行数据传输时所使用的帧格式、数据结构及传输规则，适用于服务中心主站与家庭能源网关实现智能控制、信息交互及用电服务。该标准由中国电力企业联合会提出，国家能源局在 2014 年 10 月 15 日发布，并于 2015 年 3 月 1 日实施。该标准共有 A4 幅面 27 页（正文 9 页），有 4 章和 1 个附录 A，标准目录如下：

1 范围

2 规范性引用文件

3 通信协议层次结构

4 服务中心主站与家庭能源网关通信协议

附录 A（规范性附录）服务中心主站与家庭能源网关通信协议

封面如图 3-7 所示。

图3-7 DL/T 1398.41标准封面

3.10　DL/T 1398.42—2014《智能家居系统　第 4-2 部分：通信协议—家庭能源网关下行通信》

　　该标准为中国电力行业标准，规定了家庭能源网关与智能用电设备之间进行数据传输时所使用的帧格式、数据结构及传输规则，适用于家庭能源网关与家电监控模块和智能插座之间实现智能控制、信息交互及用电服务。该标准由中国电力企业联合会提出，国家能源局在 2014 年 10 月 15 日发布，并于 2015 年 3 月 1 日实施。该标准共有 A4 幅面 15 页（正文 12 页），有 3 章和 1 个附录 A，标准目录如下：

1　范围
2　规范性引用文件
3　下行通信
附录 A（资料性附录）　设备配置过程
封面如图 3-8 所示。

图3-8　DL/T 1398.42标准封面

3.11　DL/T 1398.2—2014《智能家居系统　第 2 部分：功能规范》

　　该标准为中国电力行业标准，规定了智能家居系统的功能配置、业务功能和主要技术指标，适用于智能家居系统的设计、研发和验收。该标准由中国电力企业联合会提出，国家能源局在 2014 年 10 月 15 日发布，并于 2015 年 3 月 1 日实施。该标准共有 A4 幅面 4 页有 5 章，标准目录如下：

1　范围
2　规范性引用文件
3　功能配置
4　功能配置要求

5 主要技术指标

    5.1 系统可靠性

    5.2 数据完整性

封面如图 3-9 所示。

除上述标准外，还有《智能家居自动控制设备通用技术要求》，已经发布实施，这里不做过多描述。另外还有《物联网智能家居 用户界面描述方法》《物联网智能家居 设计内容及要求》《建筑及居住区数字化技术应用 家庭网络信息化平台》《建筑及居住区数字化技术应用 家居物联网协同管理协议》等多个物联网智能家居标准正在编写或审批。

图3-9 DL/T 1398.2标准封面

3.12 典型案例：智能家居软件开发与装调实训装置

3.12.1 典型案例简介

为了使读者快速了解智能家居系统工程常用标准，以西元智能家居软件开发与装调装置作为典型案例，介绍本装置中的设备对应国家标准 GB/T 34043—2017《物联网智能家居 图形符号》中规定的图形符号以及主要系统组成。图 3-10 所示为西元智能家居软件开发与装调装置图，该装置为上、中、下组合式全钢开放结构，落地操作。本装置上部为灯箱；中部为全钢网孔板，作为智能家居系统的演示区和操作区，可安装各种智能家居设备和器材；下部为柜体，配套有不锈钢操作台、抽屉、储物柜，用于日常教学资料的管理和保存。

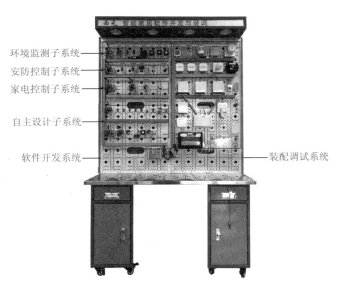

图3-10 西元智能家居软件开发与装调装置图

西元智能家居软件开发与装调配套有智能控制盒、工业常用各类传感器、智能开关面板、控制终端（笔记本计算机、平板计算机、智能网关）等。

西元智能家居软件开发与装调实训装置的技术参数如表 3-84 所示。

表3-84　智能家居软件开发与装调技术参数

序　号	类　别	技术规格		
1	产品型号	KYJJ-581	外形尺寸	长1 200，宽600，高2 000（mm）
2	产品重量	100 kg	电压/功率	220 V/450 W
3	实训人数	每台设备能够满足4～6人同时实训		

3.12.2　智能家居软件开发与装调应用系统

智能家居软件开发与装调分为软件开发系统和装配调试系统，下面逐一介绍这两个系统的组成及功能。

1. 软件开发系统

软件开发系统主要用于培养学生程序编写、程序载入与系统布线的能力，软件开发系统按照功能分为4个子系统，分别为环境监测子系统、安防控制子系统、家电控制子系统和自主设计子系统。

（1）图 3-11 所示为环境监测子系统装置图，图中从左到右依次为 ZigBee 传感控制节点、直流电动机驱动板、温湿度传感器、光敏传感器、4路继电器、3 个风扇（分别作为温度、湿度、光照强度的输出），在每个器材的上方都设有相应的名称标签，有助于学生快速认知器材，器材下方设有工程中常用的 PVC 开放型线槽，可用于培养学生理线和布线的能力。

环境监测子系统具有实时监测环境温度、湿度、光照强度的功能，并能通过控制终端显示出来。例如，在平板计算机或智能网关的操作界面上可以看到当前的温度、湿度、光照强度，还可根据需求设定温度、湿度、光照强度的阀值，当实时温度超过设定的温度阀值，第一个风扇启动；当实时湿度低于设定的湿度阀值，第二个风扇启动；当实时光照强度低于设定的光照强度阀值，第三个风扇启动。

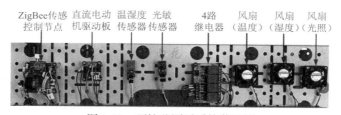

图3-11　环境监测子系统装置图

（2）图 3-12 所示为安防控制子系统装置图，图中从左到右依次为 ZigBee 传感控制节点、温湿度传感器、可燃气体传感器、1 路继电器、LED 灯、人体红外传感器，在每个器材的上方都设有相应的名称标签，有助于学生快速认知器材，器材的下方设有工程中常用的 PVC 开放型线槽，可用于培养学生的理线和布线的能力。

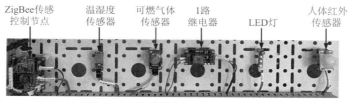

图3-12　安防控制子系统装置图

安防控制子系统将温湿度传感器、可燃气体传感器、人体红外传感器采集的数据传输到控制终端，在平板计算机或智能网关的操作界面显示当前采集到的数据，能够实现燃气探测、入侵探测、紧急求助报警等功能。例如,当可燃气体达到一定的浓度时,监测软件界面的终端2会由"气体正常"变为"气体异常"。当有人入侵时,人体红外传感器探测到人体红外信号,监测软件界面的终端2会由"无人"变为"有人"。当发生危险情况时,使用者可在平板计算机或智能网关的操作界面上点击"开灯"按钮,此时LED灯会打开,开灯动作模拟紧急求助报警的功能。

（3）图3-13所示为家电控制子系统装置图,图中从左到右依次为ZigBee协调器、ZigBee传感控制节点、步进电动机驱动板、步进电动机,在每个器材的上方都设有相应的名称标签,有助于学生快速认知器材。器材的下方设有工程中常用的PVC开放型线槽,可用于培养学生的理线和布线能力。

图3-13　家电控制子系统装置图

在本系统中,步进电动机驱动板驱动步进电动机可进行正转、反转、加速、减速、停止这5个动作,用步进电动机的5个动作模拟对家电的控制,在平板计算机或智能网关上可控制步进电动机的转动情况。例如,给步进电动机接上电动窗帘后,在平板计算机或智能网关的操作界面点击"正转"按钮实现窗帘打开,单击"反转"按钮实现窗帘关闭,单击"加速"和"减速"按钮可控制窗帘打开或关闭的速度。

（4）图3-14所示为自主设计子系统装置图,从左上到右下依次为ZigBee传感控制节点、温湿度传感器、光敏传感器、干簧管传感器、火焰传感器、声音传感器、蜂鸣器、雨滴传感器、可燃气体探测器、ZigBee协调器、ZigBee传感控制节点、电动机驱动板、1路继电器、LED灯、风扇、电动机驱动板、步进电动机。这里给出部分器材的细节图,图3-15所示为雨滴传感器,图3-16为干簧管传感器。在每个器材的上方设有相对应的名称标签,有助于学生快速认知器材。在器材的下方设有工程中常用的PVC开放型线槽,可用于培养学生理线和布线的能力。

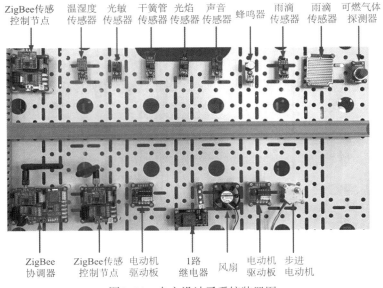

图3-14　自主设计子系统装置图

图3-15　雨滴传感器

图3-16　干簧管传感器

本系统主要培养学生自主编程的能力。学生根据提供的器材编写有关程序，再根据器材的接口信息进行接线，通电后将程序载入 ZigBee 协调器和 ZigBee 传感控制节点中，完成程序编程操作。例如，编写的程序中要求：声音传感器探测到的声音分贝大于 40 dB（住宅区夜间标准）时，蜂鸣器进行报警。将该程序载入已完成接线的 ZigBee 协调器和 ZigBee 传感控制节点中，当环境声音分贝大于 40 dB 时，蜂鸣器自动报警。

2. 装配调试系统

装配调试系统主要培养学生装配与调试的能力，根据功能分为 3 个子系统，分别为安防控制子系统、照明控制子系统、环境控制子系统。

1）安防控制子系统

图 3-17 所示为安防控制子系统安装位置图，配套有路由器、Mini 主机、水浸按钮、光电烟雾报警器、可燃气体探测器、一氧化碳报警器、紧急按钮、多功能控制盒、蜂鸣器，其中多功能控制盒连接蜂鸣器与电源，路由器、Mini 主机、可燃气体探测器通过插座供电，其余设备自带电池供电。本系统具有防漏水、防火、防盗、煤气泄露报警及紧急求助等功能。

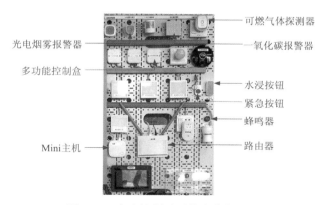

图3-17　安防控制子系统安装位置图

无线路由器搭建网络环境，Mini 主机通过网线与路由器连接，平板计算机通过 Wi-Fi 接入路由器搭建的网络中，保证 Mini 主机与平板计算机处于同一网络环境。将 Mini 主机添加到控制软件中，再将水浸按钮、光电烟雾报警器、可燃气体探测器、一氧化碳报警器、紧急按钮、多功能控制盒添加到 Mini 主机中，通过设置即可实现防漏水、防火、防盗、煤气泄露报警及紧急求助等功能。例如，可燃气体探测器探测到可燃气体时，蜂鸣器发出报警声音，同时在控制终端的平板计算机上显示当前危险情况，提醒主人及时处理。

2）照明控制子系统

图 3-18 所示为照明控制子系统安装位置图，配套有路由器、Mini 主机、智能调光开关、智能单路开关、智能情景开关、可调光 LED 灯、天花射灯、RGB 控制盒、RGB 灯带。其中智能调光开关连接可调光 LED 灯与电源，智能单路开关连接天花射灯与电源，RGB 控制盒连接 RGB 灯带与电源，智能情景开关连接电源，该系统还可通过平板计算机远程控制实现灯光开关、调节灯光亮度、变换灯光颜色、情景设置的功能。

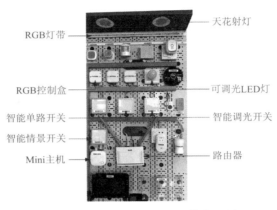

图3-18　照明控制子系统安装位置图

在已经添加到客户端上的 Mini 主机中添加智能调光开关、智能单路开关、智能情景开关、RGB 控制盒等设备，通过设置即可实现本地开关控制和平板计算机控制。例如，在平板计算机的操作软件上可对 RGB 灯带进行变色控制，还可设置多种情景模式实现个性化控制。

3）环境控制子系统

图 3-19 所示为环境控制子系统安装位置图，配套有路由器、Mini 主机、温湿度传感器、电动卷帘、智能插座、卷帘控制盒。其中，卷帘控制盒连接电动卷帘与电源，路由器、Mini 主机、智能插座通过插座供电，温湿度传感器自带电池供电。本系统通过各类环境探测器探测家居环境，并将探测到的数据上传至控制终端，通过数据处理，控制系统中的调节设备做出相应的动作来抵抗各参数的变化。

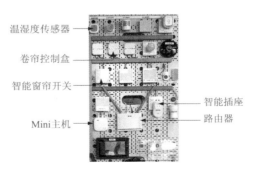

图3-19　环境控制子系统安装位置图

在已经添加到客户端上的 Mini 主机中添加温湿度传感器、智能插座、卷帘控制盒等设备，通过设置即可实现监测环境的功能。例如，将加湿器电源插头插在智能插座上，当温湿度传感器探测带环境湿度小于设定的湿度值时，智能插座电源开启，加湿器通电后立即进行加湿作业，创建一个舒适的居住环境。

3.12.3　产品特点

（1）专利技术。采用全钢孔板，充分展示产品性能与特点，漂亮美观又安全可靠。

（2）高集成度。产品配套器材通信方式统一，具有较高的集成度，操作方便，便于学生自主开发。

（3）软硬结合。产品配套物联网智能家居系统常见器材，便于学生认知器材，同时能够进行硬件安装实训和软件开发与调试实训。

（4）资料丰富。实训装置设计了每个单独系统的工作原理及接线图，便于项目原理认知和设计实训。

（5）设计合理。产品配套器材名称标签，便于学生认知器材，同时也便于教师教学；并专门设计有学生自主开发子系统提高学生自主设计能力。

（6）工学结合。产品严格遵守工程施工，设计专有线槽，便于布线和理线。

（7）情景设计。产品具有场景化功能，可根据不同需求设定多种场景模式，满足大多数人的需求。

（8）结构合理。产品采用上、中、下组合式结构，上部为灯箱，中部为物联网智能家居系统演示与操作区，下部为不锈钢操作台，不锈钢操作台配套抽屉和柜子，便于日常教学资料的管理和保存。人性化结构设计，便于日常教学和管理维护。

3.12.4　产品功能实训与课时

该产品具有如下5个实训，共计16个课时，具体如下：

实训13：智能家居系统体验与认知（2课时）。

实训14：智能家居软件开发系统相关软件安装（2课时）。

实训15：智能家居软件开发系统设备安装与调试（4课时）。

实训16：自主设计与开发（4课时）。

实训17：智能家居装配调试系统安装与调试（4课时）。

3.13　实　　训

实训13　智能家居系统体验与认知

1. 实训目的

快速认知智能家居系统的器材和工作原理，并亲自操作体验。

2. 实训要求和课时

（1）认识常用的传感器模块、智能开关、智能控制盒等器材。

（2）能够独立操作控制软件开发系统和装配调试系统。

（3）3人一组，2课时完成。

3. 实训设备

西元智能家居软件开发与装调实训装置，型号KYJJ–581。

4. 实训步骤

西元智能家居软件开发与装调实训装置根据物联网技术的应用特点，专门为物联网技术、物联网工程专业量身设计。主要包括软件开发系统和装配调试系统，软件开发系统包括环境监测子系统、安防子系统、家电控制子系统、自主设计子系统；装配调试系统包括智能照明控制系统、环境控制系统、安防报警系统。认识各个系统中的器材。

第一步：器材认知。将软件开发系统与装配调试系统的器材名称与实物逐一对应，了解每种器材的主要功能、工作原理、安装方法等。

第二步：图形符号认知。教师指定或学生自主选择 2 个子系统，在本单元 3.2 节查找对应器材的图形符号并绘制出来。

第三步：布线认知。观察各个器材之间布线路由以及接线方式。

第四步：实操体验。通过平板计算机和智能网关对各个子系统进行控制，加深对工作原理的理解。

5. 实训报告

（1）给出软件开发系统中各个子系统的名称以及对应的设备器材。（参考 3.12 节的"1）软件开发系统"）

（2）给出装配调试系统中各个子系统的名称以及对应的设备器材。（参考 3.12 节的"2）装配调试系统"）

（3）描述对软件开发系统和装配调试系统的实操感受以及操作要领。

（4）给出两张实际操作照片，其中一张为本人出镜的照片。

实训14　智能家居软件开发系统相关软件安装

1. 实训目的
掌握软件开发系统相关软件的安装方法。

2. 实训要求和课时
（1）对照软件安装说明书，完成相关软件的安装。

（2）2 人 1 组，2 课时完成。

3. 实训设备和工具
1）实训设备

西元智能家居软件开发与装调实训装置，型号为 KYJJ–581。

2）实训工具

（1）笔记本计算机。

（2）平板计算机。

4. 实训步骤
1）IAR Embedded Workbench 软件的安装

IAR Embedded Workbench（简称 EW）的 C 交叉编译器是一款完整、稳定、易上手的开发工具，可以支持多种处理器，如 ARM\430 等处理器的编程应用。

第一步：解压安装包。在计算机中找到 IAR Embedded Workbench 安装包文件，如图 3–20 所示，解压该安装包，得到图 3–21 所示的两个程序文件，一个是安装程序，一个是注册码。

第二步：打开安装程序。如果计算机是 Windows XP 系统直接双击运行，如果是 Windows 7、Windows 8、Windows 10 系统，则需要以管理员身份运行。

第三步：安装程序软件。在图 3–22 所示的界面单击"Next"按钮，出现图 3–23 所示的界面，继续单击"Next"按钮，出现图 3–24 所示的界面，选择"I accept the..."单选按钮，单击"Next"

按钮，出现图 3-25 所示的注册码填写页。

图3-20　软件安装包

安装程序　　注册码

图3-21　解压后的文件

图3-22　双击运行

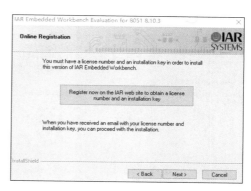

图3-23　安装步骤1

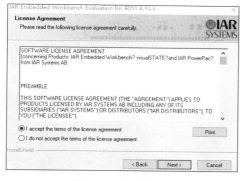

图3-24　安装步骤2

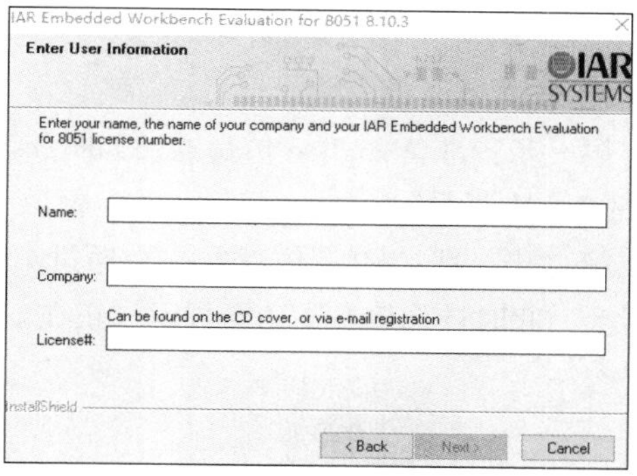

图3-25　注册码填写页

第四步：生成注册码。运行注册码软件，图 3-26 所示为注册码软件界面，单击"Generate"按钮，更新注册码。

第五步：填写注册码。复制"License number"栏中的数字，粘贴到图 3-25 中的"License#"栏中，"Name"栏填入"admin"，如图 3-27 所示，单击"Next"按钮，出现图 3-28 所示的界面，复制图 3-26"License Key"栏中的代码，粘贴到图 3-28"License Key"栏中，完成注册码的填写。

第六步：安装软件。在图 3-28 所示中单击"Next"按钮，在弹出的界面中一直单击"Next"按钮，直至出现图 3-29 所示的界面，单击"Install"按钮，等待安装，安装完成后单击"Finish"按钮，即安装成功。图 3-30 所示为安装成功后的软件首页。

图3-26　注册码打开界面

图3-27　粘贴"License#"代码　　　图3-28　粘贴"License key"代码

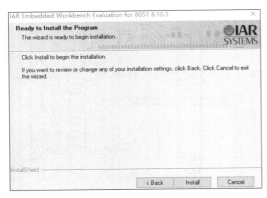

图3-29　单击"Install"按钮

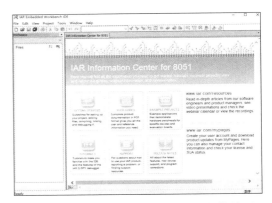

图3-30　IAR Embedded Workbench软件首页

2）仿真器驱动安装

第一步：准备 ZigBee 仿真器，如图 3-31 所示，一端用于连接笔记本计算机，另一端用于连接 ZigBee 协调器。

第二步：把 ZigBee 仿真器一头通过 USB 线接到计算机的 USB 口上，另一头接在 ZigBee 协调器上，此时计算机右下角会提示"正在安装设备驱动程序软件"，如图 3-32 所示。

图3-31　ZigBee仿真器

图3-32　安装驱动软件

第三步：如果安装完成，系统会提示"成功安装了设备驱动程序"。如果不能自动安装，打开"设备管理器"窗口，如图 3-33 所示，查看未安装驱动的设备，右击"SmartRF04EB"，更新驱动软件，出现图 3-34 所示的界面，单击"浏览我的计算机以查找驱动软件程序"，出现图 3-35 所示的界面，单击"浏览"按钮，选择"SmartRF04EB 仿真器驱动"软件保存的路径，单击"下一步"按钮，完成更新，如图 3-36 所示。

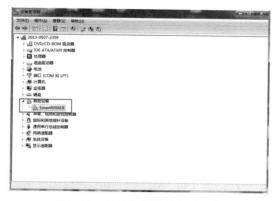

图3-33　查找未安装的驱动设备

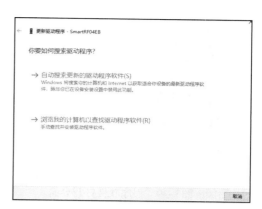

图3-34　更新驱动软件

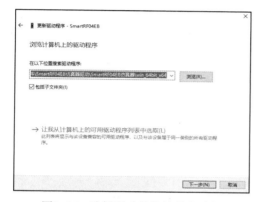

图3-35　选择驱动软件的保存路径

图3-36　更新成功

3）程序下载工具 Smart RF Flash Programmer 的安装

第一步：找到图 3-37 所示的 Smart RF Flash Programmer 的软件安装包，解压得到图 3-38 所示的程序软件。

图3-37　软件安装包

图3-38　程序软件

第二步：运行软件，如果计算机是 Windows XP 系统直接双击运行，如果是 Windows 7、Windows 8、Windows 10 系统，则需要以管理员身份运行，如图 3-39 所示。

第三步：单击"Next"按钮，在弹出界面中一直单击"Next"按钮，直至出现图 3-40 所示的界面，单击"Install"按钮，等待安装，安装完成后单击"Finish"按钮，完成安装，如图 3-41 所示。图 3-42 所示为 Smart RF Flash Programmer 软件首页。

4）USB 转串口驱动安装

第一步：在文件中找到图3-43所示的"USB-232"安装包，解压后得到图3-44所示的文件。

图3-39　程序软件打开界面

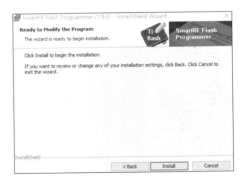

图3-40　单击"Install"按钮

图3-41　安装完成

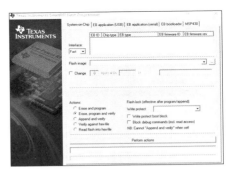

图3-42　Smart RF Flash Programmer软件首页

usb-232

图3-43　软件安装包

CH341SerSetup
_5Lg

图3-44　解压后文件

第二步：在解压后的文件中双击程序文件，选择安装语言，如图3-45所示，单击"下一步"按钮，直至出现图3-46所示的界面，驱动安装完成。

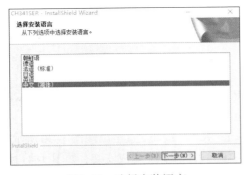

图3-45　选择安装语言

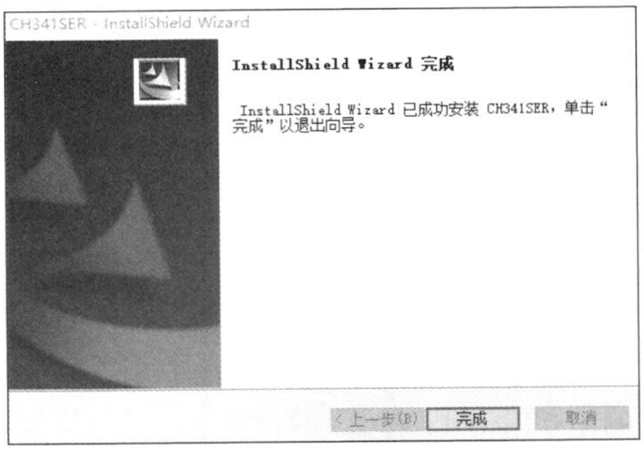

图3-46　安装完成

5）Wi-Fi配置工具的安装

在计算机中找到"ESP8266配置工具"应用软件，双击打开即安装成功。

6）Wi-Fi 网关 – 管理系统的安装

（1）在平板计算机上找到"Wi-Fi 网关 – 管理系统"的安装包，单击进行安装即可。

（2）在智能网关上找到"Wi-Fi 网关 – 管理系统"的安装包，单击进行安装即可。

5．实训报告

（1）描述"IAR Embedded Workbench"软件的安装步骤。（参考"1）IAR Embedded Workbench 软件的安装"）

（2）描述"仿真器驱动"的安装步骤。（参考"1）IAR Embedded Workbench 软件的安装"）

（3）描述"Smart RF Flash Programmer"软件的步骤。（参考"1）IAR Embedded Workbench 软件的安装"）

（4）描述"USB 转串口驱动"软件的步骤。（参考"1）IAR Embedded Workbench 软件的安装"）

实训15　智能家居软件开发系统设备安装与调试

1．实训目的

（1）掌握智能家居软件开发系统器材的安装与接线。

（2）掌握智能家居软件开发系统的软件调试。

2．实训要求和课时

（1）对照系统原理图，了解智能家居软件开发系统的四个子系统的工作原理。

（2）3 人 1 组，4 课时完成。

3．实训设备、工具和材料

1）实训设备

西元智能家居软件开发与装调实训装置，型号 KYJJ-581。

2）实训材料

ZigBee 仿真器、杜邦线。

3）实训工具

西元物联网工具箱，产品型号 KYGJX-51，在该实训中用到的工具包括十字螺丝刀、一字螺丝刀。

4．实训步骤

软件开发系统包括环境监测子系统、安防控制子系统、家电控制子系统、自主设计子系统。图 3-47 所示为环境监测子系统原理图，图 3-48 所示为安防控制子系统原理图，图 3-49 所示为家电控制子系统原理图。

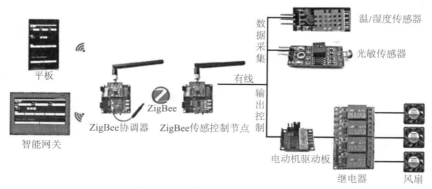

图3-47　环境监测子系统原理图

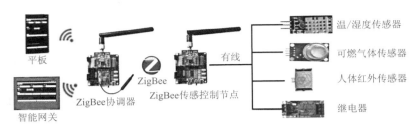

图3-48　安防控制子系统原理图

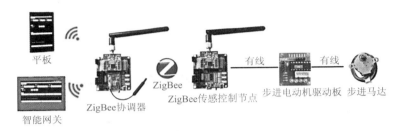

图3-49　家电控制子系统原理图

第一步：安装器材。教师指定或学生自主选择一个子系统，将器材按照图纸设计安装在孔板相应位置，安装方式为螺栓固定，在实训前，指导教师先组织学生将器材拆除，并分类放置。安装效果图如图 3-50 所示。

图3-50　安装效果图

第二步：接线。教师指定或学生自主选择一个子系统，按照图 3-51 所示的接线图进行接线，本系统的工作电压为 5 V。

接线完毕后一定对照接线图多次检查，防止错接或接触不良造成器材烧坏。

第三步：布线。本装置中采用的是工业中常用的 PVC 开放型线槽，选择合适的路径在线槽中进行布线，保证耗材最少且走线美观。

第四步：系统通电。系统通电前，请教师仔细检查全部设备安装到位，线缆中间接头处应处理妥当，线缆端头应可靠连接，确认无误后再给系统通电。

第五步：软件调试。

（1）下载主程序。系统通电后，将 ZigBee 仿真器一端通过 USB 接口连接计算机，另一端连接 ZigBee 协调器，打开 "Smart RF Flash Programmer" 软件，如图 3-52 所示，在计算机中选择 coor.hex 程序文件的保存路径，单击 "Perform actions" 按钮，将程序下载到 ZigBee 协调器中。

（2）下载模块功能程序。将 ZigBee 仿真器一端通过 USB 接口连接计算机，另一端连接 ZigBee 传感控制节点，打开"Smart RF Flash Programmer"软件，单击"浏览"按钮，如图 3-53 所示，选择环境监测 .hex 程序文件的保存路径，单击"Perform actions"按钮，下载到环境监测模块 ZigBee 传感控制节点上。

根据上述操作将安防控制和家电控制程序文件，分别下载到安防控制模块 ZigBee 传感控制节点和家电控制模块 ZigBee 传感控制节点上。

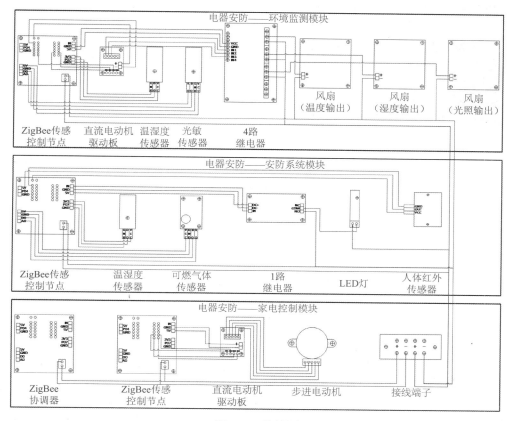

图3-51　接线图

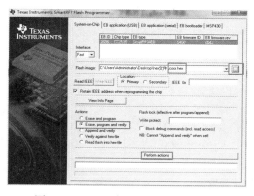

图3-52　ZigBee协调器.hex文件下载

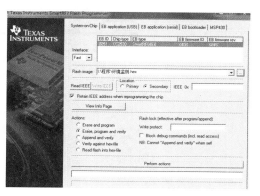

图3-53　环境监测.hex文件下载

（3）对 ZigBee 协调器进行配置。

① 准备工作。将 ZigBee 协调器的拨码开关"3 和 4"拨到"ON"状态，如图 3-54 所示，通过 USB 线把 ZigBee 协调器连接到计算机上，记得打开 ZigBee 协调器的电源开关，此时计算机会生成一个串口，在"设备管理器"窗口中查看，如图 3-55 所示。

图3-54　拨码开关　　　　　　　　　　　图3-55　生成串口

② 搜索模块。打开"ESP8266 配置工具"软件，出现图 3-56 所示的界面，选择刚刚生成的串口"COM6"，单击"搜索模块"按钮，图 3-57 所示表示搜索到相应模块。

图3-56　配置软件首页　　　　　　　　　图3-57　搜索到相应模块

③ 修改模块参数。单击"查询参数"按钮，出现图 3-58 所示的界面，将"网络协议参数"中的"协议"选为"TCP 服务器"，将"工作模式"选为"AP 模式"，写入网络名称与连接密码，"串口参数"不做更改，在"网络参数"中输入一个本地 IP，单击"设置参数"按钮即可以完成配置。

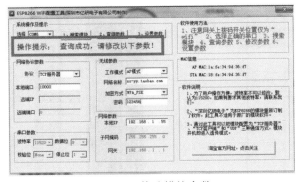

图3-58　修改模块参数

（4）调试。软件"Wi-Fi 网关 - 管理系统"界面如图 3-59 所示，单击左下角的"网络设置"按钮，出现图 3-60 所示的界面，输入本地 IP 地址与端口，单击"连接"按钮，连接完成后就可通过平板计算机和智能网关对本系统进行监测控制,注意此时将ZigBee协调器的拨码开关"5和6"拨到"ON"状态。

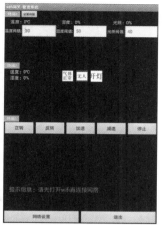

图3-59　"Wi-Fi网关–管理系统"首页　　　　　图3-60　网络设置

① 终端 1 对应环境监测模块,如图 3-61 所示,分别输入温度阀值、湿度阀值、光照阀值,然后点击设置阀值。当温度超过阀值,第一个风扇启动,当湿度低于阀值,第二个风扇启动,当光照强度低于阀值,第三个风扇启动。

图3-61　终端1环境监测端口

② 终端 2 对应安防控制模块,如图 3-62 所示,通过开灯和关灯操作,模拟紧急求助功能,当可燃气体达到一定的浓度时,界面显示由"气体正常"变为"气体异常",当人体红外传感器检测到有人时,界面会从"无人"变为"有人"。

图3-62　终端2安防控制端口

③ 终端 3 对应家电控制模块,如图 3-63 所示。通过步进电动机正转、反转、加速、减速、停止几个动作,模拟对家电的控制。

图3-63　终端3家电控制端口

5. **实训报告**

（1）选择 1 ~ 2 个子系统,绘制出系统原理图。（参考图 3-47 ~图 3-49）。

（2）选择任意一个子系统,绘制出接线图。（参考图 3-51）。

（3）描述配置 ZigBee 协调器的操作步骤和要点。（参考实训步骤第（3）条）。

（4）给出通过平板计算机或智能网关控制环境监测模块、安防控制模块、家电控制模块的操作感受。

（5）给出两张接线的实操照片，其中一张为本人出镜照片。

实训16　自主设计与开发

1．实训目的

（1）增强学生自主开发与软件编程能力。

（2）掌握智能家居系统常用传感器的接线与调试。

2．实训要求和课时

（1）根据提供的开发器材编写相应程序。

（2）3人1组，4课时完成。

3．实训设备、材料和工具

1）实训设备

西元智能家居软件开发与装调实训装置，型号 KYJJ-581。

2）实训材料

ZigBee 仿真器。

3）实训工具

西元物联网工具箱，产品型号 KYGJX-51，在本实训中用到的工具包括十字螺钉旋具、一字螺钉旋具。

4．实训步骤

第一步：安装。将提供的自主开发器材安装到自主开发区的孔板上，器材的安装方式为螺栓固定。

第二步：编程。根据提供的编程资料和器材进行软件编程。

第三步：接线。依照程序选择所需的器材，并按照器材接口信息说明进行接线。

第四步：系统通电。系统通电前，请教师仔细检查全部设备安装到位，线缆中间接头处处理妥当，线缆端头应可靠连接，确认无误后再给系统通电。

第五步：程序载入。系统通电后，将编好的程序载入到 ZigBee 协调器和 ZigBee 传感控制节点中，例如，编写的程序是声音传感器探测到的声音分贝大于 40 dB（住宅区夜间标准）时，蜂鸣器进行报警，此时将声音传感器与 ZigBee 协调器和 ZigBee 传感控制节点按照接口信息说明进行接线，通电载入程序后，环境声音分贝大于 40 dB 时，蜂鸣器自动报警。

5．实训报告

（1）对照小组编写的程序，给出配套的器材清单。

（2）描述小组编写的程序实现的功能。

（3）以组为单位相互交换编写的程序并互相学习。

实训17　智能家居装配调试系统安装与调试

1．实训目的

（1）熟悉智能家居装配调试各子系统的工作原理。

（2）掌握智能家居装配调试各子系统设备的安装方式。

（3）熟悉智能家居装配调试各子系统设备的调试方法。

2. 实训要求和课时

（1）对照系统原理图，理解智能家居装配调试系统的工作原理。

（2）对照说明书，掌握智能家居装配调试系统设备的调试方法。

（3）3人一组，4课时完成。

3. 实训设备和工具

1）实训设备

西元智能家居软件开发与装调实训装置，型号 KYJJ-581。

2）实训工具

（1）平板计算机。

（2）西元物联网工具箱，产品型号 KYGJX-51。本实训中主要用到的工具包括数字万用表、多功能剥线钳、测电笔、斜口钳、尖嘴钳、十字螺钉旋具、一字螺钉旋具、十字头微型螺钉旋具、一字头微型螺钉旋具。

4. 实训步骤

智能家居装配调试系统包括照明控制子系统、环境控制子系统、安防报警子系统。图 3-64 所示为照明控制子系统原理图，图 3-65 所示为安防报警子系统原理图，图 3-66 所示为环境控制子系统原理图。

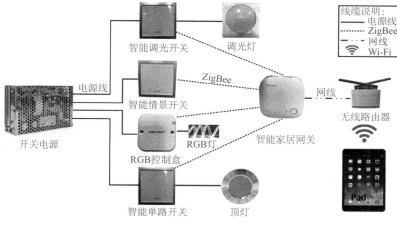

图3-64　照明控制子系统原理图

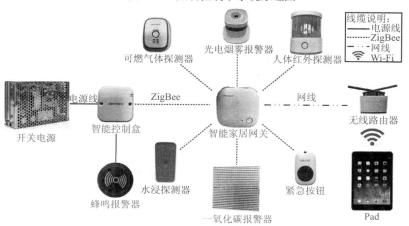

图3-65　安防报警子系统原理图

157

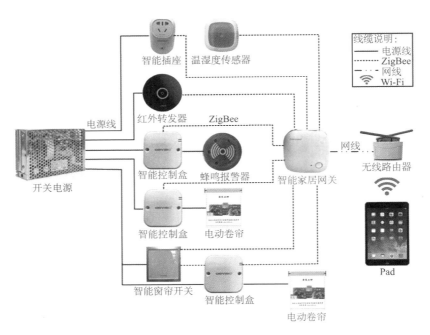

图3-66　环境控制子系统原理图

第一步：将智能家居装配调试系统中的器件安装在相应区域的孔板上，安装方式为螺母固定。

第二步：将智能家居装配调试系统中的器件接线并通电，如图 3-67 所示。

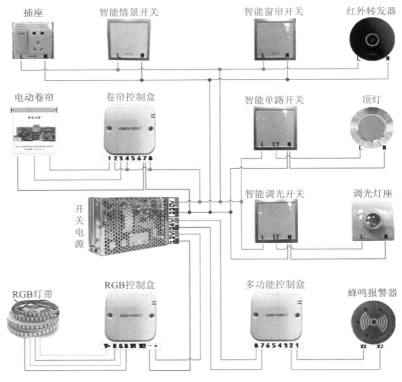

图3-67　装配调试系统接线图

（1）温湿度传感器、一氧化碳报警器、可燃气体传感器、水浸传感器、人体红外传感器、紧急按钮为电池供电，不用接线。

（2）无线路由器、ZigBee Mini 网关、智能插座、可燃气体传感器为普通插座供电，将插座接上电源上电即可，工作电压为 AC 220 V。

（3）多功能控制盒连接蜂鸣报警器与电源，RGB 控制盒连接 RGB 灯带与电源，窗帘控制盒连接窗帘电动机与电源，智能单路开关连接顶灯与电源，智能调光开关连接调光灯与电源，智能场景面板和窗帘开关直接连接电源。其中，蜂鸣器工作电压为 AC 24 V、RGB 控制盒和 RGB 灯带的工作电压为 AC 12 V，其余设备工作电压为 AC 220 V。

第三步：组建网络环境。

无线路由器搭建网络环境，Mini 主机通过网线与无线路由器连接，平板计算机通过 Wi-Fi 接入路由器搭建的网络中，保证 Mini 主机与平板计算机处于同一网络环境。

第四步：下载软件。用平板计算机搜索并下载软件，用手机号登录注册。

第五步：软件调试。

（1）添加 ZigBee Mini 网关。打开客户端，在图 3-68 所示的界面中点击右上角的"＋"按钮，出现图 3-69 所示的界面，点击"智能主机"按钮，出现图 3-70 所示的界面，点击"ZigBee Mini 网关"按钮，出现图 3-71 所示的界面，按照操作提示将 ZigBee Mini 网关添加到客户端中。

（2）添加智能设备。点击图 3-68 中的"＋"按钮，选择要添加的设备（见图 3-69），根据客户端操作提示添加设备，其中情景面板和窗帘开关需要对开关按键功能进行设置，在客户端首页上点击"其他设备"按钮，出现图 3-72 所示的界面，点击需要设置按键功能的面板；图 3-73 所示为情景面板按键功能设置，点击"按键设置"按钮，选择相应的功能，即可完成设置，设备添加完成后，可以在手机上实时显示出当前设备的工作状态。

图3-68　软件打开界面

图3-69　添加智能主机

图3-70　选择ZigBee Mini网关

图3-71　操作提示

图3-72　选择要学习的面板

图3-73　按键设置

（3）添加自动化。在图3-68中点击"我的"按钮，出现图3-74所示的界面，点击"自动化"按钮，出现图3-75所示的界面；点击右上角的"+"按钮添加自动化（图中已经添加两组自动化），在图3-76中设置自动化名称，添加启动条件和执行任务，点击"保存"按钮。

图3-74　"我的"界面

图3-75　添加自动化

图3-76　添加条件和任务

（4）添加情景模式。在图3-68中点击下方的"情景"按钮添加情景模式，系统自带5种情景模式，分别为灯光全开、灯光全关、回家、休息、离家。根据需求可点击右上角的"+"按钮，添加自定义情景模式，如图3-77所示；自定义情景名称，再添加添加执行任务，其中执行任务可点击"设备""安防""自动化""APP通知"4种类型，如图3-78所示。例如，点击"设备"按钮，出现图3-79所示的界面，添加所需的设备，再添加设备相应的动作保存即可，即添加完成一组情景模式。

图3-77　添加情景模式

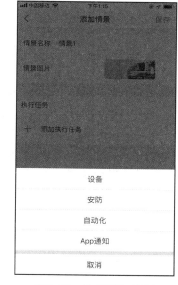

图3-78　选择添加类型

图3-79　设备列表

5. **实训报告**

（1）掌握智能家居装配调试系统的工作原理，并绘出各个子系统的原理图。（参考图3-47～图3-49）

（2）描述智能家居装配调试系统的布线和接线方法，并给出接线照片。（参考图3-52）

（3）绘制卷帘控制盒与卷帘、多功能控制盒与蜂鸣报警器、RGB控制盒与RGB灯带的接线图。（参考图3-67）

（4）描述添加设备和学习按键的方法和步骤，给出实训操作照片。（参考"（2）添加智能设备"）

（5）小组合作添加2组自动化动作。（参考"（3）添加自动化"）

（6）小组合作添加2组情景模式。（参考"（4）添加情景模式"）

习　　题

一、**填空题**（10题，每题2分，合计20分）

1. "_____是工程师的语言，_____是工程图纸的语法"，离开标准无法设计和施工。（参考3.1.1节的知识点）

2. 标准中规定，物联网/移动互联网是_____的汇聚节点，通常应具有_____的功能。（参考3.2.3节的知识点）

3. 标准中规定，图形符号包括_____和_____，其他同种类的设备可参考基本符号进行扩展。（参考3.2.4节的知识点）

4. 标准中规定，物联网智能家居系统应实现对设备的_____，向网关提供_____。（参考3.3.5节的知识点）

5. 标准中规定，系统功能对象包括_____、_____以及File对象。（参考3.3.6节的知识点）

6. 标准中规定，模拟量为具有_____，并在其间具有_____的数据。（参考 3.3.6 节的知识点）

7. 《物联网智能家居数据和设备编码》规定了物联网智能家居系统中各种设备的_____的编码序号，设备类型的划分和_____。（参考 3.4.1 节的知识点）

8. 标准中规定，设备基础数据包括设备产品数据、厂商代码和_____。设备基础数据变量编码序号范围为_____。（参考 3.4.4 节的知识点）

9. 标准中规定，_____是物联网智能家居产品的唯一标识，用来表示设备的_____，其内容包括厂商代码、设备类型、产品型号及序列号等。（参考 3.4.5 节的知识点）

10. 标准中规定，物联网智能家居系统设备按照功能可分为智能家用电器类、_____、环境监控类、公共服务类和_____五大类。（参考 3.4.5 节的知识点）

二、选择题（10题，每题3分，合计30分）

1. 《物联网智能家居 图形符号》标准的标准号是（　　）。（参考 3.1.3 节的知识点）

A. GB/T 34043　　　B. GB/T 35134　　　C. GB/T 35143　　　D. GB/T 35136

2. GB/T35134 是（　　）的标准号。（参考 3.1.3 节的知识点）

A. 《物联网智能家居 图形符号》　　　　　B. 《物联网智能家居 设备描述方法》

C. 《物联网智能家居 数据和设备编码》　　D. 《泛在物联应用 智能家居 系统技术要求》

3. 请将下列图形符合与设备名称一一对应。（参考 3.2 节的知识点）

（　　）　　　　　（　　）　　　　　（　　）　　　　　（　　）

A. 可视室内机　　　　　　　　　　　　B. 微波炉

C. 无线声、光报警器　　　　　　　　　D. 带云台的摄像机

4. 智能家居系统是由智能家居设备通过某种网络（　　），相互连接成为可（　　）管理的智能家居网络。（参考 3.3.3 节的知识点）

A. 通信协议　　　B. 通讯协议　　　C. 自主控制　　　D. 交互控制

5. 标准中规定，设备描述是指对设备（　　）和（　　）的表述。（参考 3.3.3 节的知识点）

A. 基本功能　　　B. 自有功能　　　C. 工作方式　　　D. 服务

6. 标准中规定，在设备功能对象类型中，开关量定义为只存在两种（　　）状态值的数据，枚举量定义为具有（　　）确定的非连续值的数据。（参考 3.3.6 节的知识点）

A. 相同　　　B. 相反　　　C. 有限个　　　D. 无限个

7. 标准中规定，设备合成功能对象包括对象分为（　　）。（参考 3.3.6 节的知识点）

A. Schedule对象　　B. Action对象　　C. Action Loop对象　　D. Group对象

8. 标准中规定，设备运行数据不包括（　　）。（参考 3.4.4 节的知识点）

A. 通用操作指令　　B. 控制查询变量　　C. 控制反馈变量　　D. 故障分类

9. 标准中规定，厂家自定义的变量序号从（　　）向后排序。（参考 3.4.4 节的知识点）

A. 4000　　　B. 4200　　　C. 5000　　　D. 5200

10. 标准中规定，按功能分，设备类型分类不包括（　　）。（参考 3.4.5 节的知识点）

A. 设备大类　　　B. 设备中类　　　C. 设备小类　　　D. 微型设备

三、简答题（5题，每题10分，合计50分）

1. 什么是物联网智能家居？（参考 3.2.3 节的知识点）
2. 简述智能家居图形符号的分类。（参考 3.2.4 节点知识点）
3. 简述《物联网智能家居设备描述方法》标准的适用范围。（参考 3.3.1 节点知识点）
4. 简述设备描述语言对象的分类。（参考 3.3.8 节点知识点）
5. 简述设备运行数据及序号定义。（参考 3.4.4 节点知识点）

单元 ❹

智能家居系统工程常用器材和工具

器材和工具是任何一个系统工程的基础，器材决定工程的技术指标与功能，工具决定工程施工质量与效率。通过本单元的学习，有助于由浅入深地掌握智能家居系统工程的技术指标与功能，熟悉常用器材和工具的特点与使用方法，提高工程施工安装质量和效率。

学习目标：

- 认识智能家居系统工程常用器材，熟悉基本工作原理和功能特性。
- 认识智能家居系统工程常用工具，掌握基本使用方法和技巧。

4.1 智能家居系统工程常用器材

本单元主要介绍智能家居系统工程常用器材的概念与名称、工作原理、功能和应用等内容。

4.1.1 智能家居照明系统常用器材

智能照明系统在智能家居子系统中发展最成熟，应用范围最广。智能照明系统常用的器材包括电源适配器、智能遥控主机、智能网关、路由器、智能开关、智能人体红外感应开关、智能灯泡等。

1. 电源适配器

1）电源适配器的概念

电源适配器是一种小型电子电器的供电变压器，又称外置电源，或者开关电源适配器等。图4-1所示为各种常见的电源适配器。

图4-1　电源适配器

2）电源适配器的工作原理

电源适配器是专门为小型电子电器供电的设备，其作用就是变压和整流，为电子电器提供工作需要的额定电压和电流。电源适配器一般由外壳、电压变压器、整流电路、输入/输出接线端子等组成，按其电压输出类型分为交流输出型和直流输出型，按连接方式可分为墙装式和桌面式。

3）电源适配器的应用

电源适配器广泛应用于工业自动化控制、LED 照明、通讯设备、仪器仪表、空气净化器、电子冰箱、安防设备、数码产品类等领域。

2. 智能遥控主机

1）智能遥控主机的概念

智能遥控主机为无线传输与控制类设备，主要用于红外信号和射频信号的接收与转发。图4-2所示为常见的智能遥控主机。

图4-2　智能遥控主机

2）智能遥控主机的工作原理

智能遥控主机接收特定频率的红外信号和射频信号，并通过内置转发器将接收到的信号转发给相应的前端设备，实现信号的集中接收与转发。

3）智能遥控主机的应用

智能遥控主机主要应用于能够遥控的家电设备，通过智能遥控主机，将传统家电设备改造成支持远程控制的智能家电。

3. 智能网关

1）智能网关的概念

智能网关是智能家居系统常用的接入设备，是家居智能化的中枢系统，通过它实现系统信息的采集、输入、输出、集中控制、远程控制、联动控制等。图 4-3 所示为常见的智能网关。

图4-3　智能网关

2）智能网关的工作原理

智能网关是实现三网融合的主要设备，具有无线转发和接收功能，能把外部所有的通信信号转化成无线信号，它是家庭局域网和外网沟通的桥梁，能够在住宅内任意位置接收遥控器和无线开关发出的信号，控制相应的前端设备。

智能网关一般具有传统的路由器、CATV、IP 地址分配等功能。

3）智能网关的应用

智能网关主要用于家庭安防报警、家电控制、用电信息采集等领域，还可接入智能开关和智能插座，通过无线方式与智能终端进行数据交互，将家电系统和照明系统统一管理，它还具备有无线路由功能。

在传输距离和无线信号的穿透力方面，智能网关完全可以满足现在多种户型的无线覆盖，对于别墅也可以基本保证无线信号覆盖整个住宅，使用户不必担心无线信号无法到达的局限。

4．路由器

1）路由器的概念

路由器是一种计算机网络设备，又称路径器，它能将数据包通过一个个网络传送至目的地，这个过程称为路由。

路由器是连接因特网中各局域网、广域网的设备，它会根据信道的情况自动选择和设定路由，以最佳路径，按前后顺序发送信号。图4-4所示为常见的路由器。

图4-4　路由器

2）路由器的工作原理

路由器接收来自它连接的某个网站的数据，并将数据向上传递。

如果数据要送往另一个网络，那么路由器就查询路由表，以确定数据要转发到的目的地。如果目的地址位于发出数据的那个网络，那么路由器就放下被认为已经达到目的地的数据，因为数据是在目的地计算机所在网络上传输，确定哪个适配器负责接收数据后，就通过相应的软件处理数据，并通过网络传送数据。

3）路由器的应用

路由器已经广泛应用于各行各业，丰富的产品已成为实现各种骨干网内部连接、骨干网间互联和骨干网与互联网互联互通业务的主力军。

（1）接入路由器。接入路由器主要用于连接家庭或ISP内的小型企业客户。

（2）企业级路由器。企业或校园级路由器连接许多终端系统，其主要目标是实现多端点互连，并保证服务质量。

（3）骨干级路由器。骨干级路由器主要用于实现企业级网络的互联，对它的要求是高传输速率和高可靠性。

（4）太比特路由器。太比特路由器技术现在还主要处于开发实验阶段。

（5）双WAN路由器。双WAN路由器具有物理上的2个WAN口作为外网接入，这样内网计算机就可以经过双WAN路由器的负载均衡功能，同时使用2条外网接入线路，提高了网络带宽。当前双WAN路由器主要有"带宽汇聚"和"一网双线"的应用优势。

5．智能开关

1）智能开关的概念

智能开关是指利用控制板和电子元器件的组合与编程，实现电路智能开关控制的单元。图4-5所示为常见的智能开关。

图4-5　智能开关

2）智能开关的工作原理

智能开关的种类繁多，主要分为电力载波开关、无线智能开关、有线智能开关、单相线控制开关和人体红外感应开关等。

（1）电力载波开关。电力载波开关是采用电力线传送方式发送信息，开关需要设置编码和解码，但是由于其会受电力线杂波干扰，因此对使用环境有一定的限定。

（2）无线智能开关。无线智能开关是采用射频方式来传送信息。

（3）有线智能开关。有线智能开关是采用现场总线来传输信号，通过现场总线将开关连接起来，实现通信和控制信号传输，具有较强稳定性和抗干扰能力。

（4）单相线控制开关。单相线控制是一种类似 GSM 技术的无线通信，内置发射及接收模块，单相线输入，布线方法与传统开关相同。

（5）人体红外感应开关。人体发射的红外线通过菲涅尔滤光片，增强后聚集到红外感应源上，红外感应源通常采用热释电元件，这种元件在接收到人体红外辐射、温度发生变化时就会打破电荷平衡状态，向外释放电荷。后续电路经检测处理后触发开关动作，人不离开感应范围，开关将持续接通；人离开后或在感应区域内长时间无动作，开关将自动延时关闭负载。

3）智能开关的应用

智能开关被广泛应用于家居智能化改造、办公室智能化改造、工业智能化改造等多个领域，智能开关的合理化应用，成为节约能源，提高生产效率和降低运营成本的一项重大举措。

随着智能移动终端的普及，智能开关逐渐成为手机控制的首选，在保留遥控开关的基础上，也拓展出智能家居中的能源消耗监控，云服务后台的节点策略建议推送等多种复合的场景增值服务模式，智能开关正在走向家庭联动的综合能源部署阶段。

6．智能灯泡

1）智能灯泡的概念

智能灯泡是一种新的灯泡产品，采用嵌入式物联网技术，将互通核心模块嵌入到节能灯泡。互联网的互联互通直接影响节能灯泡产品的发展和演变，以 LED 照明灯泡设计为主流，充分体现节能化、健康化、艺术化和人性化的照明发展趋势。

2）智能灯泡的工作原理

智能灯泡内置的光亮度探测器对室内光亮度进行检测，若亮度下降到设定阈值，单片机将打开红外探测器电源。当被动红外探测器探测到人体信号，就会放大并输入到单片机主控电路，单片机得到有效信号后，立即发出继电器闭合信号，接通照明电路，并且使该信号延迟一段时间。同时启动主动红外探测器转动扫描，如果在延时时间内某区域的主动探测器探测到了人体红外信号，放大并输入到单片机，单片机将触发输出延时，使该区域的继电器保持闭合，该区域保持持续照明。

3）智能灯泡的应用

智能灯泡由于其优越的节能特性，多用于住宅客厅、卫生间、厨房等人员流动较频繁的区域，也用于办公室、会议室、教室等工作学习的场所和其他公共场所。

4）智能灯泡的功能特性

（1）节能化。智能灯泡首先是节能灯泡，在同样的亮度下，智能灯泡耗电量仅为普通白炽灯的 1/10，荧光灯管的 1/2，其节能效果十分明显。

（2）联动化。智能灯泡内含嵌入式物联网通信模块，能有效地实现互联网接入，依托云服务平台接通用户的智能手机，让用户在任何时候、任何地点均可获知智能灯泡的工作状态，包括颜色、照度、耗电等综合性指标，并且可以依据用户个人的颜色喜好实现远程调节。另一方面针对室内安装了多个智能灯泡的情况，智能灯泡在正常工作时能动态扫描其他智能灯泡，并自动实现组网联动，实现用户定制场景的灯光需求。

（3）社交化。智能灯泡内置嵌入式物联网通信模块，用户的个人用色喜好、用电习惯将能够自动同步到云平台，这样用户可通过智能手机获知自己和他人的喜好方案和更佳的用电策略，从而实现社交互动。

（4）人性化。智能灯泡深化了人与光的关系，提供一个互动的渠道，颠覆了人类对灯光的单向控制时代，智能灯泡依靠云计算的服务平台，对日常用户的用色喜好，用电习惯数据持续记录并结合当地用电部门的阶梯电价规定和光照、颜色对人类的健康影响指标，可以主动地将更好的用电策略推送给主人。

4.1.2 智能家居家电控制系统常用器材

在智能家居家电控制系统中常用的器材包括智能插座、智能音箱、智能电饭煲、智能加湿器、智能机顶盒、智能空调、智能电热水器等。

1. 智能插座

1）智能插座的概念

智能插座就是一种能够控制和节电的插座，它具有消除开关电源或电器产生电脉冲等功能，还能增加防雷击、防短路、防过载、防漏电的功能，智能插座属于新兴的电气产品。图4-6所示为常见的智能插座。

图4-6 智能插座

2）智能插座的工作原理

智能插座分"主控"插孔和"受控"插孔。静态时，即插座不用时，插座没有电源输出，插座工作指示灯不亮，是无电的状态，此时，插座中电极与电源是完全断离状态，具有很高的安全性。插座接收到控制信号后会自动接通电源，可正常使用电器关闭电器后插座内部的智能芯片会在线检测电流变化从而实现一段时间后自动断电，此时，插座上的工作指示灯灭，恢复无电状态。

智能插座用电子式线圈对相线和零线电流进行监测，一旦发生过载或漏电，插座会自动断电。

3）智能插座的应用

智能插座的主要特性是节能、安全，因此大量应用于家用及办公电器，如电视机、计算机、空调、加湿器、饮水机、照明灯、充电器等需要定时控制通电和断电的各种家用电器及办公设备等。

2. 智能音箱

1）智能音箱的概念

智能音箱是音箱技术升级的产物，也是家庭消费者用语音进行上网的一个工具，如点播歌曲、上网购物，了解天气预报等。它也可以对智能家居设备进行语音控制，如打开窗帘、设置冰箱温度、提前让热水器升温、智能开关控制、智能插座控制等。图4-7所示为常见的智能音箱。

图4-7 智能音箱

2）智能音箱的工作原理

现有的智能音箱多基于语音控制，其基本交互流程可包括以下几步：

第一步：用户通过自然语言向音箱提出服务请求或问题。

第二步：音箱拾取用户声音并对拾取的声音进行分析处理。

第三步：音箱通过语言播报和 APP 推送，对用户的请求进行反馈。

3）智能音箱的应用

（1）语音交互体验。智能音箱应用了人工智能技术，提升了智能音箱对于自然语义的理解。用户可以通过语音来操控智能音箱，从最基本的语音点歌，到相对比较复杂的上网购物等。语音交互是智能音箱的核心所在。

（2）有声资源播放。智能音箱作为一种播放载体，支撑其工作的内容不仅仅是音乐，还包括各类有声资源。

（3）控制智能家居设备。智能音箱类似一个语音遥控器，可以控制灯光、窗帘、电视、空调、洗衣机、电饭煲等智能家居设备。

（4）生活服务。智能音箱还用于生活服务方面，通过与支付宝口碑、滴滴出行等第三方应用的合作，提供查询周边的餐厅促销信息、路况、火车、机票、酒店等信息，可以在不打开手机的情况下，进一步方便人们的生活。

（5）生活小工具。有些智能音箱，它拥有如计算器、单位换算、查限行等小工具，相比人们常用的智能手机，智能音箱只需"动嘴"，操作更加方便，极大地增强了用户的体验感。

3. 智能机顶盒

1）智能机顶盒的概念

智能机顶盒又称高清网络播放器，是指搭载了阿里云或者安卓系统的机顶盒，除了具备传统的电视盒看电视的功能，还具备控制智能家居设备的功能。图 4-8 所示为常见的智能机顶盒。

图4-8 智能机顶盒

2）智能机顶盒的工作原理

智能机顶盒是一种结构简单、成本低的网络设备，通过有线和无线两种方式接入网络。它由一个廉价的微处理器控制 VLSI 芯片，完成查询、响应路由选择、解码、解压缩以及处理事物和控制等各项工作。机顶盒不仅仅是一个调谐器，而且还是一个视频服务器的远程控制单元，通过 ATM 网络系统，机顶盒与视频服务器相连，并与视频服务器进行双向、全双工的数字通信。

3）智能机顶盒的应用

（1）网络电视直播。如果家中没有接有线电视、卫星接收设备或未购买付费类电视节目，依然可以通过智能机顶盒观看多个电视台的直播节目，且支持回看功能。

（2）高清网络视频。汇聚知名视频网站中海量高清视频，包括电影、电视剧、综艺、动漫、旅游、学习、音乐等视频，内置 Wi-Fi，可实现无线上网。

（3）远程教育。可以播放原声大片、学习视频、学习外语、开展远程教育。

（4）方便携带。体积小巧，方便出差携带，让您拥有"网络"，同时达到娱乐享受。

4. 智能电饭煲

1）智能电饭煲的概念

智能电饭煲能够通过计算机芯片程序控制，实时监测温度，按照预设程序调节火力大小，自动完成多种煮食的新一代电饭煲。图 4-9 所示为常见的智能电饭煲。

2）智能电饭煲的工作原理

智能电饭煲的工作原理是利用微计算机芯片，控制加热器件的温度，精准地对锅底温度进行自动控制。当智能电饭煲开始工作时，微计算机检测主温控器的温度和上盖传感器温度，当相应温度符合工作温度范围时，接通电热盘电源，电热盘供电发热，对锅底温度进行自动控制。

图4-9 智能电饭煲

3）智能电饭煲的功能

（1）24 h 智能预约定时。

（2）精确地控制温度。

（3）支持多种烹饪方式。

（4）全自动化控制。

5. 智能加湿器

1）智能加湿器的概念

智能加湿器通过手机或移动终端等终端实现加湿器的档位切换、远程控制（需接入路由器）、湿度控制、定时开关，并且能与各种智能家居设备实现联动。此外，智能加湿器可依据实际环境智能调节加湿速度，以保持适宜的湿度，加湿效果优于普通的加湿器。图 4-10 所示为常见的智能加湿器。

图4-10 智能加湿器

2）智能加湿器的工作原理

家用智能加湿器多选用超声波和纯净型两种技术，应用较广泛的超声波加湿器采用超声波高频震荡原理，可将水雾化为 1 μm 到 5 μm 的超微粒子和负氧离子，实现均匀加湿。纯净型加湿器是利用分子筛蒸发技术，可祛除水中的钙、镁离子，可在加湿的同时净化和过滤空气中的病菌、粉尘等，可以有效地解决"白粉"问题。

3）智能加湿器的应用

智能加湿器适用于小加湿量及工况条件较好，局部加湿使用。如计算机房、电子行业、手机电池行业、实验室、暖通行业、保鲜储藏、食品行业、种植业、养殖业、人工景观、人工造雾等场所。不同类型的加湿器适用于不同的场所，就家用加湿器来说，超声波式加湿器多用于客厅、卧室等场所，纯净型加湿器多用于儿童房和老人卧室。

4）智能加湿器的功能

（1）加湿时间设置。可根据需求设置不同的持续加湿时间。

（2）干烧断电功能。当加湿器中没水时，系统自动断电，避免因为干烧造成的设备损坏。

（3）远程控制。搭载手机客户端，可进行远程控制设备的开关、雾量大小的调节。

（4）语音控制。使用配套的智能音箱，可进行语音控制设备开关、雾量大小的调节。

6. 智能空调

1）智能空调的概念

智能空调是具有自动调节功能的空调，智能空调系统能根据外界气候条件，按照预先设定的指标对室内的温度、湿度、空气清洁度传感器所传来的信号进行分析和判断，并自动打开制冷、加热、去湿及空气净化等功能，还可进行远程控制和语音控制。图 4-11 所示为常见的智能空调。

图4-11 智能空调

2）智能空调的工作原理

（1）利用人体对温度的模糊感知达到节能效果。利用人体对于温度的敏感程度，在不影响人体舒适度的情况下，空调智能控制系统能够有效地拉长空调压缩机启动的时间，以达到节能的效果。

（2）智能化实时控制。空调智能控制系统采用可编程智能化自动控制，实现对空调的实时远程控制，随时掌握空调的运行状态。

（3）优化压缩机的运行曲线。采用无功补偿技术，防止空调启动时大电流的冲击，延长空调的使用寿命，同时延长了压缩机的启动时间，优化了压缩机的运行曲线。

（4）充分利用室内制冷或制热的余量。空调的使用是在一个相对密闭的空间里，当空调压缩机停止运转之后，室内各个地方的温度已经达到了相对平衡的水平，压缩机停止运转之后，风机仍以小功率继续工作，促进室内空气的轻微流动，从而使室内的冷/热空气得到充分的利用，达到制冷/热的效果。

（5）规避不良使用空调习惯造成的浪费。空调智能控制系统具有智能识别和调控功能，能够把周围环境控制在人体适宜的范围内，避免空调使用的不良习惯造成的浪费，避免过度制冷或制热及空载现象的发生。

3）智能空调的应用

不同类型的空调适用于不同的场所。

（1）单体式。即窗机，送风量小、适用于小房间，价格便宜，噪音较大。

（2）挂壁机。采用斜片不等距贯流风扇，噪声小，在 39 ~ 41 dB 以内，适合卧室使用。

（3）柜机。采用筒式斜片不等距贯流风扇，并且优化风道，噪声在 45 ~ 49 dB 以内，适合客厅使用。

（4）嵌入式吸顶机。室内机主体嵌入式藏于天花板里面，适合会议室、办工场所使用。

（5）中央空调。由冷热源系统和空气调节系统组成，适合大型商场或者企业使用。

4）智能空调的功能

（1）蒸发器自动清洁。智能空调一般都具有自清洁功能，其原理是快速生成冷凝水，使灰尘随着冷凝水通过管道排出。

（2）探头自动感应。空调开启时，通过探头的扫描，可以对温度进行更加智能、精准的调节。

（3）光敏智能感应。用户在夜晚入睡时关闭房间的光源，空调会通过光敏感应器件，自动将面板显示屏亮度调暗，机器运行的声音分贝也会调节到最弱，为用户打造一个更加舒适的睡眠环境。

7. 智能电热水器

1）智能电热水器的概念

电热水器是以电作为能源进行加热的热水器，也是与燃气热水器、太阳能热水器相并列的三大热水器之一。电热水器按加热功率大小可分为即热式电热水器和贮水式电热水器。智能电热水器相较于传统电热水器来说，更加智能化和数字化。图 4-12 所示为即热式智能电热水器，图 4-13 所示为贮水式智能电热水器。

图4-12　即热式智能电热水器　　　　图4-13　贮水式智能电热水器

智能电热水器采用高性能的温敏电阻实时采集热水器内水温，将温度信号转变为电压信号后传送给单片机处理，并且通过数码管进行实时显示，可实现对温度的精确控制。

智能电热水器可实时采集水位，供查询时进行显示，当水位过低时给出提示并停止加热，防止干烧。

智能电热水器可任意设定开机时间，用省时节能的方式准时加热到特定温度，既可免去等待烧水的时间，又能避开用电高峰，节约电费。

智能电热水器可通过配套的遥控器进行控制，也可通过移动终端远程控制。

2）智能电热水器的工作原理

即热式智能电热水器是采用直接传导的加热方式进行工作的，由于电热元件置于槽板的槽中，所以当冷水流经槽中时便能直接流经电热元件表面而被加热，又因水槽似蛇形，所以进水口流入的冷水是逐步被加热的，在出水口处便可得到温度较高的热水。

贮水式智能电热水器通电加热时，加热指示灯亮，当水温达到预设温度时，温控器触点断开，加热指示灯灭。电热水器处于断电保温状态，此时每2小时温度约降低1℃左右。当水温比预设温度低几度（一般为7℃左右）时，温控器触点接通，加热指示灯亮，电热水器处于通电加热状态。当电热水器处于干烧或过热状态时，过热保护温控器内的双金属片闭合，使漏电保护插头上的试验按钮触电短路，漏电保护插头动作，复值按钮弹起，加热管断电。

3）智能电热水器的应用

就我国的实际情况而言，由于太阳能热水器的使用受天气原因的限制，使用范围狭窄，燃气热水器由于以石油、天然气为燃料，而燃料供应量又难以满足人们日益增长的需求，且不利于环境，因此电热水器越来越受到消费者的青睐，而市场上的传统式电热水器控制功能不完善，而且精度低、可靠性差，生活质量的提高使得消费者对电热水器要求越来越趋向于智能化和数字化。

4.1.3 安防监控系统常用器材

安防监控系统常用器材种类多，规格多，为了有序介绍和学生快速认知，本节主要介绍"西元智能家居体验馆"中实际使用的智能家居系统常用的安防监控系统器材。智能家居安防监控系统分为监控系统、门禁系统、报警系统3部分，3个系统各司其职并通力协作，共同确保家庭安全。

1．监控系统常用器材

1）智能摄像机的概念

智能摄像机指的是通过无线传输的网络摄像机。图4-14所示为智能云台摄像机照片，与普通网络摄像机的区别在于信息传输方式不同。

图4-14 智能云台摄像机

2）智能摄像机的工作原理

智能摄像机是把光学图像信号转变为电信号记录下来的设备，通过摄像机内部器件把光信号转变为电信号，并经过转换，得到视频信号，通过预放电路进行放大，经过各种电路进行处理和调整，得到标准信号后通过无线方式传送到远程终端或云平台上。

3）智能摄像机的应用

智能摄像机技术在未来将演变出两种相反趋势：高精度专业型摄像机和依托后端支撑的通用类摄像机。高精度专业型摄像机使用场景多为交通识别与金融警戒类，如智能交通中的车牌识别、金融防护的人脸识别、轨迹跟踪等。智能摄像机将会逐渐被有专业资质且了解行业需求的大中型企业所独揽，其产品也将越来越有针对性与行业应用特征。另外，技术门槛相对较低、批量更大和投入较低的依托后端支撑的通用类摄像机将成为未来智能摄像机的主流。

4）智能摄像机的主要功能和特点

（1）智能巡航。内置自动巡航模式，记录住宅、办公场所的每个角落，为安全保驾护航，同时支持用户自定义巡航点，循环覆盖预先设定的关键区域。

（2）智能移动追踪。搭载最新的人工智能视觉算法，捕捉到移动物体后，自动捕捉并追踪移动轨迹，并推送10 s报警视频。

（3）高清红外夜视。可根据周围光线变化程度，自动切换或调节夜视模式。

（4）语音与视频通话。支持双向语音、单向视频通话功能。

（5）人工智能。利用图像深度学习技术，精确识别人形异动、哭声检测、异响/异动监控，实时监测摄像机画面中的人物。如果出现异动，即向手机推送安防报警消息，时刻保障财产安全。

（6）移动终端查看。人们只需一台智能手机，便可随时随地查看现场情况。如果发生异动，手机会实时推送报警消息，告别传统监看设备。

（7）安装方式多样。支持水平放置桌面、壁挂安装和吊顶安装三种使用方式。

2. **智能门禁系统常用器材**

智能门禁系统就是对出入口通道进行远程智能化管制的系统，它是在传统的门锁基础上发展而来的。智能门禁系统常用器材包括门禁控制器、门禁读卡器、智能门锁。

1）智能门禁控制器

（1）智能门禁控制器的概念。智能门禁控制器是门禁系统的核心控制设备，具有数据存储可靠，掉电数据不丢失，集管理和自动控制为一体的特点，并且具有门禁自动化管理的功能，主要分为485联网门禁控制器和TCP/IP联网门禁控制器。图4-15所示为常见的智能门禁控制器。

图4-15 智能门禁控制器

（2）智能门禁控制器的工作原理。智能门禁控制器根据接收到的信息，判断开锁或保持闭锁，对于联网型门禁系统，控制器也接收来自管理计算机发送的人员信息和授权信息，同时向计算机传送进出门的刷卡记录。

单个控制器就可以组成一个简单的门禁系统，用来管理一个门；多个控制器通过通信网络与计算机连接起来，组成整个建筑的门禁系统。计算机安装有门禁系统的管理软件，可完成系统的信息分析与处理。

（3）智能门禁控制器的应用。

① 485联网门禁控制器，可以和计算机进行通信，直接使用软件进行管理，包括卡和事件控制，具备管理方便、控制集中、查看记录、记录进行分析处理等功能。其操作简单，并且可以进行考勤等增值服务，适合人多、流动性大、门多的工程。

② TCP/IP网络门禁控制器，也称以太网联网门禁控制器，是可以联网的门禁控制器，通过

网络线把计算机和控制器进行联网，相较于485联网门禁控制器，TCP/IP网络门禁控制器具有速度快、安装简单、联网数量大、可以跨地域或者跨城联网等特点。同样的，TCP/IP网络门禁控制器价格高，且要求从业人员需要有计算机网络知识，因此适合安装在大项目、人数量多、对速度有要求、跨地域的工程中。

2）智能锁

（1）智能锁的概念。智能锁是指区别于传统锁，在用户识别、安全性、管理性方面更加智能化的锁具，智能锁是门禁系统中锁门动作的执行部件，是一种安全可靠，高效节能，技术先进，操作灵活，管理自由方便的锁具。图4-16所示为几种常见的智能锁。

图4-16　智能锁

（2）智能锁的工作原理。智能门锁一般有6种开锁方式，其中包括指纹解锁、人脸识别解锁、密码解锁、钥匙解锁、卡片解锁及APP解锁。以指纹解锁和人脸识别为例，现在的智能锁扫描方式非常简单，将手指放在扫描处的上方由上至下地扫描即可，无须将手指按在扫描处，这种扫描方式减少指纹残留，大大降低指纹被复制的可能性，安全独享，具有人脸识别功能的指纹锁，可通过扫描开门对象的面部特征，比对数据库中存储的数据，进而确定是否开锁。

（3）智能锁的应用。

① 家庭。家用智能锁应用于家庭，可以对输入指纹进行权限管理，避免了每换一次保姆就得更换一次门锁的麻烦，而且可以有效阻止盗贼的暴力破坏和技术性开锁。当锁具遭遇非法开启时，智能锁将自动发出警笛声并同时发送报警信息，连接控制中心，第一时间通知主人。

② 小区公寓。智能锁应用于小区公寓后，只有通过授权的指纹或卡才可以开启通道门进入各单元，保障了业主的安全，规范了小区的管理，同时它具备密码开锁功能，在密码输入时支持添加虚位，可防止被偷窥和记录。

③ 酒店宾馆。酒店智能锁应用于酒店宾馆中，可提供多种入住及开门模式，而且，通过感应卡可直接读取客人信息，避免客人在停车场内与相关工作人员办理复杂手续的困扰。

④ 办公场所。玻璃门智能锁应用于多种办公场所，如银行、酒店、商铺、政府部门或者写字楼的玻璃门上，都会应用到玻璃门智能锁。玻璃门智能锁的使用，可以为人们提供很多的便利。

3. 入侵报警系统常用器材

入侵报警系统的设备一般包括报警主机和前端探测器。报警主机的作用为有线/无线信号的处理、系统本身故障的检测、信号的输入与输出、内置拨号器拨号等，防盗报警系统中报警主机是必不可少的。报警系统前端探测器包括人体红外探测器、一氧化碳报警器、水浸探测器、门窗探测器、烟雾探测器、可燃气体探测器等，主要用于探测防区的警情。

1）智能报警主机

（1）智能报警主机的概念。智能报警主机是报警系统的"大脑"部分，用于处理探测器的信号，并且通过键盘等设备提供布防、撤防操作来控制报警系统。在报警时可以提供声/光提示，同时还可以通过电话线将警情传送到报警中心。
图 4-17 所示为常见的智能报警主机。

图4-17　智能报警主机

（2）智能报警主机的工作原理。前端探测器通过有线或者无线的方式将各种信号发送给报警主机，报警主机根据自身的运行状态与设置，对各类信息进行处理与转化，如启动声光报警器，自动拨叫设定好的多组报警电话等，若与小区报警中心联网即可将信号传送至小区报警中心。报警主机配有遥控器，可以对主机进行远距离控制。

（3）智能报警主机的应用。智能报警主机采用电子技术，自动探测发生在布防监测区域内的入侵行为，产生报警信号，并提示值班人员发生报警的区域部位，显示可能采取对策的系统。

智能报警主机是预防抢劫、盗窃等意外事件的重要设施，一旦发生突发事件，就能通过声光报警信号在安保控制中心准确显示出事地点，便于迅速采取应急措施。

智能报警主机与出入口控制系统、闭路电视监控系统、访客对讲系统和电子巡更系统等一起构成安全防范系统。

2）报警探测器

报警探测器是由传感器和信号处理器组成的，用来探测各种入侵行为，是防盗报警系统的关键。其中传感器是报警探测器的核心元件，采用不同原理的传感器件，可以构成不同种类、不同用途、达到不同探测目的的报警探测装置。

（1）人体红外探测器。

① 人体红外探测器的概念。人体红外探测器是依靠探测人体活动时身体散发出的红外热能进行报警的，也称热释红外探头。探测器本身是不会发射红外线的，当人体在其探测范围内活动时，通过感应人体释放的红外线来探测人或宠物的移动，配合智能主机可实现家居安防报警和自定义设备联动功能。图 4-18 所示为人体红外探测器。

图4-18　人体红外探测器

② 人体红外探测器的工作原理。人体红外探测器基于人体红外光谱探测技术原理，将人体发射的红外线通过菲涅尔滤光片增强后聚集到红外感应源上，红外感应源通常采用热释电元件，这种元件在接收到人体红外辐射温度发生变化时就会失去电荷平衡，向外释放电荷，后续电路经检测处理后就能产生报警信号。

③ 人体红外探测器的应用。由于红外探测技术有其独特的优点，从而使其在军事国防和民用领域得到了广泛的研究和应用，尤其是在军事需求的推动下，作为高新技术的红外探测技术在未来的应用将更加广泛，地位更加重要。

红外探测器是将不可见的红外辐射能量，转变成易于测量的能量形式的一种能量转化器。作为红外系统的核心关键部件，红外探测器的研究始终是红外物理与技术发展的中心，红外探测器设备涉及物理、材料、化学、传统、微电子、计算机等多学科，是一门综合科学。

（2）一氧化碳报警器。

① 一氧化碳报警器的概念。一氧化碳报警器按使用方向可分为家庭用一氧化碳报警器和工

业用一氧化碳报警器；按使用方式可分为固定式和便携式，使用时，根据需求可以选择不同类型的一氧化碳报警器。图4-19所示为常见的一氧化碳报警器。

图4-19　一氧化碳报警器

②一氧化碳报警器的工作原理。一氧化碳报警器是通过内部传感器，感应空气中一氧化碳气体的浓度，并将其转变成电信号，电信号的大小跟一氧化碳的浓度有关，再通过信号放大，传送给单片机进行信号比较和处理，超过预定的阈值就会发出报警信号，驱动 LED 灯、喇叭或蜂鸣器等做出报警动作。

③一氧化碳报警器的应用。一氧化碳报警器按所使用的传感器来分类，一般分为半导体一氧化碳报警器、电化学一氧化碳报警器、红外一氧化碳报警器等。从测量灵敏度、精度、稳定性、抗交叉气体干扰来说，性能最好的是红外一氧化碳报警器，但比较昂贵适合实验室使用，民用的一般为半导体和电化学的一氧化碳报警器。

（3）水浸探测器。

①水浸探测器的概念。水浸探测器根据设备构造分为光电式水浸探测器、探针式水浸探测器、不定位水浸探测器和定位水浸探测器。根据工作方式分为接触式水浸探测器和非接触式水浸探测器。接触式水浸探测器，利用液体导电原理进行检测；非接触式水浸探测器，利用光在不同介质截面的折射与反射原理进行检测。图4-20所示为常见的水浸探测器。

②水浸探测器的工作原理。水浸传感器是基于液体导电原理，用电极探测是否有水存在，再用传感器转换成电信号输出。

光电式水浸探测器工作原理：当液体接触探头时，探头与空气接触表面折射率发生巨大变化，以探头内部光线的改变来判断漏水情况。

探针式水浸探测器工作原理：当水接触探针的两脚时，探针阻抗出现较大变化，即空气电阻和水的电阻的区别，通过相应电路判断是否出现漏水且发出漏水报警信号。

不定位水浸探测器的检测原理类似于探针式，不定位漏水感应线的两个线芯就相当于探针的两脚，通过相应电路判断是否出现漏水，且发出漏水报警信号。不同于探针式水浸探测器的是，不定位感应线监测面积更大，灵敏度更高，同时，不定位漏水线芯由导电聚合物材料加工而成，相对于探针，具有抗氧化和使用寿命长等特点。

定位水浸探测器同样是利用水的导电性来检测漏水，增加了2芯信号线；为了达到精准定位的功能，要求2芯浸探线的电阻率一致。

③水浸探测器的应用。水浸探测器广泛应用于数据中心、通信机房、发电站、仓库、档案馆等一切需要防水的场所，也用于家庭厨房、卫生间等用水较多的区域。水浸探测器的作用是检测被监测范围是否发生漏水，一旦发现漏水，立即发出警报，防止漏水事故造成相关损失及危害。

（4）门窗探测器。

①门窗探测器的概念。门窗探测器主要由开关和磁铁两部分组成，开关部分由磁簧开关经引线连接，定型封装而成；磁铁部分由对应的磁场强度的磁铁封装于塑胶或合金壳体内。当两者分开或接近时，引起开关的开断从而感应物体位置的变化。图 4-21 所示为门窗探测器。

图4-20　水浸探测器　　　　　　　　　　　图4-21　门窗探测器

　　② 门窗探测器的工作原理。在报警主机处于布防状态下，门窗被打开时，门窗探测器的开关和磁体分离，触发报警，报警主机就会接收到报警信号，信号处理后发出警报提示，警号或者警灯鸣响，同时预设的用户手机将收到报警信息。用户也可通过网络摄像机实时视频查看和确认是否有被非法入侵，然后采取相应的措施。

　　③ 门窗探测器的应用。门窗探测器适用于楼层较低的窗户、用户住宅门、办公室门和窗户等易被入侵场所，有助于更好地防范非法入侵，保护财物不受侵害。

　　（5）烟雾探测器。

　　① 烟雾探测器的概念。烟雾探测器，也被称为感烟式火灾探测器、烟感探测器、烟感探头和烟感传感器，主要应用于消防系统，它是一种典型的由太空消防措施转为民用的设备。图 4-22 所示为烟雾探测器。

图4-22　烟雾探测器

　　② 烟雾探测器的工作原理。烟雾探测器有内电离室和外电离室，两个电离室产生的正、负离子在电场的作用下各自向正负电极移动。正常情况下，内/外电离室的电流和电压都是稳定的，一旦有烟雾进入外电离室，干扰了带电粒子的正常运动，电流和电压就会有所改变，破坏了内电离室和外电离室之间的平衡，就会触发报警，发出报警信号，通知报警主机将报警信息传递出去。

　　③ 烟雾探测器的应用。烟雾探测器主要是通过监测烟雾的浓度来实现火灾防范的，烟雾探测器内部采用离子式烟雾传感器，离子式烟雾传感器是一种技术先进、工作稳定可靠的传感器，被广泛运用到各种消防报警系统中，性能远优于气敏电阻类的火灾报警器。

　　烟雾探测器适用于家居、商店、歌舞厅、仓库等场所的火灾报警。火灾的起火过程一般情况下伴有烟、热、光三种燃烧产物，在火灾初期，由于温度较低，物质多处于阴燃阶段，所以产生大量烟雾，烟雾是早期火灾的重要特征之一，感烟式火灾探测器就是利用这种特征而开发的。

　　（6）可燃气体探测器。

　　① 可燃气体探测器的概念。家用可燃气体报警器也称为燃气报警器，主要用于检测家庭煤气泄漏，防止煤气中毒和煤气爆炸事故的发生。图 4-23 所示为可燃气体探测器。

图4-23 可燃气体探测器

② 可燃气体探测器的工作原理。当环境中可燃气体浓度达到事先预定的阈值时，能发出声光报警信号，可以输出继电器无源触点信号。当周围环境可燃气体浓度降到预定阈值以下时，处于报警状态的探测器将自动恢复到正常工作状态。

可燃气体探测器一般为直流供电，报警后可输出 1 对继电器无源触点信号，用于控制通风换气设备或为其他设备提供常开或常闭报警触电，有的还会安装无线模块，信号可以被发送到无线模块中。

③ 可燃气体探测器的应用。可燃气体探测器由高品质的气敏传感器、微处理器等组成，一般内部设计有精密温度传感器，用于智能补偿气敏元器件的参数漂移。可燃气体探测器工作稳定，环境适应范围宽，无须调试，采用吸顶或旋扣安装方式，安装简单，接线方便，广泛用于家庭、宾馆、公寓、饭店等存在可燃气体的场所进行安全监控和火灾报警。

家用可燃气体探测器一般安装在厨房，作为预防煤气泄漏的一种预警手段，当探测器检测到燃气浓度，达到事先设定好的报警值时，便会输出信号给可燃气体探测器，探测器会发出声光报警并启动外部联动设备。

3）智能报警系统应用

智能报警以其强大的功能快速融入市场，现已广泛应用于家庭、企业、小区和其他防盗领域。图 4-24 所示为家庭入侵报警系统设备布局图，图 4-25 所示为智能报警系统应用领域比例图。

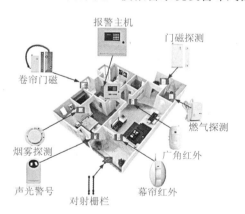

图4-24 家庭入侵报警系统设备安装布局图

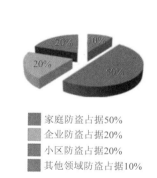

家庭防盗占据50%
企业防盗占据20%
小区防盗占据20%
其他领域防盗占据10%

图4-25 智能报警系统应用领域比例图

4.1.4 环境控制系统常用器材

环境控制系统主要包括探测环境信息，设备间的联动，并将信息传输到控制中心，控制中心对该信息做进一步处理，并将处理结果发送给执行类设备，执行类设备做出相应动作来抵抗当前环境的变化。环境系统常用的器材包括电动窗帘、开窗器、智能窗（帘）接收器、遥控器、风光雨探测器、温湿度探测器等。

1. 电动窗帘

1）电动窗帘的概念

电动窗帘是通过电动机驱动来控制窗帘开合动作的，从安装位置上分为内置式和外置式。电动窗帘根据操作机构的不同，又分为电动开合帘系列、电动升降帘系列、电动天棚帘、电动遮阳板、电动遮阳蓬等系列，根据装饰效果分为百叶帘、卷帘、罗马帘、柔纱帘、风琴帘、蜂巢帘等。图4-26所示为常见的电动窗帘。

图4-26　电动窗帘

2）电动窗帘的工作原理

它通过一个电动机来带动窗帘沿着轨道来回运动，或者通过一套传统装置转动百叶窗，并控制电动机的正反转来实现的。核心就是电动机，分为交流电动机和直流电动机两大类。

3）电动窗帘的应用

（1）保护私隐。对于一个家庭来说，谁都不喜欢自己的一举一动在别人的视野之内。从这点来说，不同的室内区域，对于私隐的关注程度又有不同的标准，客厅这类家庭成员公共活动区域，对于私隐的要求就较低，大部分的家庭客厅都是把窗帘拉开，大部分情况下处于装饰状态。而对于卧室、洗手间等区域，人们不但要求看不到，而且要求连影子都看不到。这就要求不同区域选择不同的窗帘，如客厅会选择半透明的布料，而卧室则选用较厚和不透明的布料。

（2）利用光线。其实保护私隐的原理，就是阻挡光线。例如，一层的居室，大家都不喜欢从室外都看到室内的一举一动。但长期拉着厚厚的窗帘又影响自然采光。所以类似于纱帘一类的轻薄帘布就应运而生。

（3）装饰墙面。窗帘对于很多普通家庭来说，是墙面的最大装饰物，尤其是对于一些"四白落地"的一些简装家庭来说，除了几幅画框，可能墙面上的东西就剩下窗帘了。所以，窗帘的选择漂亮与否，可能往往有着举足轻重的作用。同样，对于精装的家庭来说，合适的窗帘将使家居更漂亮更有个性。

（4）吸音降噪。我们知道，声音的传播部分，高音是直线传播的，而窗户玻璃对于高音的反射率也是很高的。所以，有适当厚度的窗帘，将可以改善室内音响的混响效果。同样，厚窗帘也有利于吸收部分来自外面的噪声，改善室内的声音环境。

2. 电动开窗器

1）电动开窗器的概念

电动开窗器就是用于打开和关闭窗户的机构，国内也称"开窗机"。"智能电动窗户"为现代窗户的最新产品，配套安装有风雨探测器，具有广泛的应用前景，特别适合大型仓库、高位窗户等。图4-27所示为常见的开窗器。

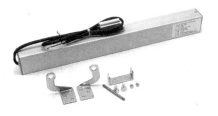

图4-27　电动开窗器

2）电动开窗器的分类和常用规格

（1）小链条式开窗器。推拉力 200 N、250 N、300 N 等，行程 100 mm、300 mm、600 mm 等。

（2）大链条式开窗器。推拉力 400 N、650 N、1 500 N 等，行程 600 mm、900 mm 等。

（3）齿条式开窗器。推拉力 450 N、650 N、850 N、1 000 N 等，行程 100 mm ~ 1 200 mm 等。

（4）螺杆式开窗器。推拉力 200 N、450 N、600 N、1 000 N 等，行程 100 mm ~ 1 200 mm 等。

（5）曲臂联动式开窗器，主要用于厂房多个窗联动开启。

3）电动开窗器的应用

（1）防风。当风雨传感器检测到大风时，智能主控制器自动发出控制指令，将窗户自动关闭。

（2）防雨。当大雨淋到风雨探测器上，智能主控制器自动发出防雨控制指令，将窗户自动关闭。

（3）烟感燃气监控报警。如果烟感燃气监控系统与智能开窗器联动时，当检测到烟感、煤气、有害气体等信号时，智能控制器就自动发出相应的控制指令，将窗户自动开启、发出警声，并自动将警情发送到指定的电话和手机上。

（4）防盗报警。当盗贼接近窗户时，智能控制器发出防盗控制指令，自动将窗户关闭，发出报警声音（信号）并自动将警情发送到指定的电话和手机上。

3. 智能窗（帘）接收器

1）智能窗（帘）接收器的概念

智能窗（帘）接收器是指可接入智能遥控主机或智能网关的窗（帘）开关，可通过学习对接收器的按键进行定义，智能窗（帘）接收器既支持本地手动控制电动窗帘和电动窗，也可通过智能终端远程控制。图 4-28 所示为常见的智能窗（帘）接收器。

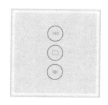

图4-28　智能窗（帘）接收器

2）智能窗（帘）接收器的功能

（1）支持定时开关。

（2）支持手机客户端远程控制。

（3）一键设置，可加入智能家居情景模式。

（4）可与家庭其他智能设备联动，搭建美好舒适的生活环境。

4. 遥控器

1）遥控器的概念

遥控器是一种无线发射装置，通过现代的数字编码技术，将按键信息进行编码，通过红外线二极管发射光波，接收器将收到的红外信号转变成电信号，通过处理器进行解码，解调出相应的指令，实现控制机顶盒等设备，完成所需的操作要求。这里主要介绍电动窗（帘）遥控器。图 4-29 所示为常见的电动窗（帘）遥控器。

2）电动窗（帘）遥控器的功能

这里以数显电动窗（帘）遥控器为例，简要说明电动窗（帘）遥控器的功能。

"显示屏"：以数显形式显示遥控器当前的遥控通道。

"上键"：发送电动机正转信号，控制电动机正转。

"停止键"：发送电动机停止信号，控制电动机停止工作。

"下键"：发送电动机反转信号，控制电动机反转。

"左/右键"：只能切换遥控通道。

"电池盒"：安装电池，如图 4-30 所示。

图4-29 电动窗（帘）遥控器

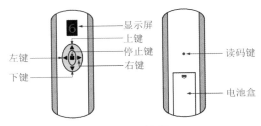

图4-30 遥控器

5. 风光雨探测器

1）风光雨探测器的概念

风光雨传感器能对自然气候中的风、光、雨进行自动感应检测，并将检测到的信号传递给智能遥控主机，通过主机对电动遮阳蓬等产品的自动化控制，以调节室内温度和光照强度。图 4-31 所示为风雨探测器。

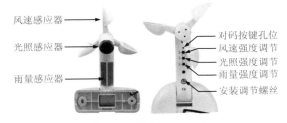

图4-31 风光雨探测器

2）风光雨探测器的工作原理

风光雨探测器是由风力探测器、光照探测器、雨水探测器等探测系统发射器和接收器组成，对风力、光照、雨水进行自动感应检测，并将检测到的信号发送给接收器，通过接收器对开窗器等产品进行自动化控制。

风力探测器由叶轮、电动机、风能/电能转换器等组成；光照强度探测器由光感应探头、光电耦合器等组成;雨水探测器采用镀金电极、雨水导电传导系统等组成。

3)风光雨探测器的应用

风光雨探测器多用于对温度和光照强度有要求的场所,如书房窗户的百叶帘、卧室的遮阳帘、室内花园的遮阳棚,也可用于大型体育馆、游泳馆等公共场所。

6. 温湿度探测器

1)温湿度探测器的概念

温湿度探测器兼具温度探测器和湿度探测器的功能,可同时探测环境的温度和湿度,并通过一定的方式显示出来。图4-32所示为常见的温湿度探测器。

图4-32   温湿度探测器

2)温湿度探测器的工作原理

温湿度探测器能实时探测室内温湿度状况,通过网络将探测到的数据上传到智能主机内,通过智能主机对数据进行处理,联动配套智能家居系统做出响应。

3)温湿度探测器的应用

温湿度探测器强大的功能、稳定性能以及独特的控制逻辑,可以实现多种功能控制和远程监控,如高温警告、低温警告、高湿警告、低湿警告等,通过配置联动模块可以实现多种智能联动控制功能,如通过控制加热器加热、空调制冷、加湿器加湿、除湿器除湿等,广泛应用于通信机房、智能楼宇、厂房车间、仓库、药库、图书馆、博物馆、实验室、办公室、通风管道、蔬菜大棚等场所。

4.1.5   家庭影音系统常用器材

家庭影音系统也称家庭影院,它是由影音源(VCD、DVD等)、电视机、功放和音箱等组成的家庭视听系统。家庭影音系统的组成十分灵活,可按自己不同的要求来配置,有的偏重于卡拉OK功能,有的偏重于高保真的音乐欣赏,有的偏重于大屏幕前的"影院"环境音效。本节主要介绍家庭影音系统中常见的功放、均衡器、音箱和微型投影仪。

1. 功放

1)功放的概念

功率放大器简称功放,俗称"扩音机",是音响系统中最基本的设备,它的任务是把来自信号源的微弱电信号进行放大以驱动扬声器发出声音。图4-33所示为常见的功放。

图4-33   功放

2）功放的工作原理

功放的工作原理就是将音源播放的各种声音信号进行放大，以推动音箱发出声音。从技术角度看，功放好比一台电流的调制器，受音源播放的声音信号控制，将不同大小的电流，按照不同的频率传输给音箱，这样音箱就发出相应大小、相应频率的声音。

3）功放的应用

功放大体上可分为专业功放、民用功放、特殊功放三大类。

专业功放一般用于会议、演出、厅、堂、场、馆的扩音。设计上以输出功率大，保护电路完善，散热良好为原则。

民用功放详细分类又有 HI-FI 功放、AV 功放、KALAOK 功放以及把各种常用功能集于一体的所谓"综合功放"。

特殊功放顾名思义就是使用在特殊场合的功放，如警报器、车用低压功放等。

2. 均衡器

1）均衡器的概念

均衡器是一种可以分别调节各种频率成分电信号放大量的电子设备，通过对各种不同频率的电信号的调节来补偿扬声器和声场的缺陷，补偿和修饰各种声源及其他特殊作用，一般调音台上的均衡器仅能对高频、中频、低频三段频率电信号分别进行调节。图 4-34 所示为均衡器。

图4-34　均衡器

2）均衡器的工作原理

频域均衡器利用可调滤波器的频率特性，来弥补实际信道的幅频特性和群延时特性，使整个系统的总频率特性满足无码间干扰传输条件。

时域均衡器是直接从时间响应角度考虑，使整个传输系统的冲激响应满足无码间干扰条件。

均衡满足奈奎斯特整形定理的要求，仅在判决点满足无码间干扰的条件相对宽松一些。所以，在数字通信中时域均衡器使用较多。

3）均衡器的应用

（1）获得平坦的频率响应。在声场中，人的听觉范围为 20 Hz ～ 20 kHz，各个频段的声音既无波峰又无波谷，这需要专用的测试设备才能完成，把声场内凸起的频段作衰减，把陷落的频段作提升，最终获得平坦的频率响应。

（2）调整声音响度。一般情况下，人耳在小音量时往往对中频的感觉更敏感，我们需要把低频和中频做适当的提升，从而达到主观响度的均衡。

（3）抑制啸叫。啸叫是由于某个频段出现较大的波峰形成的，对该频段作较大衰减后可以抑制啸叫。

3. 音箱

1）音箱的概念

音箱是指可将音频信号变换为声音的一种设备，就是指音箱主机箱体或低音炮箱体内自带功率放大器，对音频信号进行放大处理后由音箱本身回放出声音，使其声音变大。

音箱是整个音响系统的终端，其作用是把音频电能转换成相应的声能，并把它辐射到空间去。它是音响系统极其重要的组成部分，担负着把电信号转变成声信号供人的耳朵直接聆听的任务。图4-35所示为壁挂音箱，图4-36所示为暗装吸顶音箱，图4-37所示为明装吸顶音箱，图4-38所示为音柱。

图4-35 壁挂音箱　　图4-36 暗装吸顶音箱　　图4-37 明装吸顶音箱　　图4-38 音柱

2）音箱的工作原理

音箱的扬声器是由电磁铁、线圈、喇叭振膜组成。扬声器把电流频率转化为声音。从物理学原理讲，当电流通过线圈产生电磁场，磁场的方向为右手定律。扬声器播放 C 调，其频率为256 Hz，即每秒振动 256 次。扬声器输出 256 Hz 的交流电，每秒 256 次电流改变，发出 C 调频率。当电线圈与扬声器薄膜一起振动时，推动周围的空气振动，扬声器由此产生声音。人耳可以听到的声波的频率一般在 20 ~ 20 000 Hz 之间，所以一般的扬声器都会把程序设定在这个范围内。能量的转换过程是由电能转换为磁能，再由磁能转换为传统能，再从传统能转换为声音。

3）音箱的应用

按适用场合来分，音箱主要分为家用音箱和专业音箱。

家用音箱一般用于家庭，其特点是放音音质细腻柔和，外型较为精致、美观，放音声压级不太高，承受的功率相对较少。专业音箱一般用于歌舞厅、卡拉 OK、影剧院、会堂和体育场馆等专业文娱场所。一般专业音箱的灵敏度较高，放音声压高，力度好，承受功率大，与家用音箱相比，其音质偏硬，外型也不甚精致。但在专业音箱中的监听音箱，其性能与家用音箱较为接近，外型一般也比较精致、小巧，所以这类监听音箱也常被家用 HI-FI 音响系统所采用。

4. 微型投影仪

1）微型投影仪的概念

微型投影仪，又称便携式投影机，是把传统庞大的投影机精巧化、便携化、微小化、娱乐化、实用化，使投影技术更加贴近生活和娱乐，具有商务办公、教学、出差业务、代替电视等功能。图4-39所示为常见的微型投影仪。

图4-39 微型投影仪

2）微型投影仪的工作原理

投影机主要的工作原理都是由光源发出光，通过一系列的光学照明系统，将光源的光均匀地照射到显示芯片上，而信号通过电路系统在显示芯片上实现色阶以及灰阶，显示出图像，此后由投影前端的投影镜头将显示芯片上的图像放大投射到相应的屏幕上。在投影系统里面，光学主要分为成像光学系以及照明光学系，而其中最为关键的元器件则为显示芯片以及照明组件（即光源）。

3）微型投影仪的应用

（1）商务办公。代替大型的投影仪，用于公司或团体开会。大型的投影仪高昂，灯泡寿命短，不方便携带，微型投影仪，价格较低，灯泡寿命长，方便携带，业务员要演示新产品只需要带上微型投影仪，即可达到演示效果。

（2）业务出差所用。由于微型投影仪强大的解码能力，自带内存和电池，能读办公软件和图片、PPT等功能，出差时直接把资料复制在里边，用于公司产品的讲解。

（3）代替电视功能。直接连接机顶盒播放电视节目，达到家庭影院效果，方便移动，突破传统的影视空间。

（4）教学培训。培训会议、课堂教学使用。传统投影仪不易携带，学校教室里由于学生的顽皮，投影仪放在教室里不安全，容易被学生弄坏，微型投影仪的便携性弥补了教学空缺，今后老师讲课只需要把资料存放在投影仪中即可展示给学生教学，方便快捷。

4.2 智能家居系统常用工具

智能家居系统工程涉及计算机网络技术、通信技术、综合布线技术、电工电子技术等多个领域，在实际安装施工和维护中，需要使用大量的专业工具。在当代"工具就是生产力"，没有专业的工具和正确熟练的使用方法和技巧，就无法保证工程质量和效率，为了提供工作效率和保证工程质量，也为了教学实训方便和快捷，西元公司总结了多年大型复杂智能家居系统工程实战经验，专门设计了智能家居系统工程安装和维护专用工具箱，如图4-40所示。下面以西元物联网工具箱为例，介绍智能家居系统工程常用的工具规格和使用方法。

图4-40　西元物联网工具箱

西元物联网工具箱中包含了物联网智能家居系统中常用的工具，如表4-1所示。

表4-1　西元物联网工具箱配置清单

序　号	名　　称	数　量	用　　途
1	数字万用表	1台	用于测量电压、电流等
2	多功能剥线钳	1个	用于线缆的剥线、压线、剪切
3	测电笔	1把	用于测量电压等
4	钢卷尺（2m）	1把	用于长度测量

序　号	名　　称	数　量	用　　途
5	活扳手（150 mm）	2把	用于固定螺母
6	斜口钳（115 mm/4.5 in）	1把	用于裁断缆线
7	尖嘴钳（150 mm/6 in）	1把	用于夹持小物件
8	十字螺钉旋具（100 mm）	1把	用于安装十字头螺丝
9	一字螺钉旋具（100 mm）	1把	用于安装一字头螺丝
10	微型螺丝批（4个一字，2个十字）	1套	用于安装各种微型螺丝
11	十字头微型螺钉旋具（50 mm）	1把	用于安装微型十字头螺丝
12	一字头微型螺钉旋具（50 mm）	1把	用于安装微型一字头螺丝

4.2.1　万用表

万用表是一种带有整流器的，可以测量交、直流电流、电压及电阻等多种电学参量的磁电式仪表，又称多用电表或简称多用表，是电力电子等部门不可缺少的测量仪表。万用表按显示方式分为指针万用表和数字万用表。

数字万用表是目前最常用的一种数字仪表。其主要特点是准确度高、分辨率强、测试功能完善、测量速度快、显示直观、过滤能力强、耗电省，便于携带。近年来，数字万用表在我国获得迅速普及与广泛使用，已成为现代电子测量与维修工作的必备仪表，并正在逐步取代传统的模拟式（即指针式）万用表。

1. 数字万用表的系统组成

数字万用表由表头、选择开关、测量线路、表笔和表笔插孔等组成。通过选择开关的变换，可方便地对多种电学参量进行测量。其电路计算的主要依据是闭合电路欧姆定律。万用表（见图4-41）种类很多，使用时应根据不同的要求进行选择。

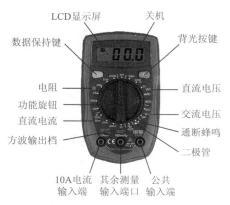

图4-41　万用表

表头：数字万用表的表头一般由一只 A/D（模拟／数字）转换芯片＋外围元件＋液晶显示器组成，万用表的精度受表头的影响，万用表由于 A/D 芯片转换出来的数字，一般也称为 3 1/2 位数字万用表，4 1/2 位数字万用表等。

选择开关：万用表的选择开关是一个多档位的旋转开关。用来选择测量项目和量程。一般的万用表测量项目包括："mA"：直流电流、"V（–）"：直流电压、"V（～）"：交流电压、"Ω"：电阻。每个测量项目又划分为几个不同的量程以供选择。

测量线路：测量线路是用来把各种被测量转换到适合表头测量的微小直流电流的电路，它由电阻、半导体元件及电池组成。它能将各种不同的被测量（如电流、电压、电阻等）、不同的量程，经过一系列的处理（如整流、分流、分压等）统一变成一定量限的微小直流电流送入表头进行测量。

表笔和表笔插孔：表笔分为红、黑二只。使用时应将红色表笔插入标有"+"号的插孔，黑色表笔插入标有"–"号的插孔。

2. 数字万用表工作原理

数字万用表的测量过程由转换电路将被测量转换成直流电压信号，再由模/数（A/D）转换器将电压模拟量转换成数字量，然后通过电子计数器计数，最后把测量结果用数字直接显示在显示屏上。

万用表测量电压、电流和电阻功能是通过转换电路部分实现的，而电流、电阻的测量都是基于电压的测量，也就是说数字万用表是在数字直流电压表的基础上扩展而成的。

数字直流电压表 A/D 转换器将随时间连续变化的模拟电压量变换成数字量，再由电子计数器对数字量进行计数得到测量结果，再由译码显示电路将测量结果显示出来。逻辑控制电路控制电路的协调工作，在时钟的作用下按顺序完成整个测量过程。

3. 数字万用表操作规程

（1）交直流电压的测量：根据需要将量程开关拨至 DCV（直流）或 ACV（交流）的合适量程，红表笔插入 V/Ω 孔，黑表笔插入 COM 孔，并将表笔与被测线路并联，读数即显示。

（2）交直流电流的测量：将量程开关拨至 DCA（直流）或 ACA（交流）的合适量程，红表笔插入 mA 孔（< 200 mA 时）或 10 A 孔（> 200 mA 时），黑表笔插入 COM 孔，并将万用表串联在被测电路中即可。测量直流量时，数字万用表能自动显示极性。

（3）电阻的测量：将量程开关拨至 Ω 的合适量程，红表笔插入 V/Ω 孔，黑表笔插入 COM 孔。如果被测电阻值超出所选择量程的最大值，万用表将显示"1"，这时应选择更高的量程。测量电阻时，红表笔为正极，黑表笔为负极，这与指针式万用表正好相反。因此，测量晶体管、电解电容器等有极性的元器件时，必须注意表笔的极性。

（4）注意事项。

① 在使用万用表的过程中，不能用手去接触表笔的金属部分，这样一方面可以保证测量的准确，另一方面也可以保证人身安全。

② 在测量某一电量时，不能在测量的同时换档，尤其是在测量高电压或大电流时。否则，会使万用表毁坏。如需换档，应先断开表笔，换档后再去测量。

③ 万用表使用完毕，应将转换开关置于交流电压的最大档。如果长期不使用，应将万用表内部的电池取出来，以免电池腐蚀表内其他器件。

4.2.2 电烙铁、烙铁架和焊锡丝

电烙铁是电子制作和电器维修的必备工具，主要用途是焊接元件及导线，一般使用中应放置在烙铁架上，而焊锡丝是电子焊接作业中的主要消耗材料，如图 4-42 ～图 4-44 所示。

图4-42　电烙铁

图4-43　烙铁架

图4-44　焊锡

1. 电烙铁的分类

1）内热式电烙铁

由手柄、连接杆、弹簧夹、烙铁芯、烙铁头组成。由于烙铁芯安装在烙铁头里面，因而发热快，热利用率高，故称内热式电烙铁。

2）外热式电烙铁

由烙铁头、烙铁芯、外壳、木柄、电源引线、插头等部分组成。由于烙铁头安装在烙铁芯里面，故称为外热式电烙铁。

3）恒温电烙铁

由于恒温电烙铁头内装有带磁铁式的温度控制器，可控制通电时间而实现温控。

4）吸锡电烙铁

吸锡电烙铁是将活塞式吸锡器与电烙铁溶为一体的拆焊工具。

2. 电烙铁使用方法

（1）选用焊接电子元件用的低熔点焊锡丝。

（2）电烙铁使用前要上锡。具体方法是：将电烙铁烧热，待刚刚能熔化焊锡时，涂上助焊剂，再用焊锡均匀地涂在烙铁头上，使烙铁头均匀地吃上一层锡。

（3）用烙铁头蘸取适量焊锡，接触焊点，待焊点上的焊锡全部熔化并浸没元件引线头后，电烙铁头沿着元器件的引脚轻轻往上一提离开焊点。

（4）焊接时间不宜过长，否则容易烫坏元件，必要时可用镊子夹住管脚帮助散热。

（5）焊点应呈正弦波峰形状，表面应光亮圆滑，无锡刺，锡量适中。

（6）焊接完成后，电烙铁应放在烙铁架上。

3. 焊接具体步骤和要求

第一步：将完成插件的电路板用硬纸板压住，翻转180°，平放桌面上，左手拿焊锡丝，右手握电烙铁，电烙铁倾斜45°，如图4-45所示。

第二步：焊接前，先放电烙铁预热1 s，再加焊锡丝1 s，熔锡后先撤锡，再撤电烙铁，防止焊点拉尖，如图4-46所示。

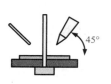
图4-45　准备焊接

①预热　②加锡　③撤锡　④撤电烙铁
图4-46　焊接步骤顺序

第三步：当焊错引脚或熔锡过度造成短路时，可使用吸锡枪修改。首先加热焊点，然后左手按下吸枪顶端黑色长杆，枪口对准焊点，再按一次按钮即可吸走多余焊锡，如图 4-47 所示，切记及时补焊该引脚，防止漏焊。焊接完毕通电测试，如图 4-48 所示。

图4-47　修改焊点图

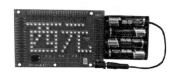
图4-48　通电测试

焊点评判标准：

（1）引脚方向正确。

（2）留有线脚，长度 1 ～ 1.2 mm 之间。

（3）锡点呈伞状，表面圆满、光滑、无针孔、无焊料渍。

（4）元件引脚外形可见锡的流散性好。

焊接常见典型故障如表 4-2 所示。

表4-2　焊接常见典型故障表

序　号	类　别	图　例	具体说明
1	虚焊		元器件引脚和电路板铜箔之间有空洞，或者缺锡，可能导致电路板不稳定
2	拉尖		焊点表面出现毛刺，可能造成连桥短路
3	连桥		相邻元器件引脚连在一起，直接造成相邻元器件短路
4	过热		焊点表层发白、粗糙、无金属光泽，可能造成焊盘强度降低，电路板上的铜箔可能翘起
5	冷焊		焊点表面呈豆腐渣状颗粒，易出现裂痕，焊点强度低，导电性差
6	铜箔翘起		焊接温度太高或者加热时间太长，可能造成铜箔翘起，损坏电路板
7	过量		因撤锡过迟，导致焊点表面向外凸起，容易出现焊接缺陷，浪费焊料
8	不足		焊点面积小于焊盘的80%，焊料未形成平滑过度面，造成焊点强度不足

4. 使用注意事项

（1）电烙铁使用前应检查使用电压是否与电烙铁标称电压相符。

（2）电烙铁应该接地。

（3）电烙铁通电后不能任意敲击、拆卸及安装其电热部分零件。

（4）电烙铁应保持干燥，不宜在过分潮湿或淋雨环境使用。

（5）拆烙铁头时，要切断电源。切断电源后，最好利用余热在烙铁头上上一层锡，以保护烙铁头。

（6）当烙铁头上有黑色氧化层时，可用砂布擦去，然后通电，并立即上锡。

（7）海绵用来收集锡渣和锡珠，用手捏刚好不出水为适。

（8）焊接之前做好"5S"，焊接之后也要做"5S"。

4.2.3　仪表螺钉旋具

智能家居系统中用到的仪表螺钉旋具是由三把不同规格的十字和三把不同规格的一字螺钉旋具组成的套装，主要用于网络设备的复位以及总线设备的接线。

当网络设备如智能网关主机、路由器、智能插座等设备需要复位时，可选用仪表螺钉旋具套装中的刀口直径为 1.4 mm 的一字或编号为 #00 的十字螺钉旋具；当总线设备需要接线时，可选用仪表螺钉旋具套装中的刀口直径为 1.8 mm 和 2.4 mm 的一字或编号为 #0 和 #1 的十字螺钉旋具。具体使用要结合实际，选择合适的工具，避免设备的损坏，如图 4-49 所示。

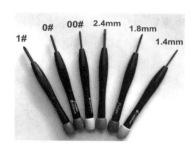

图4-49　仪表螺钉旋具

4.2.4　专业级剥线钳

该剥线钳集剪线、剥线和压线三个功能于一体，主要用于 0.6/0.8/1.0/1.3/1.6/2.0/2.6 cm 线的剥剪，较少用于压线。图 4-50 所示为闭合的剥线钳，图 4-51 所示为剥线钳功能分区。

剥线时，根据所剥线材的规格选用合适刀口，若选用刀口过小，则会损伤纤芯；若选用刀口过大，则不能正常剥除线缆绝缘层。

使用该剥线不适用于裁剪钳线芯过硬或线径过大的线材，使用不当会使切线刀口受损，影响后期使用。

4.2.5　尖嘴钳

尖嘴钳又称修口钳、尖头钳、尖咀钳。它是由尖头、刀口和钳柄组成，电工用尖嘴钳的材质一般由 45# 钢制作，类别为中碳钢。含碳量 0.45%，韧性硬度都合适。

钳柄上套有额定电压 500 V 的绝缘套管，是一种常用的钳形工具，主要用来剪切线径较细的单股与多股线，以及给单股导线接头弯圈、剥塑料绝缘层等，能在较狭小的工作空间操作，它是电工（尤其是内线器材等装配及修理工作）常用的工具之一，如图 4-52 所示。

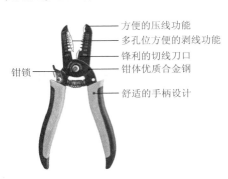
方便的压线功能
多孔位方便的剥线功能
锋利的切线刀口
钳锁
钳体优质合金钢
舒适的手柄设计

图4-50　闭合的剥线钳　　　图4-51　剥线钳功能分区　　　图4-52　尖嘴钳

4.2.6　螺钉旋具

螺钉旋具是一种用来拧转螺丝工具，通常有一个薄楔形头，可插入螺帽的槽缝或凹口内，主要有一字（负号）和十字（正号）两种。常见的还有六角螺钉旋具，包括内六角和外六角两种。

1.　螺钉旋具分类

从结构上来分，常见的有以下几种：

直形：这是最常见的一种。头部型号有一字、十字、米字、T 型（梅花型）、H 型（六角）等，如图 4-53 所示。

L 形：多见于六角螺钉旋具，利用其较长的杆来增大力矩，从而更省力，如图 4-54 所示。

T 形：汽修行业应用较多，如图 4-55 所示。

图4-53　直型螺钉旋具　　　图4-54　L形螺钉旋具　　　图4-55　T形螺钉旋具

2.　螺钉旋具使用方法

（1）将螺钉旋具拥有特化形状的端头对准螺帽凹坑，固定，然后开始旋转手柄。

（2）根据规格标准，顺时针方向旋转为嵌紧；逆时针方向旋转则为松出。

（3）一字螺钉旋具可以应用于十字螺丝。但十字螺丝拥有较强的抗变形能力，不能用于一字螺丝。

4.2.7　测电笔

测电笔也称试电笔，简称"电笔"，是电工的必需品，用于测量物体是否带电。

1.　测电笔分类

1）按照测量电压的高低分

高压测电笔：用于 10 kV 及以上项目作业时用，为电工的日常检测用具，如图 4-56 所示。

低压测电笔：用于线电压 500 V 及以下项目的带电体检测，如图 4-57 所示。

弱电测电笔：用于电子产品的测试，一般检测电压为 6 V ~ 24 V。为了便于使用，电笔尾部常带有一根带夹子的引出导线，如图4-58所示。

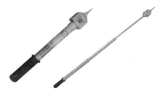

图4-56　高压测电笔

图4-57　低压测电笔

图4-58　弱电测电笔

2）按照接触方式分

接触式测电笔：通过接触带电体，获得电信号的检测工具。通常形状有一字螺钉旋具式，兼测电笔和一字螺钉旋具用；数显式，直接在液晶窗口显示测量数据，如图4-59和图4-60所示。

感应式测电笔：采用感应式测试，无须物理接触，可检查控制线、导体和插座上的电压或沿导线检查断路位置，可以极大限度地保障检测人员的人身安全，如图4-61所示。

图4-59　螺钉旋具式测电笔

图4-60　数显式测电笔

图4-61　感应式测电笔

2. 测电笔的用途

可以用来进行低压核相，测量线路中任何导线之间是否同相或异相；可以用来判别交流电和直流电；可以判断直流电的正、负极；可用来判断直流是否接地。

3. 注意事项

（1）使用试电笔之前，首先要检查试电笔中有无安全电阻，再直观检查试电笔是否有损坏，有无受潮或进水，检查合格后才能使用。

（2）使用试电笔时，不能用手触及试电笔前端的金属探头。

（3）使用螺钉旋具式试电笔时，一定要用手触及试电笔尾端的金属部分。

（4）使用螺钉旋具式试电笔测量电气设备是否带电之前，先要找一个已知电源测一测试电笔的氖泡能否正常发光，能正常发光才能使用。

4.3　典型案例：西元智能照明系统实训装置

4.3.1　典型案例简介

为了使读者快速地认识和了解智能家居系统工程常用器材和工具，现以智能照明系统实训装置为典型案例，介绍工程中常用的照明器材和工具。图4-62和图4-63所示为智能照明系统实训装置的正面和背面图，该产品为机柜式开放结构，立式操作，产品正面安装有照明设备和多种开关，背面为储物柜，可存放相关工具和资料。

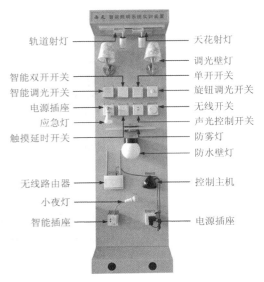

图4-62 智能照明系统实训装置图（正面） 图4-63 智能照明系统实训装置图（背面）

西元智能照明系统实训装置安装有智能遥控主机、无线路由器、智能开关、传统开关、灯箱、配套灯具等。

西元智能照明系统实训装置的技术规格与参数如表4-3所示。

表4-3 西元智能照明系统实训装置的技术规格与参数

序 号	类 别	技术规格		
1	产品型号	KYZNH-541	外形尺寸	长600，宽400，高2 000（mm）
2	产品重量	50 kg	电压/功率	220 V/400 W
3	实训人数	每台设备能够满足2～4人同时实训		

4.3.2 西元智能照明系统实训装置主要配置器材

1. 智能遥控主机
智能遥控主机是整个照明控制系统的大脑，具有多种功能。

2. 无线路由器
无线路由器供电电压为DC 9 V，网络接口为1WAN口+4LAN口。

3. 智能开关
智能开关2个，分别为智能双开开关、智能调光开关、无线开关。

（1）智能双开开关。智能双开开关外形尺寸为86 mm×86 mm，可嵌入安装在86型底座上，工作电压为AC 220 V，该开关为双路双键触摸式开关，可外接两路灯具，在本装置中只应用了一路，用于外接轨道射灯，另一路作为备用。

（2）智能调光开关。智能调光开关外形尺寸为86 mm×86 mm，可嵌入安装在86型底座上，工作电压为AC 220 V，该开关为单路三键触摸式开关，可外接一组灯具，3个按键分别为加强亮度按键、减弱亮度按键和开关按键，在本装置中外接调光壁灯。

4．无线开关

无线开关包括发射器和执行器，发射器的外形尺寸为86 mm×86 mm，可嵌入安装在86型底座上，自发电供电，执行器的外形尺寸为66 mm×38 mm，通过螺栓固定在灯箱内部，工作电压为AC 220 V。

5．传统开关

传统开关4个，分别为旋钮调光开关、单开开关、触摸延时开关、声光控制开关。

（1）旋钮调光开关。旋钮调光开关的外形尺寸为86 mm×86 mm，可嵌入安装在86型底座上，工作电压为AC 220 V，调光旋钮开关通过旋转调节旋钮来调节灯光的亮度，在本装置中外接调光壁灯。

（2）单开开关。单开开关的外形尺寸为86 mm×86 mm，可嵌入安装在86型底座上，工作电压为AC 220 V，该开关为单路单键按压式，可外接一路灯具，在本装置中外接天花射灯。

（3）触摸延时开关。触摸延时开关的外形尺寸为86 mm×86 mm，可嵌入安装在86型底座上，工作电压为AC 220 V，该开关为感应式开关，可外接一路灯具，在本装置中外接防水壁灯。

（4）声光控制开关。声光控制开关的外形尺寸为86 mm×86 mm，可嵌入安装在86型底座上，工作电压为AC 220 V，该开关是通过声音和光照度控制的开关，一般应用在楼道中，在本装置中外接防雾灯。

6．灯箱1个

灯箱的整体尺寸为600 mm×400 mm×100 mm，主体呈封闭式箱体全钢结构。灯箱正面镂空，安装有半透明亚克力玻璃。下底面留有2个φ8孔，一个φ25穿线孔，用于轨道射灯的安装和布线，3个φ70的孔，用于安装天花射灯。上顶面设有3个φ6孔，用于安装灯管管卡，灯箱左右侧面各设有2个φ8孔，用于安装亚克力固定板。

7．照明灯具

照明灯具共计11个，分别为3个天花射灯、2个轨道射灯、2个调光壁灯、1个防水壁灯、防雾灯、1个夜灯、1个应急灯、灯箱照明灯1个。

（1）天花射灯。天花射灯的工作电压为AC 220 V，额定功率为3 W，因其散热性能较好，可用于室内客厅顶部装饰和照明。

（2）轨道射灯。轨道射灯的工作电压为AC 220 V，额定功率为5 W，根据需要照明的区域，可在轨道内移动射灯的位置，可用于储物柜、衣柜等内部照明。

（3）调光壁灯。壁灯的灯泡为LED可调光型，工作电压为AC 220 V，额定功率为3 W，可用于室内装饰和照明。

（4）防水壁灯。防水壁灯的工作电压为AC 220 V，额定功率为3 W，灯罩具有防水防雨的功能，可用于室外装饰和照明。

（5）防雾灯。防雾灯的工作电压为AC 220 V，额定功率为8 W，防水雾且透光性强，节能环保，可用于室内水汽较多的区域。

（6）小夜灯。小夜灯的工作电压为AC 220 V，额定功率为3 W，灯光亮度微弱，适用于晚上照明。

（7）应急灯。应急灯的工作电压为AC 220 V，额定功率为3 W，在正常通电情况下，应急灯边放电发光边充电，断电时，应急灯灯光亮度减弱，持续放电，直至电量耗尽，可用于突然停电时的应急照明。

（8）灯箱照明灯。灯箱照明灯的工作电压为 AC 220 V，额定功率为 8 W，嵌入安装在灯箱内部，该照明灯为一体化灯管，可用于小型办公区域的装饰和照明。

8. 插座

插座共计 3 个，分别为 1 个智能插座和 2 个普通插座。

（1）智能插座。智能插座的外形尺寸为 86 mm × 86 mm，工作电压为 AC 220 V，可嵌入安装在 86 型底座上，将智能插座添加到移动终端客户端中，就可通过移动终端来控制插座的通断。

（2）普通插座。该插座的工作电压为 AC 220 V，其中一个插座用于给无线路由器和智能遥控主机供电，另一个用于插接应急灯。

4.3.3　西元智能照明系统实训装置特点

（1）环境联动。本系统集成了照明行业的先进技术和产品，具有行业代表性，真实搭建照明网络环境，实现照明系统各设备的联动。

（2）全面演示。本产品精选了照明系统常用的各类控制开关，全面演示照明系统的原理与功能。

（3）软硬结合。本系统不仅有照明安装与接线实训，也有软件的现场配置与调试实训。

（4）真实工程。本系统搭建了典型的照明系统，真实工程实践环境，使学生全面掌握工程技术。

（5）拓展教学。设备具有可重复拆卸性，同时设备具有良好的可拓展性，根据实际需求进行产品的拓展与延伸，可与实训墙结合起来，进行工程安装与调试，以方便教学与实训。

（6）工学结合。本产品既可作为展示型产品，也可作为实训型产品，方便学生在认识设备的同时学习各种设备安装与调试方法。

（7）功能多样。本系统既可以单独作为一个系统使用，也可以和智能家居系统中其余子系统搭配使用，模拟更多的场景空间，增加了更多的实训内容。

4.3.4　西元智能照明系统实训装置功能实训与课时

西元智能照明系统实训装置具有如下 4 个实训项目，8 个课时：

实训 18：智能照明系统原理认知与实操（1 课时）

实训 19：智能照明系统器材认知（2 课时）

实训 20：智能照明系统设备安装与布线实训（3 课时）

实训 21：智能照明系统软件调试实训（2 课时）

4.4　实　　　训

实训18　智能照明系统原理认知与实操

1. 实训目的

快速认知照明系统中各控制模块的工作原理并实操体验。

2. 实训要求和课时

（1）对照系统原理图和实物图，进行模块划分。

（2）能够独立操作控制智能照明系统。

（3）2人1组，1课时完成。

3．实训设备

西元智能照明系统实训装置，型号KYJJ-541。

4．实训步骤

1）无线开关控制模块原理图的认知

无线开关控制模块主要包括发射器、执行器和灯箱照明灯。

执行器的输入端接入220V市电，输出端接入灯箱照明灯，通电后按下执行器的配对按键约1s，配对指示灯闪烁表示设备处于配对状态，此时快速按下发射器对应按键，配对指示灯快速闪烁4次，配对成功。配对完成后，可通过发射器发出的射频信号控制灯管的开和关。图4-64所示为无线开关控制模块原理图。

2）传统有线开关控制模块原理的认知

传统有线开关控制模块主要包括单开开关、旋钮调光开关、触摸延时开关、声光控制开关、天花射灯、调光壁灯、防水壁灯、防雾灯。图4-65所示为传统有线开关控制模块原理图。

（1）单开开关连接天花射灯，通过开关按键控制天花射灯的开和关。

（2）旋钮调光开关连接调光壁灯，通过调光旋钮控制调光壁灯的亮度和开关。

旋钮调光开关工作原理：调光开关是通过调整内部电阻阻值的大小来控制通过负载的电压，从而控制灯的亮度。它的基本的原理通过可控硅控制电压的大小，经手动调节电位器改变可控硅的导通程度，使流经负载的电压发生变化。

（3）触摸延时开关连接防水壁灯，通过触摸该开关的触摸感应区，点亮防水壁灯，延时1mm后开关自动断电，防水壁灯熄灭。

触摸延时开关工作原理：触摸延时开关的按钮内有一个金属感应片，人触摸按钮后就产生一个电流信号触发三极管导通，对内部电容充电，电容形成一个电压使灯泡发光；当手撤离后，即停止对电容充电，电容将储存的电能放完后，灯泡熄灭。

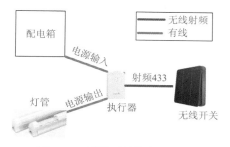

图4-64　无线开关控制原理图

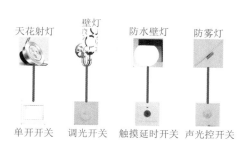

图4-65　有线开关控制原理图

（4）声光控制开关连接防雾灯，通过声音和光照强度控制所接灯具，当光照的强度低于设定光照值，且环境的噪声超过设定值时，开关开启，防雾灯点亮，延时1mm后会自动断开，防雾灯熄灭。

声光控制开关工作原理：声光控制开关主要由声控开关、光控开关、延时电路三部分组成。声控是通过驻极体话筒采集声音，并产生脉冲信号，光控由光敏电阻控制，光敏电阻在有光和无光的状态下产生电阻差，利用阻值差产生高低电平，通过逻辑器件控制电路，延时电路是由电阻和电容组成的充电电路，通过电容的充电和放电来实现延时功能。

3）智能开关控制模块原理的认知

智能开关控制模块主要包括智能遥控主机、无线路由器、智能手机、智能插座、智能双开开关、智能调光开关、小夜灯、轨道射灯、调光壁灯。图4-66所示为智能开关控制模块的原理图。

无线路由器为整个控制系统搭建网络环境，作为连接智能遥控主机和移动终端的媒介，智能双开开关、智能调光开关通过无线射频信号连接到智能遥控主机，通过电源线分别连接轨道射灯、调光壁灯，将智能插座、智能双开开关、智能调光开关

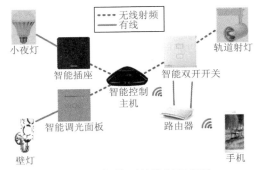

图4-66　智能开关控制原理图

添加到移动终端客户端中，对开关的按键进行功能设置，可通过移动终端远程控制轨道射灯和调光壁灯，也可在客户端中查看当前设备的工作状态。

智能插座输入端接入220 V市电，输出端插接小夜灯，将智能插座添加到移动终端客户端中，可通过控制插座电源的通断来控制小夜灯的亮灭，也可在客户端中查看智能插座的工作状态。

4）实操体验

分别操作无线开关控制模块、传统开关控制模块、智能开关控制模块，体验本地开关控制和移动终端远程控制，加深对各模块工作原理图的理解。

5．实训报告

（1）描述无线开关控制模块、传统开关控制模块、智能开关控制模块的工作原理，并绘制出系统原理图。（参考图4-64 ~ 图4-66）

（2）描述各个系统所包括的器材设备。（参考"步骤（1）~ 步骤（3）"）

（3）选择 1-2 个模块，给出开关和灯具的对应关系。（参考"步骤（1）~ 步骤（3）"）

（4）描述智能照明系统的操作体验感受。

（5）给出两张实际操作照片，其中 1 张为本人出镜照片。

实训19　智能照明系统器材认知

1．实训目的

快速认知智能照明系统各个器材的名称、功能、技术参数。

2．实训要求和课时

（1）了解各种开关的工作原理和接线方式。

（2）2 人 1 组，2 课时完成。

3．实训设备

西元智能照明系统实训装置，型号 KYJJ-541。

4．实训步骤

1）无线开关控制模块的器材认知

无线开关控制模块包括发射器、执行器、灯箱照明灯。

（1）发射器。图4-67 所示为发射器，外形尺寸为 86 mm × 86 mm，可通过螺栓嵌入安装在 86 型底座上，该发射器为按压式自发电，遥控距离为 120 m（空旷无屏蔽），与执行器搭配使用。

（2）执行器。图 4-68 所示为执行器，外形尺寸为 66 mm × 38 mm，可通过螺栓固定在灯箱内部，执行器的工作电压为 AC 220 V，遥控距离为 120 m（空旷无屏蔽）。

（3）灯箱照明灯。图 4-69 所示为灯箱照明灯，LED 光源，节能护眼，工作电压为 AC 220 V，额定功率为 8 W。

图4-67　发射器　　　　图4-68　执行器　　　　图4-69　灯箱照明灯

2）传统开关控制模块的器材认知

传统开关控制模块包括单开开关、调光旋钮开关、触摸延时开关、声光控制开关、天花射灯、调光壁灯、防水壁灯、防雾灯。

（1）单开开关。图 4-70 所示为单开开关，外形为 86 mm × 86 mm，额定电压为 AC 220 V，额定电流 10 A。开关背面有两路接线柱，分别为 L 和 L1，L 为相线进，接电源相线；L1 为相线出，接灯具相线。

（2）触摸延时开关。图 4-71 所示为触摸延时开关的正面图，外形尺寸为 86 mm × 86 mm，额定电压为 AC 220 V。开关背面有两路接线柱 L 和 L1，L 为相线进，接电源相线；L1 为相线出，接灯具相线。

注意：接负载时，要求白炽灯功率小于等于 100 W，节能灯功率小于等于 60 W。

（3）声光控制开关。图 4-72 所示为声光控制开关的正面图，外形尺寸为 86 mm × 86 mm，额定电压为 220 V，开关背面有两路接线柱 L 和 L1，L 为相线进，接电源相线；L1 为相线出，接灯具相线。

注意：外接负载时，要求白炽灯功率小于等于 100 W，节能灯功率小于等于 60 W。

（4）旋钮调光开关。图 4-73 所示为旋钮调光开关的正面图，外形尺寸为 86 mm × 86 mm，额定电压为 220 V，接线图如图 4-60 所示，开关背部有两路接线柱 A 和 L，L 为相线进；接电源相线，A 为相线出，外接负载。

图4-70　单开开关　　图4-71　触摸延时开关　　图4-72　声光控制开关　　图4-73　旋钮调光开关

（5）天花射灯。图 4-74 所示为天花射灯，工作电压为 220 V，额定功率为 3 W，一般嵌入安装在顶部，在本装置中实际嵌入安装在机柜顶部，用于顶部照明。

（6）调光壁灯。图 4-75 所示为调光壁灯，额定电压为 220 V，额定功率为 3 W，吸壁安装，本装置实际安装在机柜上部。

（7）防水壁灯。图 4-76 所示为防水壁灯，工作电压为 AC 220 V，额定功率为 3 W，具有防水防雨的功能。安装在设备的中部。

（8）防雾灯。图 4-77 所示为防雾灯，工作电压为 220 V，额定功率为 3 W，具有透光性强、防水雾、防潮防湿、节能环保的特性。

图4-74　天花射灯　　　图4-75　调光壁灯　　图4-76　防水壁灯　　　　图4-77　防雾灯

3）智能开关控制模块的器材认知

智能开关控制模块主要包括智能遥控主机、无线路由器、智能手机、智能插座、智能双开开关、智能调光开关、小夜灯、轨道射灯、调光壁灯。

（1）智能遥控主机。图 4-78 所示为智能遥控主机，是整个照明控制模块的大脑，具有以下功能。

①网络遥控：支持 Wi-Fi、3G、4G 网络信号，可实时远程遥控。

②无线遥控：支持红外和射频信号，信号传输稳定且覆盖面广。

③定时预约：对各种智能开关和智能灯具进行定时开关设置，合理规划家庭照明。

④场景设置：可设置多种场景模式，一键联动。

（2）无线路由器。图 4-79 所示为无线路由器，其供电电压为 DC 9 V，网络接口为 1WAN 口 +4LAN 口。作为系统的传输设备，向外发射无线信号，同时也是连接智能遥控主机和远程控制端的媒介。

智能插座通过无线射频信号连接到智能遥控主机，智能手机通过无线路由器搭建的网络环境与智能遥控主机连接，用智能手机将智能插座添加到移动终端客户端中，即可通过智能手机来控制插座的通断。

（3）智能双开开关。图 4-80 所示为智能双开开关，外形尺寸为 86 mm × 86 mm，可嵌入安装在 86 型底座上，工作电压为 AC 220 V，开关背部有两路接线柱，分别为相线进和相线出，相线进接 220 V 市电的相线，相线出接灯具的相线。

智能双开开关通过无线射频信号连接到智能遥控主机，移动终端通过无线路由器搭建的网络环境与智能遥控主机连接，将智能双开开关添加到移动终端客户端中，即可通过移动终端机来控制灯具的开和关。

（4）智能调光开关。图 4-81 所示为智能调光开关，外形尺寸为 86 mm × 86 mm，可嵌入安装在 86 型底座上，工作电压为 AC 220 V，开关背部有两路接线柱，分别为相线进和相线出，相线进接 220V 市电的相线，相线出接灯具的相线。

图4-78　智能遥控主机　　图4-79　无线路由器　　图4-80　智能双开开关　　图4-81　智能调光开关

智能调光开关通过无线射频信号连接到智能遥控主机，移动终端通过无线路由器搭建的网络环境与智能遥控主机连接，将智能调光开关添加到移动终端客户端中，就可通过移动终端来控制所接灯具的亮度和开关。

（5）智能插座。图4-82所示为智能插座，外形尺寸为 $86\,mm \times 86\,mm$，工作电压为 $AC\,220\,V$，可嵌入安装在86型底座上，插座背面有3路接线柱，分别为地线、中性线、相线，分别与电源的地线、中性线、相线连接。

（6）小夜灯。图4-83所示为小夜灯，工作电压为 $AC\,220\,V$，额定功率为 $3\,W$，灯光亮度微弱，适用于晚上照明，将夜灯插在智能插座上，通过智能手机控制智能插座的通断来控制夜灯的开和关。

（7）轨道射灯。图4-84所示为轨道射灯，也称 LED 导轨灯，额定电压为 $220\,V$，采用优质 LED 光源，环保节能。

图4-82   智能插座   图4-83   小夜灯   图4-84   轨道射灯

5. 实训报告

（1）描述 3～4 个开关的外形尺寸、安装方式、工作电压、功能。

（2）描述 3～4 个灯具的名称以及特点。

（3）描述触摸延时开关、声光控制开关、旋钮调光开关的工作原理。（参考"2）传统开关控制模块的器材认知"）

（4）绘制 2～3 个开关的接线图。

实训20   智能照明系统设备安装与布线实训

1. 实训目的
掌握智能照明系统的硬件安装与布线。

2. 实训要求和课时

（1）检查智能照明系统实训装置的安装及线路正确无误。

（2）2人1组，3课时完成。

3. 实训设备和工具

1）实训设备
西元智能照明系统控制模块实训装置，型号 KYJJ-541。

2）实训工具
西元物联网工具箱，产品型号 KYGJX-51，本实训用到的工具有十字螺钉旋具、一字螺钉旋具。

4. 实训步骤

（1）将器材分别安装到设计位置。

建议教师指定或学生自主选择 3～4 个器材进行安装。以下为部分器材安装图，图 4-85 所示为路由器安装图，图 4-86 所示为智能遥控主机安装图，图 4-87 所示为旋钮调光开关安装图，

图4-88所示为天花射灯安装图。

图4-85　路由器安装　图4-86　智能遥控主机安装　图4-87　旋钮调光开关安装　图4-88　天花射灯安装

（2）电源接线与布线。鉴于电源接线与布线需要持证电工才能安装，西元智能照明系统实训装置已将全部电源线接好并且布线。图4-89所示为内部布线图。

实训时，请教师首先详细介绍电源线的布线路由、线缆规格，然后指导学生安装开关面板，或者应急灯插头直接插到电源插座上，实现给设备供电。

5．实训报告

（1）描述安装器材的安装方法和实际操作感受。

（2）根据提供的线标绘制布线图。（参考图4-89）

（3）总结布线方法。

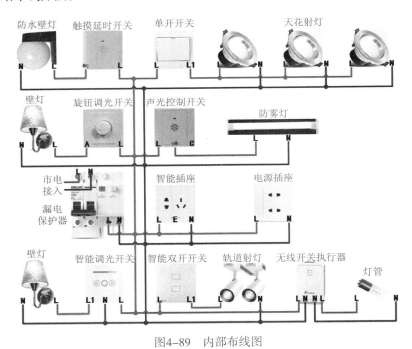

图4-89　内部布线图

实训21　智能照明系统软件调试实训

1．实训目的

掌握智能照明移动终端客户端的调试方法。

2．实训要求和课时

（1）检查智能照明系统实训装置的线路正确无误。

（2）保证线路完整正确后，上电调试。

（3）2人1组，3课时完成。

3. 实训设备、材料和工具

西元智能照明系统实训装置，型号 KYJJ-541。

4. 实训步骤

1）智能照明设备添加说明（本节采用"智慧星"APP 进行说明）

（1）添加智能遥控主机。连接 Wi-Fi，打开下载好的客户端，点击图 4-90 中的"添加设备"按钮，出现图 4-91 所示的界面；点击"智能遥控"按钮，出现图 4-92 所示的界面；选择当前所用的遥控主机，如图 4-93 所示，点击"下一步"按钮，当配置进度显示为 100%，配置完成。

（2）添加插座。在添加设备界面选择插座类型，出现图 4-94 所示的界面；选择完成后进行插座添加，根据手机端软件界面操作提示，按照步骤操作即可完成添加。

（3）添加智能开关。在添加设备界面选择开关类型，出现图 4-95 所示的界面，选择完成后进行开关添加，根据手机端软件界面操作提示，按照步骤操作即可完成添加。

（4）添加场景。点击 APP 主页面下部的"场景"图标，出现图 4-96 所示的界面；点击"+"按钮，可进行各类场景的添加，如图 4-97 所示。

图4-90　主页面

图4-91　添加设备

图4-92　智能遥控选择

图4-93　添加智能遥控

图4-94　选择插座

图4-95　选择开关

图4-96　添加场景

图4-97　自定义场景

2）智能调光开关操作说明

（1）遥控器对码。按下智能调光面板的两个调光键约3 s，待背景灯闪烁时，按下遥控器上的"ON/OFF"按钮的触摸调光面板"▶"按钮，随后按下遥控器上的"▶"按钮，对码调大亮度，触摸调光面板"◀"按钮，随后按下遥控器上的"◀"按钮，对码调低亮度，至此，对码完成。

（2）添加遥控器。在图4-98中点击智能控制主机的图标，出现图4-99所示的界面；点击"灯"按钮，弹出图4-100所示的界面；选择灯的品牌，这里选择"找不到我的品牌，立即学习遥控器"，出现图4-101所示的界面；编辑灯的名称，此处编辑的名称为"调光灯"，编辑完成后点击"完成"按钮。

（3）按键功能设置。在图4-102中选择要设置功能的按键，例如设置"开"按钮功能；点击"开"按钮，出现图4-103所示的界面；点击"射频遥控"按钮，出现图4-104所示的界面，进行遥控器匹配，将遥控器对准智能遥控主机并按住"ON/OFF"按钮，等待智能遥控主机接收遥控信号，接收完毕即学习成功，如图4-105所示。

（4）参考（3）完成"关""调亮""调暗"3个按钮的设置，设置完成后，可通过智能手机控制调光灯的开关和亮度调节。

图4-98　添加遥控器

图4-99　点击"灯"按钮

图4-100　选择品牌

图4-101　编辑名称

图4-102　选择按键

图4-103　选择遥控

图4-104　匹配遥控器

图4-105　学习成功

3）智能照明设备操作说明

（1）点击图4-106所示页面上的"插座"按钮，出现图4-107所示的界面；点击图中的"模拟开关"按钮，可控制插座的电源通断；当关闭插座时，按钮显示"OFF"，当打开插座时，按钮显示"ON"。

（2）点击图4-106所示页面上的"开关"按钮，出现图4-108所示的界面；点击图中的"模拟开关"按钮，支持单路单独开关操作，也支持双路同时开关操作。

（3）点击场景页面上的已完成设置的场景图标，出现图4-109所示的界面，可进行已设置场景的执行。

5. 实训报告

（1）给出添加智能遥控主机、智能插座、智能双开开关的操作步骤。（参考"1）智能照明设备添加说明"）

（2）给出遥控器对码、添加遥控器、遥控按键功能设置的操作步骤。（参考"2）智能调开关操作说明"）

（3）独立添加2组场景模式并切换场景。（参考"3）智能照明设备操作说明"）

（4）描述实操的感受。

图4-106 设备显示页面

图4-107 插座控制

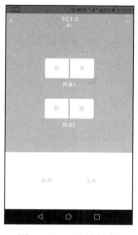
图4-108 开关控制

图4-109 场景控制

习　　题

一、填空题（10题，每题2分，合计20分）

1. 电源适配器是专门为小型电子电器供电的设备，其作用就是_____，提供电子电器工作需要的_____。（参考 4.1.1 节的知识点）

2. 智能遥控主机为_____设备，主要用于_____的接收与转发。（参考 4.1.1 节的知识点）

3. 智能网关是实现_____的主要设备，具有_____功能，能把外部所有的通信信号转化成无线信号。（参考 4.1.1 节的知识点）

4. 路由器是一种计算机网络设备，又称_____，它能将数据包通过一个个网络传送至目

的地，这个过程称为_____。（参考 4.1.1 节的知识点）

5. 智能灯泡是一种新的灯泡产品，采用_____技术，将_____模块嵌入到节能灯泡。（参考 4.1.1 节的知识点）

6. 智能电饭煲的工作原理是利用_____，控制加热器件的温度，精准地对锅底温度进行_____。（参考 4.1.2 节的知识点）

7. 电热水器按加热功率大小可分为_____和_____。（参考 4.1.2 节的知识点）

8. 入侵报警系统的设备一般包括_____和_____。（参考 4.1.3 节的知识点）

9. 电动窗帘是通过_____来控制窗帘开合动作的，从安装位置上分为_____。（参考 4.1.4 节的知识点）

10. 智能家居系统中用到的仪表螺钉旋具是由 3 把不同规格的十字和 3 把不同规格的一字螺钉旋具组成的套装，主要用于_____以及_____。（参考 4.2.3 节的知识点）

二、选择题（10题，每题3分，合计30分）

1. 智能遥控主机通过（　　）将接收到的信号转发给相应的（　　），实现信号的集中接收与转发。（参考 4.1.1 节的知识点）

A. 内置转发器　　B. 前端设备　　C. 终端设备　　D. 传输设备

2. 路由器是连接因特网中各局域网、广域网的设备，它会根据信道的情况自动选择和设定路由，以最佳路径，按（　　）发送信号。（参考 4.1.1 节的知识点）

A. 特定顺序　　B. 自动方式　　C. 前后顺序　　D. 主从顺序

3. 智能开关是指利用控制板和（　　）的组合与编程，实现电路智能开关控制的单元。（参考 4.1.1 节的知识点）

A. 控制回路　　B. 执行器　　C. 控制器　　D. 电子元器件

4. 智能插座的主要特性是（　　），因此大量应用于家用及办公电器。（参考 4.1.2 节的知识点）

A. 节能、安全　　B. 节能、稳定　　C. 安全、稳定　　D. 安全、可控

5. 家用加湿器多选用（　　）和（　　）两种技术。（参考 4.1.2 节的知识点）

A. 超声波　　B. 次声波　　C. 独立型　　D. 纯净型

6. 智能摄像机在未来将演变出高精度（　　）摄像机和依托后端支撑的（　　）摄像机。（参考 4.1.3 节的知识点）

A. 专业型　　B. 工业类　　C. 家用类　　D. 通用类

7. 按通信方式来分，智能门禁控制器分为（　　）。（参考 4.1.3 节的知识点）

A. 485联网门禁控制器　　B. 单门门禁控制器
C. TCP/IP网络门禁控制器　　D. 多门门禁控制器

8. 报警探测器是由（　　）和信号（　　）组成。（参考 4.1.3 节的知识点）

A. 传感器　　B. 报警器　　C. 探测器　　D. 处理器

9. 下列（　　）不属于电烙铁分类中的任何一类。（参考 4.2.2 节的知识点）

A. 内热式电烙铁　　B. 外热式电烙铁　　C. 变温电烙铁　　D. 恒温电烙铁

10. 按测量电压高低来分，测电笔不包括（　　）。（参考 4.2.7 节的知识点）

A. 强电测电笔　　B. 高压测电笔　　C. 低压测电笔　　D. 弱电测电笔

三、简答题（5题，每题10分，合计50分）

1. 简述路由器在不同领域的应用。（参考4.1.1节的知识点）

2. 智能开关主要分为哪几类？并给出人体红外开关的工作原理。（参考4.1.1节的知识点）

3. 简述智能锁的应用。（参考4.1.3节的知识点）

4. 智能家居系统工程常用器材有哪些？（参考4.1节的知识点）

5. 智能家居系统工程常用工具有哪些？并简要说明这些工具的作用。（参考4.2节的知识点）

单元 5

智能家居系统工程设计

本单元重点介绍了智能家居系统工程的设计原则、设计任务、设计方法等内容。

学习目标：

- 熟悉智能家居系统工程的相关设计原则、具体设计任务和设计要求。
- 掌握智能家居系统工程各子系统的主要设计方法和内容，包括照明系统、家电系统、安防报警系统、环境监测系统和影音系统等。

5.1 智能家居系统设计原则和流程

5.1.1 智能家居系统设计原则

1. 实用性

智能家居系统最基本的目标是为人们提供一个舒适、安全、方便和高效的生活环境。对智能家居产品来说，最重要的是以实用为核心，抛弃华而不实与摆设功能，产品应以实用性、易操作和人性化为主。

在设计智能家居系统时，应根据用户对智能家居功能的需求，整合当时最实用最基本的控制功能，包括智能家电控制、智能灯光控制、环境控制、安防监控、背景音乐、家庭影院等，同时还可以拓展到三表抄送、视频点播等服务。

2. 便利化

智能家居系统的控制方式丰富多样，主要包括本地控制、集中控制、遥控器控制、手机远程控制、感应控制、网络控制、定时控制等，其目的就是让人们摆脱烦琐的事务，提高效率，如果操作过程和程序设置过于烦琐，容易让用户产生排斥心理。因此，在设计智能家居系统时一定要充分考虑到用户体验，注重操作的便利化和直观性，最好能采用图形图像化的控制界面，让操作简洁明了。

3. 稳定性

智能家居系统的稳定性主要包括分控模块的产品稳定、系统运行的稳定、线路结构的稳定、集成功能的稳定、运行时间的稳定等。

智能家居各个子系统需要满足 24 小时运转，设计人员对系统的安全性、可靠性和容错能力必须予以高度重视，对各个子系统在电源、系统备份等方面采取相应的容错措施，保证系统正常安全使用，并且保证系统具备应付各种复杂环境变化的能力。

4. 标准性

智能家居系统方案的设计应依照国家和地区的有关标准进行，确保系统的扩充性和扩展性，在信息传输上保证不同品牌之间系统兼容与互联。

系统的前端设备应是多功能的、开放的、可以扩展的设备。如系统主机、终端与模块采用标准化接口设计，为智能家居系统外部厂商提供集成的平台，设计选用的系统和产品能够使本系统与未来不断发展的第三方受控设备通信。

5. 方便性

布线安装的合理性直接关系到成本、可扩展性、可维护性的问题，一定要选择布线简单的系统，施工时可与小区宽带一起布线，应选择容易学习掌握、操作简单和维护方便的设备。

智能家居系统的安装、调试与维护的工作量非常大，设计时应充分保证系统便于安装与调试。例如系统具有通过 Internet 远程调试与维护功能，通过网络不仅满足住户实现远程控制，也能实现运维人员远程检查系统的工作状况，对系统故障进行诊断，方便系统的应用与维护，提高了响应速度，降低了维护成本。

6. 扩展性

在满足用户当前需求的前提下，设计时应充分考虑技术发展的趋势，首先在技术上保持先进性和适度超前，然后注重采用最先进的技术标准和规范，使整个系统具有更新、扩充和升级的能力。

5.1.2　智能家居系统设计流程

1. 设计准备阶段

（1）接受任务委托书，签订合同或根据标书要求参加投标。

（2）明确设计期限，制订设计计划安排，考虑各种有关工种的配合与协调。

（3）明确设计任务和要求。

（4）熟悉设计的相关规范和标准，收集、分析必要的资料和信息等。

2. 方案设计阶段

在设计准备阶段的基础上，进一步收集、分析、运用与设计任务有关的资料和信息，构思立意，进行初步方案设计以及方案的分析与比较，然后确定初步设计方案，提供设计文件，在初步方案审定后，进行施工图的设计。方案设计步骤如下：

（1）业主需求分析。根据业主需求确定系统功能，不宜追求一步到位，应根据业主实际情况进行系统设计，分步骤选择安装。

（2）了解小区智能化设计与安装情况。如果没有事先了解小区智能化设计与安装情况，有可能出现系统重复安装、产品不配套等现象，或因其他原因导致安装困难。

（3）了解施工环境。依据具体施工环境进行产品选型，当需要设计个性化的智能家居时，可由专人或专业设计公司完成。

3. 施工图设计阶段

补充施工需要的住宅平面图，包括详细尺寸与功能、室内立体图、节点样图、细部大样图、设备管线及设备灯光等强电系统的布线图等，完成施工图纸的设计。

5.2 智能家居总控系统设计施工图集

5.2.1 智能家居总控系统设计施工图集简介

1. 设计依据

（1）GB 50314—2005　智能建筑设计标准。

（2）GB 50339—2013　智能建筑工程质量验收规范。

（3）ISBN7-80177-169-9/TU.086　全国民用建筑工程设计技术措施—电气。

2. 使用范围

本图集适用于新建、扩建和改建的智能化住宅（小区）工程。

3. 编制说明

智能家居控制系统是随着现代通信、计算机网络、自动控制和系统集成等技术的发展而形成的，促进了家居生活的现代化，使居住环境舒适、安全、便利。

智能家居控制系统集家庭网络、照明控制、家电控制、安防监控、影音控制等功能于一体，通过网络构成一个完整的住宅（小区）智能化集中管理控制系统。

本图集包括以下内容：

（1）智能家居控制系统功能、设计原则。

（2）家庭控制器的功能、组成。

（3）家居控制系统，采用公共电话网络、双向有线电视网、以太网、LonWorks、RS-485、无线网等。

（4）家庭控制器与室内设备的连接及系统供电方式。

（5）典型工程案例。

（6）设备安装及线路敷设。

本节主要介绍智能家居控制系统中采用以太网、LonWorks、RS-485、无线网等协议的控制系统相关设计图集。

5.2.2 智能家居总控系统设计图形和文字符号

智能家居总控系统设计图形和文字符号如表 5-1 所示。

表5-1　智能家居总控系统设计图形和文字符号表

序　号	图形和文字符号	名　称
1	HC	家庭控制器
2	HUB	集线器或交换机
3	IP	IP传输模块
4	TCP/IP	TCP/IP路由器
5	LonWorks	LonWorks路由器

续表

序 号	图形和文字符号	名 称
6	DEC	解码器
7	VP	视频分配器
8		楼宇对讲电控锁防盗门主机
9	EL	电控锁
10		天线
11	**RS485**	控制总线标准接口
12	**LonWorks**	一种工业标准

5.2.3 智能家居总控系统相关设计图纸

在智能家居总控系统中，由于通信协议的多样性，在工程设计时，要根据协议特性做相应的设计图，以下为常用的智能家居控制系统图，供读者参考。

图5-1所示为采用无线网的家居控制系统1；图5-2所示为采用无线网的家居控制系统2；图5-3所示为采用以太网的家居控制系统1；图5-4所示为采用以太网的家居控制系统2；图5-5所示为采用RS-485的家居控制系统。

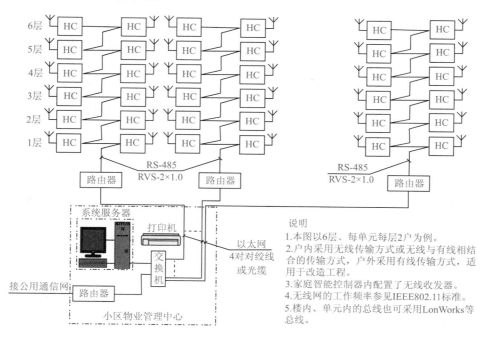

图5-1 采用无线网的家居控制系统1

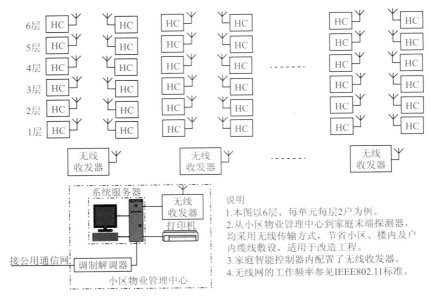

图5-2　采用无线网的家居控制系统2

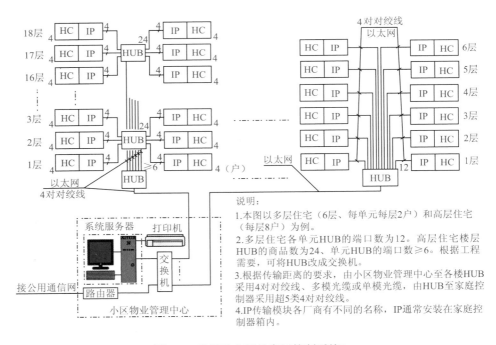

图5-3　采用以太网的家居控制系统1

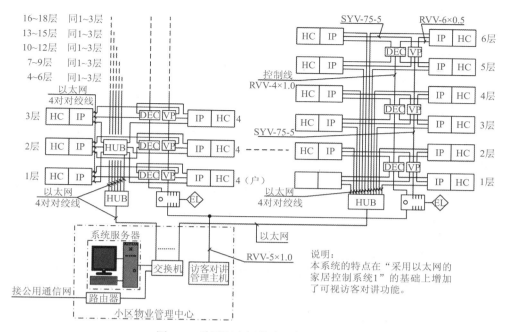

图5-4　采用以太网的家居控制系统2

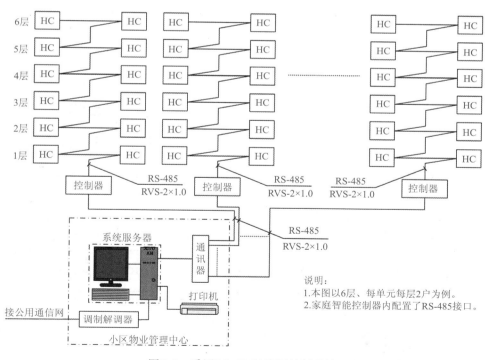

图5-5　采用RS-485的家居控制系统

图5-6所示为采用以太网、RS-485的家居控制系统1；图5-7所示为采用以太网、RS-485的家居控制系统2。

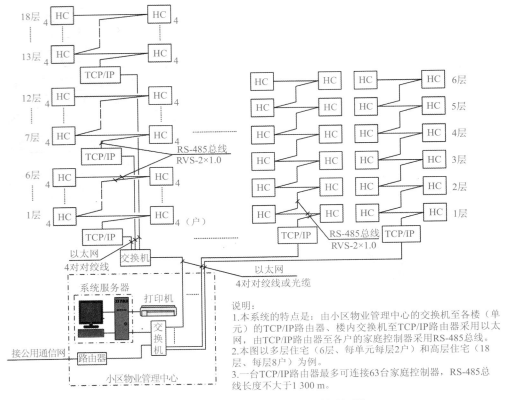

图5-6　采用以太网、RS-485的家居控制系统1

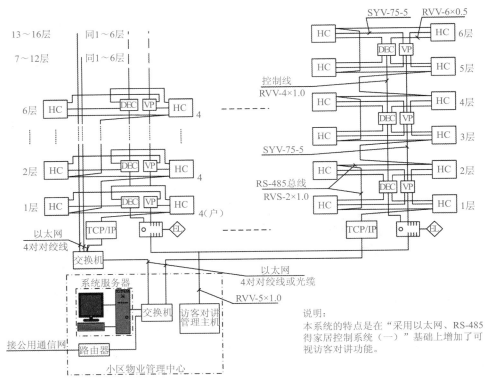

图5-7　采用以太网、RS-485的家居控制系统2

图5-8所示为采用LonWorks的家居控制系统1；图5-9所示为采用LonWorks的家居控制系统2；图5-10所示为采用LonWorks的家居控制系统3。

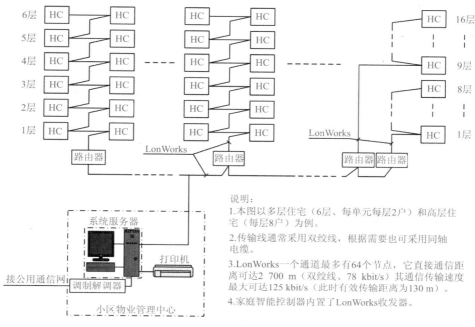

说明：

1.本图以多层住宅（6层、每单元每层2户）和高层住宅（每层8户）为例。

2.传输线通常采用双绞线，根据需要也可采用同轴电缆。

3.LonWorks一个通道最多有64个节点，它直接通信距离可达2 700 m（双绞线、78 kbit/s）其通信传输速度最大可达125 kbit/s（此时有效传输距离为130 m）。

4.家庭智能控制器内置了LonWorks收发器。

图5-8　采用LonWorks的家居控制系统1

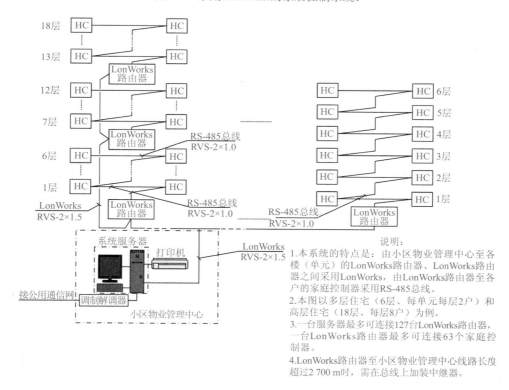

说明：

1.本系统的特点是：由小区物业管理中心至各楼（单元）的LonWorks路由器、LonWorks路由器之间采用LonWorks，由LonWorks路由器至各户的家庭控制器采用RS-485总线。

2.本图以多层住宅（6层、每单元每层2户）和高层住宅（18层、每层8户）为例。

3.一台服务器最多可连接127台LonWorks路由器，一台LonWorks路由器最多可连接63个家庭控制器。

4.LonWorks路由器至小区物业管理中心线路长度超过2 700 m时，需在总线上加装中继器。

图5-9　采用LonWorks的家居控制系统2

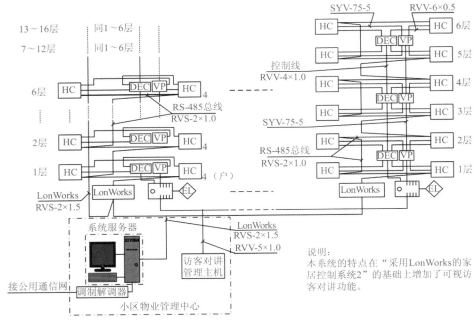

图5-10　采用LonWorks的家居控制系统3

5.3　智能家居系统工程布线设计

智能家居的布线系统就是家居房间内的神经系统，它在各个设备之间传递着各种信号，也是智能家居最基本的系统，其他系统都需要依靠布线系统进行通信和交流。

1. 智能家居布线系统设计原则

（1）综合性。能支持各种数字通信、数据通信、多媒体技术以及信息管理系统，能适应当前和未来 10 ~ 15 年技术发展的基本需求。

（2）模块化。除水平线缆外，系统内所有的插接件均为积木式的标准件，以确保管理和扩展的便利性。

（3）兼容性和扩展性。能兼容众多品牌的多种版本产品，用户也可根据自己的需求对系统进行扩展。

（4）经济性和可靠性。在确保系统具有高可靠性和稳定性的前提下，充分考虑长期的运维费用。

2. 智能家居布线系统设计流程

1）确定智能家居的等级和功能

首先明确智能家居是一般安居性，还是高级住宅或别墅，确定智能家居等级，然后根据住宅等级和用户需求，确定智能家居系统的内容和功能。

2）确定家居布线的等级和系统结构

根据智能家居系统的内容和功能分区，确定布线系统需要支持的系统，根据智能家居的等级和系统，确定智能家居布线系统的等级。

智能家居布线系统主要包括管理间子系统和水平子系统，一般采用星状结构。工作区子系统相对比较复杂，应根据各种应用系统与通信方式，明确布线结构，因此工作区子系统往往会设计成混合式布线结构。对于旧房改造工程来说，首先考虑减少布线，降低工作难度，此时建议优先考虑电力线载波和无线传输等方式。图5-11所示为智能家居布线系统结构图。

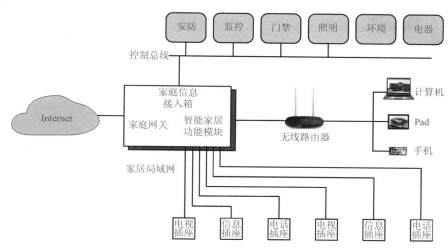

图5-11　智能家居布线系统结构图

3）选择设备

（1）中央控制箱的选择和安装要求。中央控制箱的安装位置、环境应根据实际装修设定，安装不宜过高，一般安装高度为1.8 m。中央控制箱应嵌入墙体，保证横平竖直，箱体与预留洞之间留5～6 mm的间隙，箱内接线应规则、整齐。各个进出线回路应预留足够长度，安装后要将线缆固定牢固，并且做好线标，安装完成后清理箱内杂物。

中央控制箱的功能是由各种功能模块组合实现的，功能模块主要包括网络模块、电话模块、电视模块、影音模块、控制模块等。

（2）网络模块。网络模块主要对进入室内的计算机网络线进行连接，来自房间信息插座的网线应按规定线序端接在配线架模块上，通过RJ-45插孔和RJ-45跳线与网络交换机连接。小型网络交换机宜安装在中央控制箱内。网络模块包括信息端口模块、集线器/交换机、路由器等。

（3）电话模块。电话模块宜采用RJ-45插孔，将运营商进入室内的电话外线再次接续输出，输出口连接至房间的电话插座，再由插座接至电话机。采用RJ-45接口标准4-UTP网络双绞线，既能满足语音需要，也能满足计算机网络需要。

（4）电视模块。电视模块其实是一个有线电视分配器。电视分配器模块由一分四射频分配器构成，电视模块的功能就是将一个有线电视进口分出几路，满足多个房间的需要，也可应用于卫星电视和安全系统。

（5）影音模块。影音模块主要用于家庭影音系统的应用，采用标准的RCA或S音视频插座，将音视频输入信号线接入输入端口，输出信号线接入相应输出端口，实现影音传输与播放功能。

音箱接线模块连接音箱，一般具有夹接功能，方便接线，使音箱位置的配置更灵活方便。

（6）其他模块。ST光纤模块，专门用于光纤到桌面的高速数据通信应用，采用与ST头相匹配的耦合器。图5-12所示为ST耦合器和跳线。

SC光纤模块与ST光纤模块类似，采用与SC头相匹配的耦合器。图5-13所示为SC耦合器和跳线。

图5-12 ST耦合器和跳线

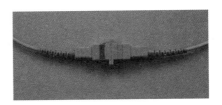

图5-13 SC耦合器和跳线

4）线缆的选择

（1）电源线。在进行家庭电源线敷设方案设计时，要充分考虑家庭用电功率，选择合适的线材。导线的安全载流量是根据线芯所允许的最高温度、冷却条件、敷设条件来确定的。铜导线的安全载流量一般为 5 ~ 8 A/mm²，铝导线的安全载流量一般为 3 ~ 5 A/mm²。

（2）信息传输线缆。智能家居信息传输线缆主要为网络双绞线和同轴电缆，在某些高档住宅中，还会用到各种音视频线，随着光纤到户的日渐成熟，光纤也逐渐成为智能家居布线系统的一员。

智能家居布线系统中用到的网络双绞线与综合布线系统相同，一般选用超 5 类或者 6 类网络双绞线。

智能家居布线系统用到的同轴电缆分为两种，传输数字电视信号的 SYWV 同轴电缆和传输模拟视频信号的 SYV 同轴电缆。

光纤传输具有高宽带、高稳定性的特点，但由于成本较高，且需要较高技能的专业施工人员，目前主要用于小区主干网络和家庭网络接入。图 5-14 所示为非屏蔽双绞线，图 5-15 所示为屏蔽双绞线，图 5-16 所示为同轴电缆。

图5-14 非屏蔽双绞线

图5-15 屏蔽双绞线

图5-16 同轴电缆

5）信息插座的选择

智能家居布线时，信息插座底盒为布线出口和盘线空间。面板安装在底盒上，将网络模块、语音模块、音视频端子等卡装在面板中，国内常用的面板有 86 系列、120 系列等，从功能来说，主要分为信息网络面板、音视频面板或者多媒体面板。

固定在面板上的模块主要用于跳线和设备的连接，常用的包括 RJ-45 模块、RJ-11 模块、音频模块、视频模块以及多媒体模块。图 5-17 所示为信息网络面板，图 5-18 所示为音视频面板，图 5-19 所示为多媒体面板。

图5-17 信息网络面板

图5-18 音视频面板

图5-19 多媒体面板

6）开关面板的选择

随着智能家居的发展，出现了诸多智能开关面板，如灯光控制面板、环境控制面板以及多功能控制面板等。随着人们对物质生活追求的提升，智能开关面板已经不能满足所有需求，智能插座应运而生。智能插座除了具备传统插座的功能外，还可进行无线远程控制，比如可用手机进行远程控制，也可用配套的遥控器进行遥控。图5-20所示为智能开关面板，图5-21所示为智能插座。

7）其他设备的选择

智能家居布线中还会用到家庭网关、总线分线盒等其他诸设备。家庭网关是家庭数据语音以及数字电视网络的控制中心，它对家庭内部的各种数据进行控制管理，并且与外部互联网进行数据交换。

总线分线盒主要用于工作区子系统，使用总线结构进行通信的固定设备之间的线路连接。图5-22所示为家庭网关，图5-23所示为总线分线盒。

图5-20　智能开关面板　　　图5-21　智能插座　　　图5-22　家庭网关　　　图5-23　总线分线盒

5.4　智能家居照明系统工程设计

5.4.1　需求分析

照明系统是智能家居中最重要的一个系统，家庭智能照明控制系统不只是单一改变光环境的控制，还把传感、组网、通信、云计算和物联网等多种技术与平台融合在一起组成一个多元化系统。智能照明系统设计时要遵循两条原则，一个是提高照明系统控制水平，减少成本；另一个是节约能源。

5.4.2　智能家居照明系统的设计要求

1. 功能的设计要求

1）集中控制

智能照明系统设计要实现在任何一个地方均可控制不同地方的灯，或在不同地方可以控制同一盏灯，我们称这种控制模式为集中控制，也可称为多点控制。

2）开关缓冲

开关缓冲是指房间里的灯亮或者灯灭都有一个缓冲的过程，这样既能保护眼睛，也能避免高温的突变影响灯泡的正常使用，延缓灯泡使用寿命的衰减。

3）感应控制

对卫生间、走廊及通道等公共区域的灯设置为感应控制状态，实现人到灯亮，人走灯灭的节能模式。

4）明暗调节

灯光明暗能自动调节，给人创造舒适、宁静、和谐的氛围。

5）定时功能

可根据设定的时间，定时开启或关闭灯具，当长时间没有人居住时，则可设置灯具在预定时间自动开启，起到安全警示的功能。

6）情景调控

智能照明系统设计可根据不同时间、不同环境及应用者喜好等，轻松实现各种照明情景，并且各种情景可随意切换。可对同一区域的多组灯光进行控制，既方便操作，又能赋予同一空间不同的灯光效果，营造出舒适氛围，满足家居照明需求。

7）本地开关

智能照明系统在设计时应当满足传统照明功能，支持本地手动开关。

8）一键控制

整个照明系统的灯具可实现一键全开和一键全关功能。

9）红外、无线控制

可通过红外遥控和无线遥控实现全宅灯光的控制。

10）远程控制

可通过手机、平板计算机等移动设备，与智能控制系统无线连接，实现远程管理，实时掌握家居照明状况。

2. 不同家居场所的设计要求

智能照明系统需充分体现照明舒适性和高效节能的特点，应用范围涵盖客厅、卧室、书房、餐厅、厨房、卫生间等家居场所。

1）客厅

客厅是家人休闲娱乐和会客的重要场所，客厅的照明应以明亮、实用和美观为主。

客厅的照明应有主光源和副光源，主光源包括吊灯和吸顶灯，吊灯应以奢华大气为主，亮度大小可以调节，副光源包括壁灯、台灯、落地灯等一些灯具，起到辅助照明或装饰的作用。图5-24所示为客厅照明效果图。

2）卧室

卧室是休息的场所，在设计时，要充分考虑满足柔和、轻松的要求，还要满足用户睡前阅读的习惯。光线应该以柔和为主，避免眩光和杂散光，装饰灯主要用来烘托气氛。图5-25所示为卧室照明效果图。

图5-24 客厅照明效果图

图5-25 卧室照明效果图

3）书房

书房的灯光照射要从保护视力的角度出发，使灯具的主要照射与非主要照射面的照度比为

10：1左右。在设计时，计算机区域需要有良好的照明环境，台灯需要具有高照度、光源隐藏、视觉舒适、移动灵活等特点。图5-26所示为书房照明效果图。

4）卫生间

白天卫生间应以整洁、清新、明亮的基调为主，晚上要以轻松、安静的基调为主。在设计时，注意光线要柔和，照度要求不高，但要照射分布均匀，还应注意采取措施减少光源带来的阴影效应，灯具需要具备防水、防尘的特点。图5-27所示为卫生间照明效果图。

图5-26　书房照明效果图

图5-27　卫生间照明效果图

5）餐厅

餐厅灯光色调应以柔和、宁静为主，在吃饭时能够感到轻松自如。柔和的灯光能够让餐桌、椅子与灯光色彩相匹配，形成视觉上的美感，在灯具的选择上，以温馨、浪漫为基调，选择吊灯、壁灯为主。图5-28所示为餐厅照明效果图。

6）厨房

厨房需要无阴影的照明环境，既要实用又要美观、明亮、清新，给人以整洁之感。厨房灯光一般分为两个层次，一个是整体照明，另一个是对洗涤、餐具、操作区域给予重点照明。图5-29所示为厨房照明效果图。

图5-28　餐厅照明效果图

图5-29　厨房照明效果图

3. 照明效果的设计要求

1）灯光的照明位置

正确的灯光位置应与室内人们的活动范围以及家具的陈设等因素结合起来考虑，这样，不仅满足了照明设计的基本功能要求，同时加强了整体空间意境。此外，还应把握好照明灯具与人的视线及距离的合适关系，控制好发光体与视线的角度，避免产生眩光，减少灯光对视线的干扰。

2）照度标准

照明设计应有一个合适的照度值，照度值过低，不能满足人们正常工作、学习和生活的需要；照度值过高，容易使人产生疲劳，影响健康。住宅照明的照度标准值如表5-2所示。

表5-2　住宅照明的照度标准值

房间或场所		参考平面及其高度	照度标准值（lx）	R_a
起居室	一般活动	0.75 m水平面	100	80
	书写、阅读		300*	
卧室	一般活动	0.75 m水平面	75	80
	床头、阅读		150*	
餐厅		0.75 m餐桌面	150	80
厨房	一般活动	0.75 m水平面	100	80
	操作台	台面	150*	
卫生间		0.75 m水平面	100	80
电梯前厅		地面	75	60
走道、楼梯间		地面	50	60
车库		地面	30	60

注：*为宜使用混合照明

此外，房间通道和其他非作业区域的一般照明的照度值不宜低于作业区域的1/3。

3）灯光照明的投射范围

灯关照明的投射范围是指保证被照对象达到照度标准的范围，这取决于人们室内活动作业的范围及相关物体对照明的要求。投射面积的大小与发光体的强弱、灯具外罩的形式、灯具的高低位置及投射的角度相关。照明的投射范围使室内空间形成一定的明、暗对比关系，产生特殊的气氛，有助于集中人们的注意力。住宅建筑每户照明功率密度限值如表5-3所示。

表5-3　住宅建筑每户照明功率密度限值

房间或场所	照度标准值（lx）	现行值	目标值
起居室	100	≤6.0	≤5.0
卧室	75		
餐厅	150		
厨房	100		
卫生间	100		
职工宿舍	100	≤4.0	≤3.5
车库	30	≤2.0	≤1.8

4）色彩和情感对应关系

据专业学者研究，不同照度下，视敏度随照度递增而升高，一般在200~400 lx照度下，人的视敏度有显著上升；而在400 lx以上，随着照度提高，视敏度的上升无显著区别。在设计家居照明时，需充分了解色彩和情感的对应关系。色彩和情感的对应关系如表5-4所示。

表5-4　色彩和情感的对应关系表

三属性		情感性质	色彩举例	感　情
色调	暖色	温暖　积极　活泼	红	激情、愤怒、喜庆、有活力、兴奋
			橙	喜悦、活泼、健康、欢乐
			黄	快乐、明朗、愉悦、活泼、速度感
	中性色	平和　平静　平凡	绿	安静、年轻、生机、舒畅、平静
			紫	严肃、优美、神秘、崇高、典雅
	冷色	沉静　冷凉　消极	青	宁静、凉快、忧郁
			蓝	安静、寂寞、悲哀、深沉、沉静
			蓝紫	神秘、孤独、不安
明度	明	阳刚、明朗	白	单纯、清洁、纯洁、安静
	中	安静	灰	柔软、抑郁、安静
	暗	阴柔、厚重	黑	阴郁、肃穆、正式、不安
彩度	高	新鲜、活泼	大红	热烈、激情、激动、兴奋
	中	舒畅、温和	粉红	情爱、可爱、典雅
	低	素雅、平静	茶褐	厚重、安宁、平常

5）色温的影响

高色温光源能提高大脑的兴奋、集中注意、警觉和觉醒水平，能提高脑力活动能力，对脑力负荷是有利的，但是高色温对于脑力负荷后的疲劳恢复又是不利的，晚上长时间处于高色温光源下，会对人造成压抑、烦躁从而影响睡眠。

在智能家居照明系统中，光源色表特征及适用场所如表5-5所示。

表5-5　光源色表特征及适用场所

相关色温（K）	色表特征	适用场所
<3 300	暖	客房、卧室
3 300~5 300	中间	书房、餐厅
>5 300	冷	厨房、卫生间

5.4.3　照明灯具的选择要求

照明系统离不开灯具，灯具不仅提供照明，也为使用者提供舒适的视觉感受，同时也是建筑装饰的一部分，是照明设计与建筑设计的统一体。

1. 吊灯

吊灯是悬挂在室内屋顶上的照明工具，经常用作大面积范围的一般照明，用作普通照明时，多悬挂在距地面2.1 m处，用作局部照明时，大多悬挂在距地面1~1.8 m处。

2. 吸顶灯

吸顶灯直接安装在天花板上的一种固定式灯具，作室内一般照明用。吸顶灯种类繁多，但可归纳为以白炽灯为光源的吸顶灯和以荧光灯为光源的吸顶灯，吸顶灯多用于整体照明，如办公室、会议室、走廊等场所。

3．嵌入式灯

嵌入在楼板隔层里的灯具，嵌入式灯具有聚光型和散光型两种，聚光型灯一般用于局部照明要求的场所，散光型灯一般多用作局部照明以外的辅助照明，如宾馆走道、咖啡馆走道等。

4．壁灯

壁灯是一种安装在墙壁、建筑支柱及其他立面上的灯具，常用作补充室内一般照明。壁灯设置在墙壁上和柱子上，除了有实用价值外，也有很强的装饰性，常用于大门口、门厅、卧室、公共场所的走道等，壁灯安装高度一般在 1.8～2 m 之间，不宜太高。

5．台灯

台灯主要用于局部照明，书桌上、床头柜上和茶几上都可用台灯，它不但用于照明，还是很好的装饰品，对室内环境起美化作用。

6．立灯

立灯又称"落地灯"，也是一种局部照明灯具，它常摆设在沙发和茶几附近，作为待客、休息和阅读照明。

5.5　智能家电控制系统工程设计

5.5.1　整体方案设计

智能家电控制系统主要由家庭网关、各类传感器模块、红外转发模块、FRID 模块等多个模块组成。

家庭网关是整个系统最为核心的部分，可视作是整个系统的"大脑"，在系统运作过程中家庭网关起到了总体控制的作用。

在数据信息采集的过程中，保证家庭网关能够匹配各种协议的通信方式，并对节点信息进行收集。在传输与分析数据信息的同时，对分析结果做出合理的指示。通过这些指示将所对应的网络及总线信息传递到相关节点模块，然后节点模块根据命令要求来执行功能，基于家庭网关实现了用户与系统的交互。

各类传感器模块主要用于采集电气开关、电量、温度等信息量，并利用各个节点对智能家电设备进行控制。需要注意的是由于部分低压设备不具备智能接口，需要将智能控制接口植入这些低压设备，使其可由集中控制器进行操控。

5.5.2　系统通信方式筛选

通信方式的有效筛选是实现智能家电控制系统的重要一环，目前市面上通信方式较多并且较为复杂，无线通信受到了越来越多的关注，但性能稳定的有线通信也必不可少。

无线通信良好的移动性以及拓展性，使其成为智能家电首选的通信方式。在通信协议方面需要结合数据量的大小来筛选合适的协议，一般情况下，控制命令、查询状态以及检测数据并不需要太大的数据量，可利用红外、无线传感、ZigBee 等协议进行通信。综合考量各种协议与智能家电控制系统匹配程度，选择低成本、低功耗，并且能够满足系统数据传输的协议。外部通信即可采用有线通信也可利用无线 Wi-Fi、RFID 以及 GPRS 等，结合内部通信协议，合理选择外部通信协议，以满足系统进行有效交互并对系统进行控制的功能。

5.5.3 嵌入式系统要求

对于智能家电控制系统而言，需要植入嵌入式系统，这样不仅可以降低成本，同时也能够让系统的兼容性得到保证。

而对于嵌入式系统来说，在选择CPU时，需要考虑到功耗、性能以及成本之间的平衡，尽可能保证功能模块可集成于芯片并让系统得到简化，使系统更好控制。

嵌入式系统需具备较强的专业性，它与普通PC系统还存在较大的差异，它具有较强的针对性，因此嵌入式系统应当具备裁剪性能。另外，嵌入式系统应具备良好的开源性，方便系统的改良和升级。

5.5.4 设备选型

智能家居家电控制系统中主要涉及的家电包括电热水器、空调、冰箱、电饭煲、饮水机等，选购这些家电时要注意以下6个方面：

（1）通信方式。选择想要购买的家电时，首先应充分了解各个家电的通信方式，智能家居系统家电设备的第一点要求为通信协议统一。

（2）品牌。一般来说，优先选择实力强的著名品牌产品，其质量、性能和服务才会更有保障。

（3）机型。购买家电时最好能做到尽量超前，以免过时和淘汰得太快。

（4）价格。不能盲目追求低价格，应追求性价比，重视产品功能和服务质量。

（5）质量。选择具有ISO9001或ISO14000等国际质量认证企业的产品。

（6）风格。我们在选择品牌家电时，还应该观察外观、造型及色彩是否符合家庭及个人风格，是否和自己的家居装饰配套。

图5-30所示为智能家电控制系统拓扑图。

图5-30 智能家电控制系统拓扑图

5.6 智能安防监控系统工程设计

5.6.1 智能家居安防监控系统设计要求

（1）能够提供报警设备接入平台服务，能与原有报警系统无缝对接。

（2）具备报警联动功能，设备异常掉线报警、联动抓拍、联动录像等。

（3）能够提供实时视频查看功能。

（4）能够支持移动手机业务，用户可通过手机浏览视频、接收短信报警信息，并具有手机远程布/撤防功能。

（5）具备监控客户端，当报警事件发生时，通过监控客户端能确定报警位置，并向工作人员提供现场信息。

（6）具备一定量的存储空间，能存储 3 ~ 5 年的报警信息，方便查看。

（7）能够利用运营商级服务平台，节省系统的报警通信费用。

（8）PC、手机客户端能绑定用户手机，并且需要具备验证码功能。

5.6.2　家居安防监控系统中各子系统设计要求

安防监控系统主要分为 3 部分：门禁系统、监控系统、报警系统。图 5-31 所示为安防监控系统拓扑图。

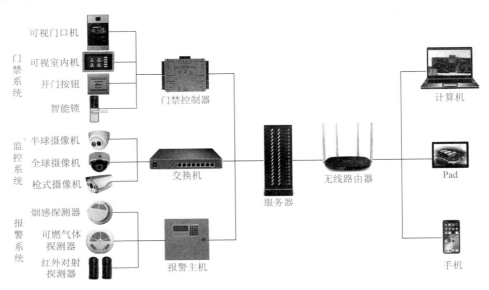

图5-31　安防监控系统拓扑图

1. 门禁系统

门禁系统主要包括可视门口机、出门按钮、电控锁、可视室内机、智能卡、电源和管理软件。在设计时应注意满足以下几点要求：

1）身份识别

身份识别是门禁系统最基本的功能，因此在设计时，必须满足对通行人员的身份识别。识别方式可选择卡证类识别、密码类识别、指纹识别、刷脸识别以及复合类身份识别方式。

2）传感和报警

传感与报警部分主要包括各类传感器，因此，在设计时需要根据探测器的工作环境，采取防止人为破坏、防机械性损伤等措施。

3）处理与控制

处理与控制主要是指门禁系统的控制部分，该部分是门禁系统的核心，具备信息接收、响应和信息存储的功能，在设计时着重考虑其时效性和安全性，因此，对于控制部分的设备选型显得尤为重要。

4）电锁与执行

由于电锁类执行设备的工作方式和工作环境的特殊性，在设计时应注意设备的选型，主要表现在设备的灵敏度、可靠度、防潮性和防腐性等；另外，设备还需具备较高的机械强度和防破坏的能力。

5）线路与通信

为了适应当下智能家居行业"百家争鸣"的形式，门禁系统在通信方式上也需要满足多种信号传输协议，如 RS-485、CAN 总线、ZigBee、Wi-Fi 等，保证门禁系统能更好地接入家庭其他控制系统。

6）管理与设置

管理与设置部分主要是指门禁系统的管理软件，依照户主的不同需求，设计时应考虑多系统、多平台操作。

图 5-32 所示为门禁系统拓扑图。

图5-32　门禁系统拓扑图

2．监控系统

一般家居监控系统的主要功能包括收集家庭内部信息、处理信息、存储信息、信息发送、响应处理措施以及实时监控等。针对这些功能，在智能家居监控系统设计时应注意以下几点：

1）选择合适的设备

监控系统主要由 4 部分组成：前端设备、传输线路、控制设备和显示记录设备，这 4 个部分缺一不可，因此，选择设备时应注意：

摄像机：综合色彩、清晰度、工作环境等特性，选择适用于家庭内部使用的摄像机，也可选择可插卡的摄像机。

硬盘录像机：硬盘录像机的选择主要在于设备的内存，设计时应根据户主的要求，选择合适存储空间的硬盘录像机，可选用嵌入式硬盘录像机。在选择硬盘录像机时，主要考虑的因素包括图像的清晰度、图像实时性、压缩算法、网络功能、报警联动、操作便利性、录像检索的方便性等。

网络交换机：在设计时，主要考虑网络交换机的信息传输速率，选择适合传输速率的交换机能有效保证监控系统的实时性和高效性。

路由器：设计时，可根据现场环境选择是否需要配备监控系统专用的路由器。

2）合理规划布局

由于摄像机本身的特性，在设计时，要充分考虑系统布局。不同的家庭区域对监控系统有着不同的要求，分区域规划设计，使得监控系统合理、可行。例如，客厅及客厅阳台，安装一台家用网络摄像机，安装在客厅的某个墙角，监视范围包括阳台的进出门和大厅的大部分区域。门口或另外某个存在隐患的位置，如厨房或卫生间的窗户，安装一台小型网络摄像机，安装位置应该正对监视区域，确保能监视整个隐患区域。

图 5-33 所示为监控系统拓扑图。

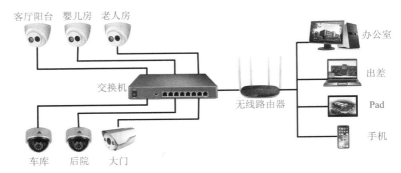

图5-33　监控系统拓扑图

3．报警系统

1）家居智能报警系统设计目的

设计的主要目的是配合已有的措施，使住户得到有效的防范，从而杜绝非法闯入、抢劫及盗窃现象。设计时需要满足系统稳定可靠、防范有效、误报警少、响应时间短、造价适中。

传统的防盗网、防盗窗等机械式在实际使用中暴露了很多问题，如小区环境和市容的美观、逃生障碍以及为犯罪分子提供翻越攀爬条件等，造成很多安防事件和刑事案件的发生，甚至造成小区业主的人身伤害，酿成重大生命和财产损失。

2）报警系统的功能性要求

在布防状态下，报警子系统能够自动监视全部的入侵行为以及住宅异常情况。当发生火灾、抢劫、急病等突发事件，家人需要紧急求助时，可以人为地按下紧急报警按钮，系统将发出紧急报警信号，及时实现强制报警。

系统可以设定留守布防状态，当有人在家时，可以实现室内不触发报警，周边触发报警。若有异常情况发生，防盗报警系统将根据用户预先的设定，自动发出声光警告，若条件许可并且用户需要的话，报警系统可通过电话拨号方式与当地保安部门相连。

系统应具有自检、防破坏、声光报警功能。例如，报警时住户内应有警笛或音乐报警声，且警笛、音乐报警声可调。

报警主机需与住宅小区物业管理中心的报警系统联网，实现防区电子地图功能，当系统收到报警信号时，报警防区地图将在显示器上弹出，可记录、存储、打印出报警地点、住户房号、防区、报警类型等。

报警主机内需配有备用电池，停电时可保证系统短时间内正常工作。

3）报警系统设计要求

家庭住宅报警系统由家庭报警主机和各种前端探测器组成。前端探测器可分为门窗探测器、可燃气体探测器、烟感探测器、红外幕帘探测器、玻璃破碎探测器、红外探测器、紧急按钮等。当有人非法入侵时将会触发相应的探测器，家庭报警主机会立即将报警信号传送至小区管理中心或用户指定的电话上，以便保安人员迅速出警，同时小区管理中心的报警主机将会记录下这些信息，以备查阅。

　　窗户安装被动红外幕帘式探测器和玻璃破碎探测器，搭配探测器支架使用，以保证较好的探测效果。入户门宜使用无线门磁，不会影响室内美观。用户在特殊情况下按下紧急报警开关，能够触发现场警号鸣叫，达到震慑犯罪分子并求取近援的作用。

　　室内同时安装环境探测器，包括一氧化碳探测器和烟雾探测器，这两种探测器与紧急报警按钮一样均为 24 h 防区，用户无须进行布/撤防操作，系统在探测到异常时自行报警。系统的主要输出设备为声光警号，警号内置电池并具有防剪功能，报警时声强可达 114 dB（距离 1 m 处），警号与网络和电话线共同构成示警输出。

　　图 5-34 所示为报警系统拓扑图。

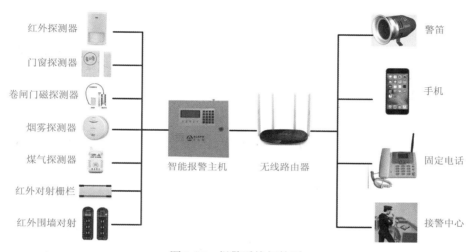

图5-34　报警系统拓扑图

5.7　智能环境监控系统工程设计

5.7.1　需求分析

　　室内环境是人们接触最频繁、最密切的空气环境，人们约有 80% 以上的时间是在室内度过的，所以室内环境应满足人体舒适、健康和可持续性发展的需要。影响室内环境的因素包括室内温度、空气湿度、气流速度等。

　　室内环境对人的健康有很大的影响。在稳定的室内环境条件下，人体可保持正常的新陈代谢，但当室内环境异常时，人体会做出相应的"动作"来抵抗这种异常的变化，过度的抵抗会使身体机能降低，严重影响个人健康。

　　综上所述，人们对室内管理智能化的需求已日趋明显，为了适应人们现快节奏的生活方式，设计出合适的室内环境监控系统已迫在眉睫。

5.7.2　设计方向

　　家庭环境监控系统是智能家居中的一个子系统，它包括室内温湿度监控、室内空气质量监控、窗外气候监测和室外噪声监测等多个方面。

　　如何搭建家庭环境监控系统要根据住宅的外部环境的好坏来设计室内环境监控系统。若地处空气污染严重的地区，就应以室内空气质量监控为主；如地处常年气温偏低又潮湿的地区，就应以室内温湿度监控为主；若地处繁华闹市地区，就应以室外噪声监测为主；若地处常年气候多变的地区，就应以室外气候监测为主。

根据《住宅设计规范》中规定的住宅室内空气污染物的活度以及浓度的规定和《环境空气质量标准》对 PM2.5 污染物 24 h 平均值的规定，室内环境污染物浓度检测点即安装空气质量传感器的数量，应按房间面积大小来确定。

当室内房间面积 <50 m^2 时，可安装 1 台空气质量传感器，当室内房间面积为 50 ~ 100 m^2 时，应安装两台空气质量传感器；当室内房间面积 >100 m^2 时，应安装 3 ~ 5 台空气质量传感器。空气质量传感器的安装位置距离墙面应不小于 0.5 m，距地面高度为 0.8 ~ 1.5 m，还要分布均匀，避开通风道和通风口。

室内空气质量的监控主要由室内空气质量传感器、控制主机与执行机构组成。传感器 24 h 监测室内空气质量，并通过无线网络传输给控制主机，控制主机根据传感器传来的数据，分析室内空气污染的来源及程度，发出相应的指令，控制显示器、报警器、空气净化器及电动开窗器等执行器做出相应的动作。

5.7.3　设备选型

一个完整的家庭环境监测系统主要包括环境信息采集、环境信息分析、控制和执行 3 个环节，配套设备主要包括温湿度传感器、空气质量传感器、空气质量检测仪、窗帘控制电动机、电动开窗器、室外风光雨探测器、无线噪声探测器等。

1. 室内温湿度监控

温湿度传感器选择标准是根据要求，选择温湿度传感器的合适量程。对于家庭环境监控系统来说，传感器的精度要求不是很高，应着重考虑传感器的使用年限，尽量选用质量较好，使用年限较长的传感器。

2. 室内空气质量监控

（1）空气质量传感器选择的标准如下：

① 对酒精、香烟、氨气、硫化物等各种污染源都有极高的灵敏度。

② 响应时间快。

③ 工作稳定。

④ 价格便宜。

（2）空气质量检测仪选择的标准如下：

① 能同时检测甲醛、PM2.5、TVOC 和温湿度。

② 带有光敏传感器，能自动感应环境中光线的强弱，从而自动调节屏幕的亮度。

③ 内部自带可充电锂电池，充满电后能持续使用 2 ~ 3 个小时。

④ 带有彩色液晶屏，可实时清晰地显示污染物浓度和报警状态。

3. 窗外气候监测

（1）窗帘控制电动机选择的标准如下：

① 电动机噪声小，可限位。

② 支持遥控器控制。

③ 支持远程手机控制。

（2）电动开窗器选择的标准如下：

① 电动机噪声小，行程可调。

② 支持遥控器控制。

③ 支持远程手机控制。

另外，在选择窗帘控制电动机和电动开窗器时应注意通信协议和方式，确保可与家中配套的探测器联动。

（3）室外风光雨探测器。室外风光雨探测器用于探测室外风速、光照强度和雨量，当某一信息量达到设定值时，联动的窗户、百叶扇、窗帘等做出响应。

室外风光雨探测器选择的标准如下：

① 噪声低。

② 安装方式多样。

③ 灵敏度适中。

由于该类探测器属于主动控制类探测器，因此，无须要求可远程控制。

4. 室外噪声检测

无线噪声探测器就是一个将声信号转化为电信号，再以波形图的方式将探测到的噪声信号显示出来的一个装置，在选择时需要注意了解探测器的灵敏度、量程、工作环境和安装方式等。

5.8 智能背景音乐系统工程设计

5.8.1 需求分析

随着住房条件的改善，人们生活水平的提高，越来越多的家庭考虑在家中布局智能家居背景音乐系统。随着工作和生活节奏的加快，人们对生活质量的要求也越来越高，而音乐的确有其改善和调节人的心理和身心的效果。

传统的发烧音乐系统以及现代的家庭影院，一套系统只能在一个房间欣赏或者需要把音响设备的声音开大，这都是具有局限性的。

让音乐在家里自由地流动，这是背景音乐最大的人性化之处。因为背景音乐系统通常和家庭装修一体化考虑，充满了神秘感和神奇感。家庭背景音乐将会给主人居家带来一份温馨，一丝浪漫，在整体效果上增添高雅的气氛。

5.8.2 设计方案

1. 单房间单音乐方案

这是家庭背景音乐系统中最基本的方案，适合餐厅、卧室、卫生间或厨房等空间，比如只考虑在餐厅用餐时听音乐，或者在厨房烹饪时收听广播，宜采用此方案。

该方案只需一台背景音乐主机、一个控制面板和若干只吸顶音箱。吸顶音箱的数量取决于房间面积，卫生间空间不大，1 只即可；厨房或餐厅不超过 20 m² 的面积，建议采用 2 只；如果面积在 30 m² 左右，可考虑增加为 4 只。

2. 多房间单音乐方案

这是针对多房间的方案，在需要音乐的房间装上吸顶音箱，背景音乐主机同时控制多个房间音乐的播放，如卫生间、餐厅厨房、书房等。这个系统最重要的特点是可以通过音量调节开关分别控制各个房间的音量，需要音乐的房间就播放，没人的房间可直接关闭背景音乐，也可以让各个房间同时播放，但仅限于相同的节目。这个方案的结构简单、施工方便、经济实用。

3. 双房间多音乐方案

如果想实现同时在主人卧室听广播，孩子房间播放英语教学课程的功能，就需要选择可分区控制的背景音乐主机。这个方案最重要的特点是可以通过可分区控制背景音乐主机分别控制各个房间播放不同的节目。

4. 多房间多音乐方案

本方案的功能是满足各个房间都可以加入自己的节目，满足不同需求，如丈夫在书房听新闻、妻子在厨房听音乐、爸妈在房间听广播、孩子在房听英语。各房间还设有开关，可单独控制音量。这个方案就是通过几台背景音乐主机，或者一台具有多分区功能的音乐主机和若干只吸顶音箱来实现，真正做到各房间各取所需，自得其乐，互不干扰。

5. 装修后音乐方案

装修后的音乐方案主要是面对房屋已经装修好，但又想实现家庭背景音乐效果，有音乐改造需求的家庭。这个方案可以安装无线背景音乐主机，配套控制面板和吸顶音箱，即可实现背景音乐效果。

作为智能家居子系统，家庭背景音乐一直是智能家居的备选系统之一，让家庭任何一个地方，如花园、卧室、客厅、厨房甚至卫生间，都能听到美妙的背景音乐。

5.8.3 设备选型

以多房间为例，简述家居背景音乐系统在器材选择、设备布局等方面具体的设计要求。

1. 背景音乐主机

（1）高保真、立体声音质，HI-FI 级音质效果，每路输出额定功率为 50 W。

（2）内置音源、功放阵列及控制系统，通过控制面板即可实现对不同音源的直接、完全控制，不需要费心地往返于不同音源之间进行操作。

（3）支持不同房间独立控制音源，每个房间可以独立选择 FM 电台、MP3、DVD/CD、电视等音源。

（4）支持不同音源任意播放功能，可实现各音源不同曲目或者专辑上下播放、循环播放、随机播放等功能。

（5）支持对歌曲进行分类，客户可根据自身喜好随意编排歌曲。

（6）具备音质 EQ 调节模式，可以调节系统高低音。

（7）内置 MP3 播放器，支持外接 U 盘或硬盘，方便从计算机中下载最新音乐。

（8）可以设置系统定时开关，具备唤醒功能。

（9）独特智能设计，电话接入时相应房间音量自动减小（需要电话模块支持）。

（10）可以通过 RS-485 或者 RS-232 接口与其他系统联动。

2. 控制器

（1）金属面板，区别于一般的塑料控制面板。

（2）液晶点阵式显示屏，LCM 显示模式，界面友好，带中英文提示功能，可显示歌库、歌手、歌名以及音乐播放进程。

（3）设有多种人性化功能按键，板面按键布置简洁美观，操作方便简单。

（4）具备对讲功能，可实现各房间任意对讲。

（5）具备红外遥控接收功能，可实现高低音、EQ 模式的设置及其他操作。

（6）可设置某年月日某一时刻播放指定的歌曲。

3. 音箱

对于家庭背景音乐系统，我们对音质的要求不能与发烧级音箱一样，应选择结构简单，价格便宜的吸顶音箱或者壁挂音箱。对于听广播或朗诵节目，一般较便宜的音箱即可满足需求，如果喜欢欣赏音乐，特别是高雅音乐的，可选择价格更高的音箱，但同时应考虑到造型、做工、外观、薄厚等因素。

4. 线材

对线材的要求不高，100 芯音箱线完全可满足需求，安装时采用并联的方法连接。

5.8.4　典型设计案例

以一套 200 m² 的两层复式结构为例，依据户主要求，在客厅、4 个卧室、书房、餐厅、卫生间、厨房以及二楼阳台共十个房间建立背景音乐系统。

1. 房间设计要求

1) 客厅

客厅是家庭活动的主要场所，也是接待客人并展示家装的场所，因此客厅的背景音乐系统设计必须要上档次。客厅需要较为高端的音箱，一般采用集美感、音乐为一体的油画艺术音箱。一般的安装方法是在客厅 DVD 的开关插座高度并排安装一个背景音乐控制器，在客厅的两边设计两幅油画艺术音箱。

2) 主卧室

主卧室作为主人的私人空间，因此设计背景音乐时，要满足隐秘性和情调性，为主人的日常生活带来快乐的同时增添情调。一般设计是在床头柜安装一个背景音乐控制器，在吊顶层安装两只吸顶音箱。

3) 儿童房

小孩的卧室应考虑适合小孩使用音乐的系统，把小孩学习英语、汉语等语言功能考虑进去，一般设计是在小孩书桌旁安装一只背景音乐控制器，在墙壁安装 2 只壁挂式音箱。这样便于小孩的操作及音场的效果保障。

4) 客卧室

客卧室好的背景音乐设计是给客人最好的家庭体验，因此需保证家庭背景音乐的经典性，一般在床头柜设计一只背景音乐控制器，并放一个带收音机功能的 MP3 及相关连接线，在吊顶层安装两只吸顶音箱。

5) 书房

书房背景音乐的设计需要考虑多媒体功能的使用，其设计中保证音箱带有高低音，一般在书桌旁安装 1 只背景音乐控制器，在墙壁安装 2 只壁挂式音箱。

6) 餐厅

餐厅的背景音乐设计需要考虑空间性，一般是在墙壁开关高度处安装 1 只背景音乐控制器，在吊顶层装 2 只吸顶音箱。餐厅使用的音乐以轻柔为主，避免干扰家人用餐。

7) 厨房

传统的厨房充满油烟，智能化厨房则完全不一样，尤其是增加了背景音乐。背景音乐不仅带给人轻松，更是快乐做菜的重要方式。一般设计在墙壁开关处安装 1 只背景音乐控制器，在侧墙上安装 2 只壁挂式音箱。

8）卫生间

卫生间安装背景音乐绝对是对传统生活方式的革新，是洗澡等家庭日常生活氛围调节的主要手段，一般把背景音乐控制器设计在远离水雾的进门墙壁处。在吊顶层安装2只防水型的吸顶音箱。

2. 方案配置

方案配置如表5-6所示。

表5-6 方案配置表

楼层	序号	房间	控制器数量	音箱数量
一层	1	客厅	1	2
	2	主卧	1	2
	3	书房	1	2
	4	餐厅	1	2
	5	卫生间	1	2
	6	厨房	1	2
二层	7	主卧	1	2
	8	客卧	1	2
	9	儿童房	1	2
	10	阳台	1	2
合计			10	20

3. 系统拓扑图

根据设计要求，简单给出背景音乐系统拓扑图，如图5-35所示。

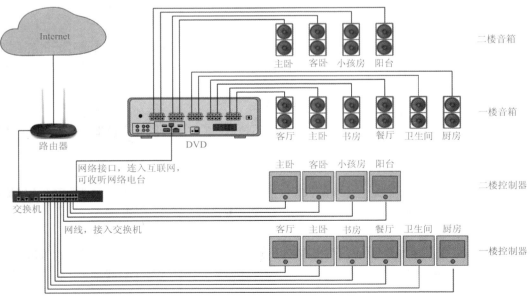

图5-35 背景音乐系统拓扑图

5.9 智能家庭影院系统工程设计

5.9.1 设计原则

1. 根据遮光条件选择投影机或者电视机

家庭影院顾名思义就是在家中使用的影院系统,因此它必须有一个固定的场所,无论是客厅、卧室、书房,还是专门的试听室,不同的环境对器材的要求是不一样的,开放与封闭的空间影音效果也完全不同,这是首先需要考虑的方面。如果是家人的公共活动区域,应以时尚、简洁的系统为宜,独立空间则可尽情发挥,以发烧级的组合搭配为佳,遮光好的可以考虑大画面投影,选用 16:9 的家用投影机,而明亮环境则只有大尺寸电视可选,16:9 的 32 in 以上屏幕是最基本的要求。如果环境允许,当然是屏幕越大越好。

2. 按照视听面积选择音箱和电视

视听面积大小与器材的如何选择和搭配关系密切,小房间不要用大音箱,大房间也尽量不用小的液晶电视,这是选配器材的基本常识。

3. 房间比例合适

不要选用房间长宽高比例为整数倍的房间做视听室,否则会产生强烈的驻波,再好的器材在这样的环境也不会有好声音。如果别无选择,可用书架、衣柜等室内用品来打散它,如果条件允许,也可以在装修时通过吊顶、间墙或地板处理等方法来改变房间比例。

4. 遵循声学规则

遵循基本的声学规则,比如不要有太多或太大的玻璃窗、柜,不要有太单薄的书柜等,它们都是声音的杀手,特别是对于低频,这样的环境非常不合适。而地毯、沙发、茶几、挂画、窗帘等都是调音的好道具。另外,如果上大画面投影,除了严格的遮光处理,房间色调也不要太明亮。

5. 精心设计和调试

无论是入门级的视频设备还是高档视频设备,关键在于精心设计和认真调试,达到理想效果。

6. 选择优质线缆

一定要用优质的线材,避免后期频繁的维护。另外,为了音视频信号传输的稳定性,配备合适数量的 HDMI 线。

7. 搭配合理

高亮度投影机配低增益银幕,低灵敏度音箱配大功率放大器,这些都是基本的搭配规则。

5.9.2 家庭影院系统组成及设计要求

家庭影院系统由 3 部分组成,分别为播放系统、音响系统、视频显示系统。

1. 播放系统设计要求

播放系统具备对音频信号的产生、接收、存储和处理的功能,由于用户需求不同,可选用特定的 DVD、高清播放机等设备。

DVD 是家庭影院播放系统的基本配置,价格实惠、普及度高。高清播放机不但在画质上表现出色,视频解码能力也较为突出,而且在声音支持上也有出色表现,高端播放机还可同时支持蓝光光驱以及硬盘播放。

2. 音响系统设计要求

音响系统是家庭影院系统中一个重要的组成部分,也是家庭影院系统中所占价格比例最大的一部分。最基本的音响系统为 5.1 声道，由一对主音箱左右声道、一对环绕音箱左右声道和一只中置音箱组成；另有发烧级家庭影院 7.1 声道，多增加一对侧环绕音箱，效果更佳。一般选用音质较好的定阻音箱、吸顶音箱、壁挂音箱、嵌入式音箱、隐形音响等。

3. 视频显示系统设计要求

视频显示系统主要包括微型投影仪和幕布。在设计时，通常选用微型投影仪，原因如下：

（1）微型投影仪重量轻、体积小，只有普通手机的大小，完全可以灵动于手中，或放入口袋，真正实现了移动功能。

（2）微型投影仪自带锂离子电池，配合仅有 5 W 的低耗功率，一般可轻松达到连续 2.5 h 的投影作业。

（3）微型投影仪基于 Windows CE 操作系统，本身就是一台微计算机，无须另外连接计算机就可以实现强大的演示功能，不仅能够连接 DVD、DV、数字电视、游戏机、数码照相机、手机等进行投影，也可连接 2.4G USB 鼠标 / 键盘操控，而且还自带了可扩展的内存装置，最大可支持 16 GB 的扩展。微型投影仪还支持 CMMB 数字电视信号，这使得微型投影仪在没有连接外围设备时，也可以使用自身内存的文件或通过接收 CMMB 数字信号来进行精彩赛事的投影。

在选择幕布时，需要根据家庭空间的大小、家庭装修风格、个人喜好等多种因素综合决定，可供选的规格有 16：9 和 4：3。

5.10 典型案例 智能家居电动窗与窗帘实训装置

5.10.1 典型案例简介

为了使读者快速了解智能家居系统工程设计，以西元智能家居电动窗与窗帘实训装置为典型案例，介绍智能家居环境控制系统的工程设计，具体以电动窗与窗帘展开介绍。图 5-36 所示为西元智能家居电动窗与窗帘实训装置图，该装置为铝合金材质，"门"型框架结构，左侧立面自上至下分别安装有电动下悬窗、电动平开窗和电动卷帘，右侧立面自上而下分别安装有电动上悬窗、电动推拉窗和电动窗帘，背面安装有多功能孔板，可进行终端控制设备的安装以及布线实训，窗户粘贴有对应系统原理接线图，可清晰直观地展示教学。

西元智能家居电动窗与窗帘实训装置的技术规格与参数如表 5-7 所示。

图5-36　西元智能家居电动窗与窗帘实训装置图

表5-7　西元智能家居电动窗与窗帘实训装置技术规格与参数表

序　号	类　别	技术规格		
1	产品型号	KYJJ-531	外形尺寸	1 200 mm×1 200 mm×2 400 mm
2	产品重量	200 kg	电压/功率	220 V/500 W
3	配套主要设备	1. 实训装置平台1套 3. 电动上悬窗控制系统1套 5. 电动推拉窗控制系统1套 7. 电动窗帘控制系统1套 9. 路由器1套		2. 电动下悬窗控制系统1套 4. 电动平开窗控制系统1套 6. 电动卷帘控制系统1套 8. 智能控制盒1套 10. 遥控器1个
4	实训人数	每台设备能够满足2~4人同时实训		

5.10.2　智能家居电动窗与窗帘控制系统

西元智能家居电动窗与窗帘实训装置按照功能分为如下7个系统：

（1）电动下悬窗有线控制系统。

（2）电动上悬窗有线控制系统。

（3）电动平开窗有线控制系统。

（4）电动推拉窗有线控制系统。

（5）电动卷帘有线控制系统。

（6）电动窗帘有线控制系统。

（7）无线控制和网络控制系统。

1. 电动下悬窗有线控制系统

电动下悬窗有线控制系统的工作方式为：下悬窗推窗机接收器通过电源线给链条式推窗机供电，通过下悬窗推窗机接收器面板上的"开启"、"关闭"和"停止"按钮，完成对链条式推窗机内部电动机的控制，使其内部链条进行伸展、收缩、停止3个动作，进而实现对窗户的开关控制。例如，轻按"开启"按钮，电动机正转，链条进行伸展动作，窗扇上部自动向外开启，到设定位置自动停止。

2. 电动上悬窗有线控制系统

电动上悬窗有线控制系统的工作方式为：上悬窗推窗机接收器通过电源线给链条式推窗机供电，通过上悬窗推窗机接收器面板上的"开启"、"关闭"和"停止"按钮，完成对链条式推窗机内部电动机的控制，使其内部链条进行伸展、收缩、停止3个动作，进而实现对窗户的开关控制。例如，轻按"关闭"按钮，电动机反转，链条进行收缩动作，窗扇下部自动向内关闭，直至窗户完全闭合。

3. 电动平开窗有线控制系统

电动平开窗有线控制系统的工作方式为：平开窗推窗机接收器通过电源线给链条式推窗机供电，通过平开窗推窗机接收器面板上的"开启"、"关闭"和"停止"按钮，完成对链条式推窗机内部电动机的控制，使其内部链条进行伸展、收缩、停止3个动作，进而实现对窗户的开关控制。例如，轻按"开启"按钮，电动机正转，链条进行伸展动作，窗扇侧面自动向外开启，到设定位置自动停止；轻按"停止"按钮，电动机停止转动，窗扇处于静止状态。

4. 电动推拉窗有线控制系统

电动推拉窗有线控制系统的工作方式为：推拉窗推窗机接收器通过电源线给平移推窗机内部电机供电，通过推拉窗推窗机接收器面板上的"开启"、"关闭"和"停止"按钮，可完成对平移推窗机内部电机的控制，进而实现对电动推拉窗的控制。例如，轻按"开启"按钮，电机正转，窗户打开，两扇窗户向中间移动。

5. 电动卷帘有线控制系统

电动卷帘的工作方式为：卷帘电动机接收器通过电源线给卷帘电动机供电，通过卷帘电动机接收器面板上的"开启"、"关闭"和"停止"按钮，完成对卷帘电动机的控制，使内部电动机进行正转、反转、停止3个动作，进而实现对卷帘的控制，电动机正转时卷帘打开，电动机反转卷帘关闭。例如，轻按"开启"按钮，电动机正转，卷帘打开，卷帘布向上卷动。

6. 电动窗帘有线控制系统

电动窗帘的工作方式为：窗帘电动机接收器通过电源线给窗帘电动机供电，通过窗帘电动机接收器面板上的"开启"、"关闭"和"停止"按钮，完成对窗帘电动机的控制，使内部电动机进行正转和反转动作，进而实现对窗帘的控制。例如，轻按"开启"按钮，电动机正转，卷帘打开，卷帘布向一侧移动。

7. 无线和网络控制系统

无线系统包括遥控器、接收器。无线控制系统的工作方式为：遥控器通过与接收器对码学习，利用无线射频信号，可实现对所有窗户和窗帘的无线控制操作。

网络控制系统包括智能遥控主机、接收器、无线路由器和智能手机，网络控制系统的工作方式为：智能手机在无线路由器建立的Wi-Fi环境下，将控制信号发送给智能遥控主机，智能遥控主机再将无线射频信号传输至对应的接收器上，可实现对所有窗户和窗帘的网络控制操作。

5.10.3 智能家居电动窗与窗帘实训装置的特点

（1）典型案例。实训装置集成了智能家居电动窗与窗帘的先进技术和典型行业应用，具有行业代表性。

（2）原理演示。实训装置集成安装了多种电动窗与窗帘控制系统，通电后就能正常工作，满足器材认知与技术原理演示要求。

（3）理实一体。实训装置精选了常见的电动窗与窗帘控制系统，包括电动上悬窗、电动下悬窗、电动推拉窗、电动平开窗、电动窗帘、电动卷帘等控制系统，搭建工程实际应用环境，学生能够在一个真实的应用环境中进行理实一体实训操作。

（4）软硬结合。实训装置精选了常见的电动开窗器、窗帘电动机、卷帘电动机等控制设备，能进行硬件安装实训和软件配置与调试操作。

（5）图纸丰富。实训装置设计了各种电动窗和窗帘工作原理及接线图，便于项目原理认知和设计实训。

（6）结构合理。实训装置为铝合金框架结构，"门"型开放式设计，落地安装，立式操作，稳定实用，节约空间。

5.10.4 智能家居电动窗与窗帘实训装置产品功能实训与课时

该产品具有如下8个实训，共计16个课时，具体如下：

5.11　实　　训

实训22　熟悉电动窗与窗帘的工作原理并实操体验

1. 实训目的

掌握智能家居电动窗与窗帘的工作原理，并独自实操。

2. 实训要求和课时

（1）掌握电动窗 3 种控制方式的工作原理。

（2）掌握电动窗帘 3 种控制方式的工作原理。

（3）2 人 1 组，2 课时完成。

3. 实训设备

智能家居电动窗与窗帘实训装置，型号 KYJJ–531。

4. 实训步骤

1）电动窗的 3 种控制方式工作原理

（1）电动窗的有线控制原理。如图 5–37 所示，电动窗有线控制系统主要由推窗机和推窗机接收器组成。外部接入的 220 V 交流电源通过推窗机接收器转换为 24 V 直流电源，给推窗机提供动力电源，通过推窗机接收器面板上的按键，完成对推窗机内部电动机的控制，进而实现对窗户的开关控制。

（2）电动窗的无线控制原理。如图 5–37 所示，电动窗无线控制系统是在电动窗有线控制系统的基础上配备了遥控器。遥控器与推窗机接收器通过对码学习，就能发射无线射频信号完成对推窗机的控制，进而实现对窗户的开关控制。

（3）电动窗的网络控制原理。如图 5–37 所示，电动窗网络控制系统是在电

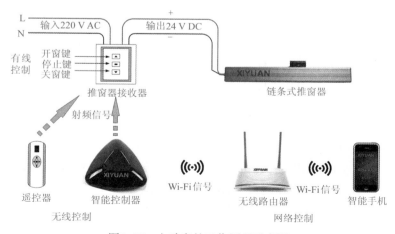

图5–37　电动窗的工作原理示意图

动窗有线控制系统的基础上配备了智能遥控主机、无线路由器和智能手机等设备。在无线路由器搭建 Wi-Fi 网络环境下，智能手机的控制信号通过智能遥控主机传输到推窗机接收器中，从而控制推窗机完成相应动作。

2）电动窗帘的3种控制方式工作原理

（1）电动窗帘的有线控制原理。如图 5-38 所示，电动窗帘有线控制系统主要由窗帘接收器和窗帘（卷帘）电动机组成。外部接入的 220 V 交流电源通过窗帘接收器输出为正转、公共和反转 3 条控制线缆（220 V），用于给窗帘（卷帘）电动机提供动力电源，通过窗帘接收器面板上的按键，完成对窗帘电动机的控制，进而实现对窗帘的开合控制。

（2）电动窗帘的无线控制原理。如图 5-38 所示，电动窗帘无线控制系统是在电动窗帘有线控制系统的基础上配备了遥控器。遥控器与窗帘接收器通过对码学习，就能发射无线射频信号完成对窗帘（卷帘）电动机的控制，进而实现对窗帘的开合控制。

（3）电动窗帘的网络控制原理。

如图 5-38 所示，电动窗帘网络控制系统是在电动窗帘有线控制系统的基础上配备了智能遥控主机、无线路由器和智能手机等设备。在无线路由器搭建的 Wi-Fi 网络环境中，智能手机的控制信号通过智能遥控主机传输到接收器中，从而控制窗帘（卷帘）电动机完成相应动作。

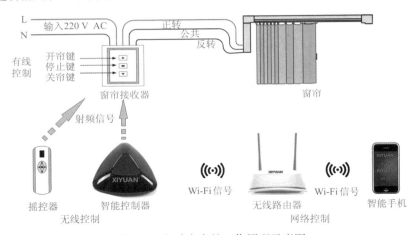

图5-38　电动窗帘的工作原理示意图

3）实操体验

第一步：自选 1 种窗户和 1 种窗帘，通过接收器面板对其控制，体验有线控制。

第二步：自选 1 种窗户和 1 种窗帘，通过遥控对其控制，体验无线控制。

第三步：自选 1 种窗户和 1 种窗帘，通过智能手机对其控制，体验网络控制。

5. 实训报告

（1）描述电动窗和电动窗帘的3种控制方式原理。（参考"1）电动窗的3种控制方式工作原理"和"2）电动窗帘的3种控制方式工作原理"）

（2）绘制电动窗和电动窗帘的工作原理图。（参考图 5-37 与图 5-38）

（3）描述实操过程中的注意事项和感受。

（4）给出实操过程的照片，其中 1 张为本人出镜照片。

实训23 电动下悬窗有线控制系统的安装与调试

1. 实训目的

学习电动下悬窗有线控制系统的安装与调试。

2. 实训要求和课时

（1）认识电动下悬窗有线控制系统相关设备。

（2）完成电动下悬窗有线控制系统的安装与调试。

（3）2人1组，2课时完成。

3. 实训设备和工具

1）实训设备

智能家居电动窗与窗帘实训装置，型号 KYJJ-531。

2）实训工具

西元智能家居工具箱，型号 KYGJX-16。在本实训中用到的工具包括扳手、一字螺钉旋具、十字螺钉旋具、剥线钳。

4. 实训步骤

1）电动下悬窗有线控制系统设备安装

鉴于下悬窗与链条式推窗机安装比较麻烦，这里只要求学生掌握安装原理与方法，感兴趣的同学可利用课余时间体验安装。

（1）认识电动下悬窗。在实训装置左上侧安装有电动下悬窗，电动下悬窗控制系统主要包括链条式推窗机、下悬窗推窗机接收器和下悬窗窗户，如图5-39所示。

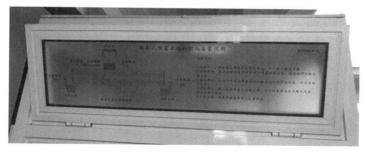

图5-39 下悬窗

（2）安装链条式推窗机。

① 认识链条式推窗机结构。图5-40所示为链条式推窗机结构图。

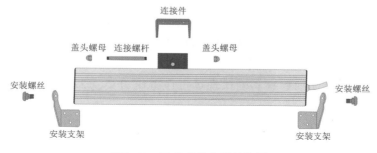

图5-40 链条式推窗机结构图

②将连接件的一端套接在推窗机的输出头上，另一端与窗扇连接。

③将连接螺杆穿过连接件和推窗机输出头，使连接件和输出头连接。

④把两个半圆头螺母分别安装在连接螺杆的两端，然后用扳手拧紧。

⑤将安装螺丝穿过安装支架，再与推窗机两头的螺口连接，然后用扳手拧紧。

⑥将推窗机固定在窗框上。

图5-41所示为电动下悬窗链条式推窗机安装效果图。

图5-41　电动下悬窗链条式推窗机安装效果图

（3）安装下悬窗推窗机接收器。

① 安装86型底盒。在实训装置左侧立柱上，由上到下第一个安装孔上，合理安装固定86型底盒。

② 走线。将刚才安装的链条式推窗机的线缆从86底盒中穿出，并预留合适长度。同样，将外部220V供电线缆从86底盒中穿出，并预留合适长度。

③ 接线。注意接线前一定切断电源，建议在教师亲自指导下完成。

将供电线缆和链条式推窗机线缆分别接入推窗机接收器对应的端口，确保线缆接触可靠、连接牢固。根据图5-42所示的推窗机接收器示意图完成接线。

④ 利用安装螺丝，将推窗机接收器安装在86型底盒上，并盖上盖板即可。

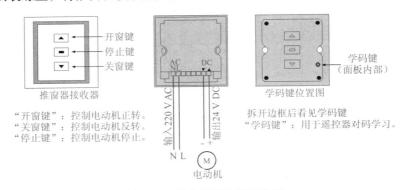

图5-42　推窗机接收器示意图

2）电动下悬窗有线控制系统调试

① 设备通电前，请仔细检查和确认现场工作电压为交流220 V，设备可靠接地，固定牢固。

② 将设备电源插头接入现场的电源插座，给设备供电，按下PDU开关键，电源指示灯亮。

③ 轻按"开启"、"关闭"和"停止"按钮，窗扇会自动开启、关闭、停止。

④ 如果窗户开启或关闭完全后，推窗机卡槽片是否触碰到了该侧的限位开关，并使其闭合，可手动调节限位开关的位置直至触碰不到限位开关。

5. 实训报告

（1）描述电动下悬窗与链条式推窗机的安装方法与步骤。（参考"1）电动下悬窗有线控制系统设备安装"）

（2）绘制电动下悬窗推窗机接收器的接线图。（参考图 5-42）

（3）描述电动下悬窗有线控制系统的调试步骤。（参考"2）电动下悬窗有线控制系统调试"）

（4）给出实操接线照片 2 张，其中 1 张为本人出镜照片。

实训24　电动上悬窗有线控制系统的安装与调试

1. 实训目的

学习电动上悬窗有线控制系统的安装与调试。

2. 实训要求和课时

（1）认识电动上悬窗有线控制系统相关设备。

（2）完成电动上悬窗有线控制系统的安装与调试。

（3）2 人 1 组，2 课时完成。

3. 实训设备和工具

1）实训设备

智能家居电动窗与窗帘实训装置，型号 KYJJ-531。

2）实训工具

西元智能家居工具箱，型号 KYGJX-16。在本实训中用到的工具包括扳手、一字螺钉旋具、十字螺钉旋具、剥线钳。

4. 实训步骤

1）电动上悬窗有线控制系统设备安装

鉴于上悬窗与链条式推窗机安装比较麻烦，这里只要求学生掌握安装原理与方法，感兴趣的同学利用课余时间可体验安装。

（1）认识电动上悬窗。在实训装置左上侧安装有电动上悬窗，电动上悬窗控制系统主要包括链条式推窗机、上悬窗推窗机接收器和上悬窗窗户，如图 5-43 所示。

图5-43　上悬窗

（2）安装链条式推窗机。可参考实训 23 的相关内容，注意安装位置的选取。图 5-44 所示为电动上悬窗链条式推窗机安装图。

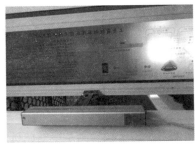

图5-44　电动上悬窗链条式推窗机安装图

（3）安装上悬窗推窗机接收器。

① 安装 86 型底盒。在实训装置右侧立柱上，由上到下第一个安装孔上，合理安装固定 86 型底盒。

② 走线。将刚才安装的链条式推窗机的线缆从 86 底盒中穿出，并预留合适长度。同样，将外部 220 V 供电线缆从 86 底盒中穿出，并预留合适长度。

③ 接线。注意接线前一定切断电源，建议在教师亲自指导下完成。

将供电线缆和链条式推窗机线缆分别接入推窗机接收器对应的端口，确保线缆接触可靠、连接牢固。根据图 5-42 所示的推窗机接收器示意图完成接线。

④ 利用安装螺丝，将推窗机接收器安装在 86 型底盒上，并盖上盖板即可。

2）上悬窗有线控制系统调试

① 设备通电前，请仔细检查和确认现场工作电压为交流 220 V，设备可靠接地，固定牢固。

② 将设备电源插头接入现场的电源插座，给设备供电，按下 PDU 开关键，电源指示灯亮。

③ 轻按"开启"按钮，控制电动机正转，窗扇自动开启，到设定位置自动停止。

④ 轻按"关闭"按钮，控制电动机反转，窗扇自动关闭，到设定位置自动停止。

⑤ 轻按"停止"按钮，控制电动机停止，窗扇停止移动，控制窗扇停止在需要的位置。

5．实训报告

（1）描述电动上悬窗推窗机的安装步骤及注意事项。（参考"1）电动上悬窗有线控制系统设备安装"）

（2）绘制电动上悬窗推窗机接收器的接线图。（参考图 5-44）

（3）描述电动上悬窗有线控制系统的调试步骤。（参考"2）上悬有线控制系统调试"）

（4）给出实操接线照片 2 张，其中 1 张为本人出镜照片。

实训25　电动平开窗有线控制系统的安装与调试

1．实训目的

学习电动平开窗有线控制系统的安装与调试。

2．实训要求和课时

（1）认识电动平开窗有线控制系统相关设备。

（2）完成电动平开窗有线控制系统的安装与调试。

（3）2 人 1 组，2 课时完成。

3．实训设备和工具

1）实训设备

智能家居电动窗与窗帘实训装置，型号 KYJJ-531。

2）实训工具

西元智能家居工具箱，型号 KYGJX-16。在本实训中用到的工具包括扳手、一字螺钉旋具、十字螺钉旋具、剥线钳。

4. 实训步骤

1）电动平开窗有线控制系统设备安装

鉴于平开窗与链条式推窗机安装比较麻烦，这里只要求学生掌握安装原理与方法，感兴趣的同学可利用课余时间体验安装。

（1）认识电动平开窗。在实训装置左侧中间位置安装有电动平开窗，电动平开窗控制系统主要包括链条式推窗机、平开窗推窗机接收器和平开窗窗户，如图 5-45 所示。

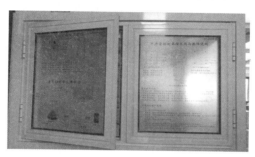

图5-45 平开窗

（2）安装链条式推窗机。可参考实训 23 的相关内容，注意安装位置的选取。图 5-46 所示为电动平开窗链条式推窗机安装图。

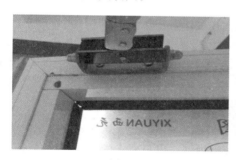

图5-46 电动平开窗链条式推窗机安装图

（3）安装电动平开窗推窗机接收器。

① 安装 86 型底盒。在实训装置左侧立柱上，由上到下第二个安装孔上，合理安装固定 86 型底盒。

② 走线。将刚才安装的链条式推窗机的线缆从 86 型底盒中穿出，并预留合适长度。同样，将外部 220V 供电线缆从 86 型底盒中穿出，并预留合适长度。

③ 接线。注意接线前一定切断电源，建议在教师亲自指导下完成。

将供电线缆和链条式推窗机线缆分别接入推窗机接收器对应的端口，确保线缆接触可靠、连接牢固。根据图 5-42 所示的推窗机接收器示意图完成接线。

④ 利用安装螺丝，将推窗机接收器安装在 86 型底盒上，并盖上盖板即可。

2）电动平开窗有线控制系统调试

（1）设备通电前，请仔细检查和确认现场工作电压为交流 220 V，设备可靠接地，固定牢固。

（2）将设备电源插头接入现场的电源插座，给设备供电，按下 PDU 开关键，电源指示灯亮。

（3）轻按"开启"按钮，控制电动机正转，窗扇自动开启，到设定位置自动停止。

（4）轻按"关闭"按钮，控制电动机反转，窗扇自动关闭，到设定位置自动停止。

（5）轻按"停止"按钮，控制电动机停止，窗扇停止移动，控制窗扇停止在需要的位置。

5．实训报告

（1）描述电动平开窗推窗机的安装步骤及注意事项。（参考"1）电动平开窗有线控制系统设备安装"）

（2）绘制电动平开窗推窗机接收器的接线图。（参考图 5–42）

（3）描述电动平开窗有线控制系统的调试步骤。（参考"2）电动平开窗有线控制系统调试"）

（4）给出实操接线照片 2 张，其中 1 张为本人出镜照片。

实训26　电动推拉窗有线控制系统的安装与调试

1．实训目的

学习电动推拉窗控制系统的安装与调试。

2．实训要求和课时

（1）认识电动推拉窗有线控制系统相关设备。

（2）完成电动推拉窗有线控制系统的安装与调试。

（3）2 人 1 组，2 课时完成。

3．实训设备和工具

1）实训设备

智能家居电动窗与窗帘实训装置，型号 KYJJ–531。

2）实训工具

西元智能家居工具箱，型号 KYGJX–16。在本实训中用到的工具包括扳手、一字螺钉旋具、十字螺钉旋具、剥线钳。

4．实训步骤

1）电动推拉窗有线控制系统设备安装

鉴于电动推拉窗与推拉窗推窗机安装比较麻烦，这里只要求学生掌握安装原理与方法，感兴趣的同学可利用课余时间体验安装。

（1）认识电动推拉窗。在实训装置右侧中间位置安装有电动推拉窗，电动推拉窗控制系统主要包括平移推窗机、推拉窗推窗机接收器和推拉窗窗户，如图 5–47 所示。

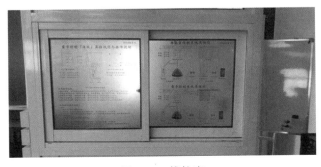

图5-47　推拉窗

（2）安装平移推窗机。

① 确定平移推窗机安装位置。根据窗户的实际位置和开合情况，合理选择平移推窗机的安装位置，并用螺丝上紧安装。

② 根据平移推窗机卡槽的位置及窗户开合位置，确定窗户上卡柱的安装位置，并用螺丝上紧安装。

图5-48所示为电动推拉窗推窗机安装图。

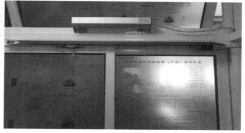

图5-48　推拉窗推窗机安装图

（3）安装推拉窗推窗机接收器。

① 安装86型底盒。在实训装置右侧立柱上，由上到下第二个安装孔上，合理安装固定86型底盒。

② 走线。将刚才安装的推拉窗推窗机的线缆从86型底盒中穿出，并预留合适长度。同样，将外部220 V供电线缆从86型底盒中穿出，并预留合适长度。

③ 接线。注意接线前一定切断电源，建议在教师亲自指导下完成。

将供电线缆和推拉窗推窗机线缆分别接入推窗机接收器对应的端口，确保线缆接触可靠、连接牢固。根据图5-42所示的推窗机接收器示意图完成接线。

④ 利用安装螺丝，将推窗机接收器安装在86型底盒上，并盖上盖板即可。

2）电动推拉窗有线控制系统调试

① 设备通电前，请仔细检查和确认现场工作电压为交流220 V，设备可靠接地，固定牢固。

② 将设备电源插头接入现场的电源插座，给设备供电，按下PDU开关键，电源指示灯亮。

③ 轻按"开启"按钮，控制电动机正转，窗扇自动开启，此时注意窗户开启完全后，推窗机卡槽片是否触碰到了该侧的限位开关，并使其闭合。如果未能达到上述要求，可手动调节限位开关的位置，直至达到上述要求。

④ 轻按"关闭"按钮，控制电动机反转，窗扇自动关闭，此时注意窗户关闭完全后，推窗机卡槽片是否触碰到了该侧的限位开关，并使其闭合。如果未能达到上述要求，可手动调节限位开关的位置，直至达到上述要求。

⑤ 轻按"停止"按钮，控制电动机停止，窗扇停止移动，控制窗扇停止在需要的位置。

5．实训报告

（1）描述电动推拉窗推窗机的安装步骤及注意事项。（参考"1）电动推拉窗有线控制系统设备安装"）

（2）绘制电动推拉窗推窗机接收器的接线图。（参考图5-42）

（3）描述电动推拉窗有线控制系统的调试步骤。（参考"2）电动推拉窗有线控制系统调试"）

（4）给出实操接线照片 2 张，其中 1 张为本人出镜照片。

实训27　电动卷帘有线控制系统的安装与调试

1．实训目的
学习电动卷帘有线控制系统的安装与调试。

2．实训要求和课时
（1）认识电动卷帘有线控制系统相关设备。

（2）完成电动卷帘有线控制系统的安装与调试。

（3）2 人 1 组，2 课时完成。

3．实训设备和工具
1）实训设备

智能家居电动窗与窗帘实训装置，型号 KYJJ-531。

2）实训工具

西元智能家居工具箱，型号 KYGJX-16。在本实训中用到的工具包括扳手、一字螺钉旋具、十字螺钉旋具、剥线钳。

4．实训步骤
1）电动卷帘有线控制系统设备安装

鉴于卷帘与卷帘电动机安装比较麻烦，这里只要求学生掌握安装原理与方法，感兴趣的同学可在课余时间体验安装。

（1）认识电动卷帘。在实训装置左侧下方位置安装有电动卷帘，电动卷帘控制系统主要包括卷帘电动机、卷帘电动机接收器和卷帘布，如图 5-49 所示。

（2）安装卷帘与卷帘电动机

① 确定卷帘安装位置。根据安装位置的空间，合理选择卷帘电动机的安装位置，使其安装在中心位置。

② 将卷帘一侧的安装支架在确认的位置用螺丝固定安装。

③ 将卷帘该侧的固定轴卡入支架中，另一侧的固定轴卡入另一个未安装的支架中。

④ 使得两侧的安装支架卡紧卷帘，将另一侧的安装支架固定安装。

图 5-50 所示为卷帘和卷帘电动机安装图。

图5-49　电动卷帘　　　　　　图5-50　卷帘和卷帘电动机安装图

（3）安装窗帘接收器。

① 安装 86 型底盒。在实训装置左侧立柱上，由上到下第三个安装孔上，合理安装固定 86 型底盒。

② 走线。将刚才安装的卷帘电动机的线缆从 86 型底盒中穿出，并预留合适长度。同样，将

外部 220 V 供电线缆从 86 型底盒中穿出，并预留合适长度。

③ 接线。注意接线前一定切断电源，在教师的亲自指导下完成接线。

将供电线缆和卷帘电动机线缆分别接入窗帘接收器对应的端口，确保线缆接触可靠、连接牢固。根据图 5-51 所示的窗帘接收器示意图进行接线。

④ 利用安装螺丝，将窗帘接收器安装在 86 型底盒上，并盖上盖板即可。

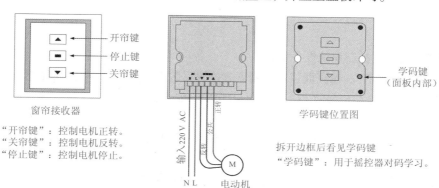

图5-51　窗帘接收器示意图

2）电动卷帘有线控制系统调试

① 设备通电前，请仔细检查和确认现场工作电压为交流 220 V，设备可靠接地，固定牢固。

② 将设备电源插头接入现场的电源插座，给设备供电，按下 PDU 开关键，电源指示灯亮。

③ 轻按"开启"按钮，控制电动机正转，卷帘自动放下，当卷帘到达理想位置时，利用限位调节器，旋转卷帘电动机上的下行限位旋钮，即可完成卷帘电动机的下行限位设置。

④ 轻按"关闭"按钮，控制电动机反转，卷帘自动收起，当卷帘到达理想位置时，利用限位调节器，旋转卷帘电动机上的上行限位旋钮，即可完成卷帘电动机的上行限位设置。

⑤ 轻按"停止"按钮，控制电动机停止，卷帘停止移动，控制帘布停止在需要的位置。

5. 实训报告

（1）描述卷帘与卷帘电动机的安装步骤及注意事项。（参考"1）电动卷帘有线控制系统设备安装"）

（2）绘制电动窗帘接收器的接线图。（参考图 5-51）

（3）描述电动卷帘有线控制系统的调试步骤。（参考"2）电动卷帘有线控制系统调试"）

（4）给出实操接线照片 2 张，其中 1 张为本人出镜照片。

实训28　电动窗帘有线控制系统的安装与调试

1. 实训目的

学习电动窗帘有线控制系统的安装与调试。

2. 实训要求和课时

（1）认识电动窗帘有线控制系统相关设备。

（2）完成电动窗帘有线控制系统的安装与调试。

（3）2 人 1 组，2 课时完成。

3. 实训设备和工具

1）实训设备

智能家居电动窗与窗帘实训装置，型号 KYJJ-531。

2）实训工具

西元智能家居工具箱，型号 KYGJX-16。在本实训中用到的工具包括扳手、一字螺钉旋具、十字螺钉旋具、剥线钳。

4. 实训步骤

1）电动窗帘有线控制系统设备安装

（1）认识电动窗帘。在实训装置左侧下方位置安装有电动窗帘，电动窗帘控制系统主要包括窗帘电动机、窗帘电动机接收器、窗帘布，如图 5-52 所示。

（2）安装窗帘电动机及轨道。

① 确定窗帘电动机及轨道安装位置。根据安装位置的空间，合理选择推拉窗推窗机的安装位置。

② 确定好安装位置后，将轨道的卡接片用螺丝安装在指定位置。

③ 将窗帘轨道卡接在卡接片上。

④ 将窗帘电动机安装在轨道一端的电动机卡接槽内。

图 5-53 所示为窗帘电动机及轨道安装图。

图5-52　电动窗帘　　　　　　　　图5-53　窗帘电动机及轨道安装图

（3）安装窗帘接收器。

① 安装 86 型底盒。在实训装置右侧立柱上，由上到下第三个安装孔上，合理安装固定 86 型底盒。

② 走线。将刚才安装的窗帘电动机的线缆从 86 型底盒中穿出，并预留合适长度。同样，将外部 220 V 供电线缆从 86 型底盒中穿出，并预留合适长度。

③ 接线。注意接线前一定切断电源，在教师的亲自指导下完成接线。

将供电线缆和窗帘电动机线缆分别接入窗帘接收器对应的端口，确保线缆接触可靠、连接牢固。根据图 5-51 所示的窗帘接收器示意图进行接线。

④ 利用安装螺丝，将窗帘接收器安装在 86 型底盒上，并盖上盖板即可。

2）电动窗帘有线控制系统调试

① 设备通电前，请仔细检查和确认现场工作电压为交流 220 V，设备可靠接地，固定牢固。

② 将设备电源插头接入现场的电源插座，给设备供电，按下 PDU 开关键，电源指示灯亮。

③ 轻按"开启"按钮，控制电动机正转，窗帘自动开启，当窗帘开启到最大位置时，电机会自动识别设置此位置为限位点，并自动停止。

④ 轻按"关闭"按钮，控制电动机反转，窗扇自动关闭，当窗帘关闭到最大位置时，电动机会自动识别设置此位置为限位点，并自动停止。

⑤ 轻按"停止"按钮，控制电动机停止，窗扇停止移动，控制窗扇停止在需要的位置。

5. 实训报告

（1）描述窗帘与窗帘电动机的安装步骤及注意事项。（参考"1）电动窗帘有线控制系统设备安装"）

（2）绘制电动窗帘接收器的接线图。（参考图5-51）

（3）描述电动窗帘有线控制系统的调试步骤。（参考"2）电动窗帘有线控制系统调试"）

（4）给出实操接线照片2张，其中1张为本人出镜照片。

实训29 电动窗与窗帘系统无线和网络控制调试与操作实训

1. 实训目的

学习电动窗与窗帘系统无线和网络调试与操作。

2. 实训要求和课时

（1）掌握遥控器的无线控制调试与操作。

（2）掌握系统的网络控制调试与操作。

（3）2人1组，2课时完成。

3. 实训设备和工具

1）实训设备

智能家居电动窗与窗帘实训装置，型号KYJJ-531。

2）实训工具

智能手机1部。

4. 实训步骤

1）遥控器的无线控制调试与操作

（1）认识遥控器。图5-54所示为遥控器按键功能示意图。

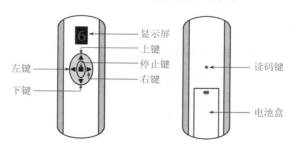

"显示屏"：以数显形式显示摇控器当前的摇控通道。
"上键"：发送电动机正转信号，控制电动机正转。
"停止键"：发送电动机停止信号，控制电动机停止工作。
"下键"：发送电动机反转信号，控制电动机反转。
"左/右键"：只能切换摇控通道，共有"1~9"9个遥控通道。
"电池盒"：安装2节7号电池。

图5-54 遥控器的按键功能示意图

（2）对码。以下悬窗推窗机接收器对码为例，其他窗户和窗帘的对码可参考如下操作：

① 按住接收器学码键约3 s，直至指示灯亮，然后松开，如图5-55所示。

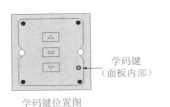

学码键
（面板内部）

学码键位置图

拆开边框后看见学码键
"学码键"：用于摇控器对码学习。

图5-55　按下学码键

② 选择遥控器通道编号为 1 的通道，按一下遥控器背面的读码键，接收器指示灯熄灭，表示对码成功。对码成功后，分别按下该通道下遥控器的"上键"、"停止键"和"下键"，此时遥控器可以无线控制下悬窗的开启、停止和关闭。

（3）清除以遥控器对下悬窗的清除为例，其他窗户和窗帘的清除可参考下列步骤。注意：清除之后遥控器无法对窗户、窗帘进行无线控制。

① 按住下悬窗接收器学码键约 3 s，直至指示灯亮，然后松开。

② 再按住学码键约 7 s，直至指示灯熄灭，此时已经消除了遥控器的对码编号即消除成功。

2）无线路由器的配置与操作

路由器通电后，手机连接路由器建立的 Wi-Fi。在手机浏览器中输入路由器的 IP 地址（初始 IP：192.168.1.1），进入路由器登录界面，设置路由器的名称和登录密码。

3）系统网络控制调试与操作

（1）窗户和窗帘的网络控制调试与操作。以下悬窗的网络控制调试与操作为例，其他窗户和窗帘的调试与操作参考如下：

① 在智能手机上下载安装"易控"APP，如图 5-56 所示。手机连接路由器建立的 Wi-Fi 网络，打开"易控"APP，进入控制界面。

② 给智能遥控主机通电，用尖细的针长按"Reset"键，直至 Wi-Fi 蓝色指示灯亮快闪。

③ 点击控制界面右上角的"+"按钮选择"添加设备"，如图 5-57 所示。进入图 5-58 所示的配置界面后，输入 Wi-Fi 密码，点击配置按钮，配置完成后，会出现图 5-59 所示的界面，配置成功。出现 Wi-Fi 标志，表示此智能遥控主机与路由器建立的无线网络完成了配置，并且设备处于在线状态。

图5-56　"易控"APP　　图5-57　点击"添加设备"按钮　　图5-58　配置界面　　图5-59　配置成功

④ 点击在线的智能遥控，进入添加遥控界面，点击"设置"按钮，选择"添加遥控"，如图5-60所示。

⑤ 选择"定义"→"自由排序"命令，如图5-61所示；继续选择"排序-添加"命令，对遥控信息进行自定义，输入名称为"开启"，点击"保存"按钮，如图5-62和图5-63所示。

图5-60 添加遥控

图5-61 自定义添加

图5-62 添加排序

图5-63 自定义排序

⑥ 按上述步骤，继续添加两个自定义排序，分别命名为"停止"和"关闭"，并把这3个遥控标志按顺序排列即可，如图5-64所示。

⑦ 定义面板信息。在图5-62中，选择"面板信息"命令，设置其名称为"下悬窗"，如图5-65所示。

⑧ 依次选择"开启"→"单键学习"→"扫频"命令，如图5-66和图5-67所示。根据提示，长按遥控器的"开启"按键，扫频完成后，点击"确定"按钮，然后再按一下遥控器的"开启"按键，即完成了下悬窗"开启"按键的学习，如图5-68和图5-69所示。

图5-64 添加完成

图5-65 编辑面板信息

图5-66 单键学习

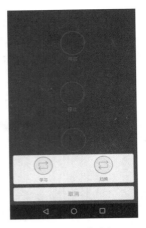

图5-67　扫频

图5-68　操作遥控器

图5-69　确认频点

⑨ 根据上述内容，依次进行"停止"和"关闭"的学习操作。

⑩ 根据上述内容，完成对其余窗户与窗帘的调试与操作。操作完成后，即可实现智能手机对电动窗与窗帘的网络控制。

（2）顶灯的网络控制调试与操作。

① 图 5-61 中选择"添加遥控""TC"命令，设备开关类型"TC2 1路"，进入开关学习界面，如图 5-70 所示。

② 学习开关。如图 5-71 所示，根据提示长按智能开关按钮约 5 s，当按钮闪烁时，设备进入学习状态，点击"配置"按钮，当提示"按钮是否停止闪烁"时，观察智能开关，当智能开关按钮停止闪烁时，点击 APP 页面中的"确定"按钮，学习完成后，即可完成手机对顶灯的网络控制，如图 5-72 所示。

5．实训报告

（1）描述遥控器对码的步骤与操作方法。（参考"1）遥控器的无线控制调试与操作"）

（2）描述添加设备的方法和步骤。（参考"3）系统网络控制调试与操作"）

（3）描述面板按键学习的方法和步骤。（参考"3）系统网络控制调试与操作"）

（4）描述顶灯的网络控制调试与操作步骤。（参考"3）系统网络控制调试与操作"）

图5-70　选择开关类型

图5-71　配置

图5-72　开关控制

习　题

一、填空题（10题，每题2分，合计20分）

1. 智能家居系统的设计原则包括实用性、便利化、_____、标准性、方便性、_____。（参考 5.1.1 节的知识点）

2. 智能家居系统的稳定性主要包括_____产品稳定、系统运行的稳定、_____的稳定、集成功能的稳定、运行时间的稳定等。（参考 5.1.1 节的知识点）

3. 智能家居控制系统是随着现代通信、计算机网络、_____等技术的发展而形成的，促进了家居生活的_____，使居住环境舒适、安全、便利。（参考 5.2.1 节的知识点）

4. 中央控制箱的功能是由各种功能模块组合实现的，功能模块主要包括_____、_____、电视模块、影音模块、控制模块等。（参考 5.3.1 节的知识点）

5. 影音模块主要用于_____的应用，采用标准的 RCA 或 S 音视频插座，将音视频输入信号线接入输入端口，输出信号线接入相应输出端口，实现_____功能。（参考 5.3.1 节的知识点）

6. 智能家居信息传输线缆主要为_____，在某些高档住宅中，还会用到各种_____，随着光纤到户的日渐成熟，光纤也逐渐成为智能家居布线系统的一员。（参考 5.3.1 节的知识点）

7. 智能家居布线系统用到的同轴电缆分为两种，传输数字电视信号的_____同轴电缆和传输模拟视频信号的_____同轴电缆。（参考 5.3.1 节的知识点）

8. 家庭网关是家庭数据语音以及数字电视网络的_____，它对家庭内部的各种数据进行控制管理，并且与外部互联网进行_____。（参考 5.3.1 节的知识点）

9. 智能照明系统设计时要遵循两条原则，一个是_____，另一个是_____。（参考 5.4.1 节的知识点）

10. 智能家电控制系统主要由家庭网关、各类传感器模块、_____、_____等多个模块组成。（参考 5.5.1 节的知识点）

二、选择题（10题，每题3分，合计30分）

1. 请将下列图形符号与名称一一对应。（参考 5.2.2 节的知识点）

HUB	TCP/IP	HC	VP
(　　)	(　　)	(　　)	(　　)

A. 家庭控制器　　　　B. 集线器或交换机　　C. TCP/IP路由器　　D. 视频分配器

2. 智能家居的（　　）就是家居房间内的神经系统。（参考 5.3.1 节的知识点）

A. 布线系统　　　　　B. 控制中心　　　　　C. 通信协议　　　　D. 网络

3. 智能家居布线系统主要包括管理间子系统和（　　），一般采用（　　）结构。（参考 5.3.1 节的知识点）

A. 水平子系统　　　　B. 垂直子系统　　　　C. 树状　　　　　　D. 星状

4. 电视分配器模块由（　　）分配器构成，电视模块的功能就是将一个有线电视进口分出几路，满足多个房间的需要，也可应用于卫星电视和（　　）。（参考 5.3.1 节的知识点）

A. 一分二射频　　　　B. 一分四射频　　　　C. 安全系统　　　　D. 环境系统

5. 在进行家庭电源线敷设方案设计时，要充分考虑家庭用电功率，选择合适的线材，铝导线的安全载流量一般为（　　），铜导线的安全载流量一般为（　　）。（参考 5.3.1 节的知识点）

A．3～5 A/mm^2　　　　B．5～8 A/mm^2　　　　C．8～10 A/mm^2　　　　D．10～13 A/mm^2

6．智能家居布线系统中用到的网络双绞线与综合布线系统相同，一般选用（　　　）网络双绞线。（参考5.3.1节的知识点）

A．5类　　　　　　　B．超5类　　　　　　　C．5类或超5类　　　　D．超5类或者6类

7．光纤传输具有（　　　）的特点，目前主要用于小区主干网络和家庭网络接入。（参考5.3.1节的知识点）

A．低宽带、高稳定性　　　　　　　　　　B．高宽带、高稳定性
C．低宽带、低稳定性　　　　　　　　　　D．高宽带、低稳定性

8．总线分线盒主要用于（　　　），使用总线结构进行通信的固定设备之间的线路连接。

A．水平子系统　　　B．垂直子系统　　　C．工作区子系统　　　D．管理区子系统

9．据专业学者研究，不同照度下，视敏度随照度递增而（　　　），一般在200~400 lx照度下，人的视敏度有显著（　　　）。（参考5.5.1节的知识点）

A．降低　　　　　　B．升高　　　　　　　C．下降　　　　　　　D．上升

10．家庭影院系统不包括（　　　）。（参考5.5.1节的知识点）

A．综合布线系统　　　B．播放系统　　　C．音响系统　　　D．视频显示系统

三、简答题（5题，每题10分，合计50分）

1．简述智能家居系统布线设计原则。（参考5.3.1节的知识点）

2．简要说明家庭照明不同场所的设计要求。（参考5.4.2节的知识点）

3．简述在智能家电控制系统工程设计时，如何选择通信方式。（参考5.5.3节的知识点）

4．简述智能家居安防监控系统设计要求。（参考5.6.1节的知识点）

5．简述智能家庭影院系统设计原则。（参考5.8.2节的知识点）

单元❻

智能家居系统工程施工与安装

　　智能家居系统工程的施工安装质量直接决定工程的可靠性、稳定性和长期寿命等工程质量。本单元重点介绍智能家居系统工程施工安装的相关规定和要求，安排了安装基本技能实训等内容。

学习目标：

- 熟悉智能家居系统工程施工安装的主要规定和技术要求等内容。
- 掌握智能家居系统工程施工安装的方法。

6.1　智能家居系统的线缆敷设要求与安装方法

　　智能家居系统的线路敷设中，最基本的要求就是电力线缆和信号线缆严禁在同一线管内敷设。敷设线缆时应轻拉慢拉，尤其对双绞线和光缆，决不允许强行拖拽，转弯时应有足够的弧度，不得有扭曲。在未安装设备前，线缆应有足够的余量，并在线缆两端或必要部位有明显的标记，同时做好外露部分的保护。所有线缆敷设后，均应做必要的检查和测试，如线缆外皮是否受损、线缆的通断等。

6.1.1　线缆敷设要求

　　智能家居系统中用到的线缆主要有电源线和信号线两大类，电源线包括交流电力线、直流低电压电源线、接地线等。信号线包括用来传送模拟信号的视频电缆、模拟传感器（变送器）信号线，用来传送数字信号的串行数据总线、并行数据总线、网络双绞线，以及用来进行远距离传输的电话线、专线等。

　　（1）线缆的规格、路由和位置应符合设计规定，线缆排列必须整齐美观。

　　（2）尽量采用整段的线材，避免转接，不可避免时，接点、焊点应可靠，确保信号的有效传输，双绞线电缆必须用模块端接。

　　（3）线缆必须统一编号，并且与信息点编号相同，编号标签应正确齐全、字迹清晰、不易擦除。

　　（4）布线应充分利用已有的地沟、桥架和管道，从而简化布线。

　　（5）布线需用PVC线槽或线管时，尽量暗敷，暗敷走线以路径最短为原则，但必须保证走线符合设计要求。不得已明敷时必须保证走线横平竖直、整齐美观。

　　（6）线缆外护套宜用阻燃材料，优选绝缘性能好、抗干扰、耐腐蚀的线缆。

　　（7）信号线和电源线应分离布放，信号线应尽量远离易产生电磁干扰的设备或线缆。

6.1.2 线缆施工技术

1. 线槽内线缆施工

线槽内线缆布设的具体步骤和要求如下：

（1）查看线槽路由。研读综合布线设计图纸，并根据线槽安装情况查看线槽路由，主要查看线槽转弯情况。

（2）底盒预留。将双绞线从线槽穿入底盒，并在底盒内预留 120 ~ 200 mm 线缆。

（3）量取线缆。根据敷设长度量取所需线缆，一般截取线缆的长度应比线槽长至少 1 m。若无法确定线缆长度，可采取多箱取线的方法，根据线槽内敷设线缆的数量准备多箱线缆，分别从每箱中抽取一根线缆以备使用。

（4）线缆标记。按照设计图纸和信息点编号表规定，用标签纸在线缆底盒内预留的一端做上编号。编号必须与设计图纸、信息点编号表对应编号一致。

若采取多箱取线的方法，则应该在线箱上做好标记，待线缆敷设完成后，再在双绞线另一端做相对应的标记。编号标签距线端约 0.5 m，用胶带缠绕牢固，防止在敷设时脱落。

（5）敷设线缆。从底盒位置开始将线缆放入线槽内，放线时及时盖好盖板。线槽拐弯处应注意将线缆预留一定余量，让线缆尽量贴住线槽的外侧槽壁和转角处内侧转角，保持合理的曲率半径。

（6）固定盖板。将线缆沿线槽敷设完毕后，将线槽盖板全部扣压固定，若使用成品弯头时，可在线槽盖板安装时将弯头安装到位。

（7）测试。测试线缆的通断、性能参数等，检验线缆是否在敷设过程中断开或受损。如果线缆断开或受损需及时更换。

（8）现场保护。将线缆的两端预留部分用线扎绑扎，并用塑料纸包裹，以防后期施工损坏线缆。

2. 线管内线缆施工

线管内线缆布设的具体步骤和要求如下：

（1）研读图纸。研读正式设计图纸，确定每条线缆的布线路径，分别找出对应的线管出口和入口。

（2）穿引线。选择足够长度的穿线器，将穿线器引线从线管信息插座底盒一端穿入，从机柜一端露出。

注意：穿引线的过程中，如果遇到无法穿过的情况，可以从另一端穿入，或者采取两端同时穿入钢丝对绞的方法。

（3）量取线缆。可以确定线缆长度时，根据长度量取所需线缆，一般截取线缆的长度应比线管长至少 1 m。

若无法确定线缆长度，可采取多箱取线的方法，根据线管内穿线的数量准备多箱双绞线，分别从每箱中抽取一根双绞线以备使用。

（4）线缆标记。按照设计图纸和信息点编号表规定，用标签纸在线缆的两端分别做上编号。编号必须与设计图纸、信息点编号表对应编号一致。

（5）绑扎线缆与引线。将所穿线缆理线、分类和绑扎，绑扎时应注意保持美观，并且预留足够的长度。绑扎要牢固可靠，防止后续安装与调试中脱落和散落，绑扎节点要尽量小、尽量光滑，可以用扎带或者魔术贴绑扎。

（6）穿线。在线管的另一端，匀速慢慢拽拉引线，直至拉出线缆的预留长度，并解开引线。一般在信息插座位置预留线缆长度不得超过200 mm，配电柜位置根据空开的安装位置确定预留长度。

注意：在拉线过程中，线缆宜与管中心线尽量同轴，保证线缆没有拐弯，整根线缆保持较大的曲率半径。

（7）测试。测试线缆的通断、性能参数等，检验线缆是否在穿线过程中断开或受损。如果线缆断开或受损需及时更换。

（8）现场保护。将线缆的两端预留部分用线扎绑扎，并用塑料纸包裹，以防后期施工损坏线缆。

6.1.3　线缆的绑扎标准

（1）有序绑扎线缆。图6-1所示的线缆应按布放顺序进行绑扎，保持顺直，防止线缆互相缠绕，做到横平竖直，绑扎位置高度应相同。

（2）选择合适扎带，齐根平滑剪齐。根据理线和绑扎需要，应选用合适的扎带规格，不应用多根扎带接续。如图6-2所示，扎带绑扎好后，应将多余部分齐根平滑剪齐，不得带有尖刺。

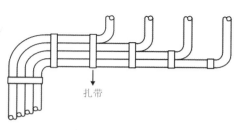

图6-1　有序绑扎线缆

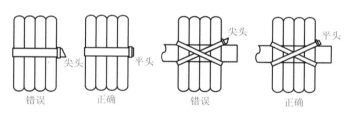

图6-2　齐根平滑剪齐

（3）绑扎间距。如图6-3所示，线缆绑扎成束时，一般根据线缆的粗细程度来决定两根扎带之间的距离，扎带间距应为线缆束直径的3～4倍。

（4）绑扎在转角两侧。如图6-4所示，绑扎转弯的线缆束时，扎带应绑扎在转角两侧，以避免在线缆转弯处用力过大造成断芯的故障。

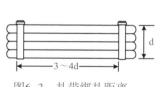

图6-3　扎带绑扎距离

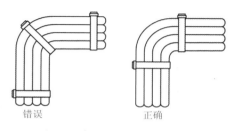

图6-4　弯头处的线缆绑扎

（5）由远及近顺次布放线缆。配电柜内的线缆首先理线，必须按照由远及近的顺序布放，即最远端的线缆应最先布放，使其位于走线区的底层，布放时尽量避免线缆交错，如图6-5所示。

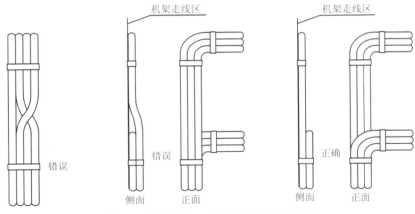

图6-5 配电柜内由远及近顺次布放线缆

6.2 智能家居系统的设备安装

6.2.1 智能开关和智能插座的安装

1. 安装技术准备要求

1）安装前检查项目和要求

（1）开箱检查设备的装箱单、合格证、检测报告等资料，要求齐全完整，妥善保管。

（2）设备的型号符合工程设计要求，规格和数量正确，与订货清单相同，螺丝等配件齐全，没有漏项。

（3）设备操作正常，标识标志清楚，外观完好，没有缺陷。

（4）设备应存放在干燥通风场所，避免重压。

2）安装施工技术准备

（1）熟悉施工图纸。

（2）安装施工前应进行技术交底。

（3）整理和熟悉相关施工质量验收规范。

3）安装施工材料准备

（1）完成项目设备品牌、规格和数量统计表。一般按照分项或者楼层统计，建议把智能开关与智能插座等分开统计，方便物料管理，提供安装效率。

（2）再次复查智能开关、智能插座等设备的型号、规格，必须符合设计要求，并有产品合格证和"CCC"认证标识。

（3）绝缘胶带、螺丝等辅助材料全部备齐，有10%的余量。

4）主要工具准备

（1）首先准备合适的工具腰包，保证每个施工员至少1个。

（2）常用工具包括剥线钳、尖嘴钳、老虎钳、各种规格螺钉旋具等，测量工具包括卷尺、水平尺等，标记记录工具包括记号笔、书写笔等，清洁工具包括小刷子、抹布等。

5）作业条件检查与准备

（1）各种管路、底盒敷设完毕，质量合格。

（2）底盒已经用砂浆抹平，收口整齐美观。

（3）全部穿线结束，绝缘测试合格。

（4）墙面抹灰、油漆及壁灯等装修工作均已完成。

（5）地面铺设工作已完成。

（6）现场干净整洁。

2. 安装施工工艺流程与要求

安装施工工艺流程如图 6-6 所示。

图6-6　工艺流程

1）接线盒检查清理

用錾子轻轻将接线盒内残余的水泥、灰块等杂物剔除，然后用小刷清理干净。同时清理螺纹孔的水泥等杂物。

2）智能插座接线

按照产品说明书或者设计文件规定，认真接线，位置正确，电气连接可靠，固定牢固。

单相三孔智能插座的接线：左孔为零线，右孔为相线，上孔为接地线。

三相四孔智能插座的接线：左孔为相线 L1，下孔为相线 L2，右孔为相线 L3，上孔为接地线。

3）智能开关安装应符合下列规定

（1）智能开关安装位置便于操作，智能开关边缘距门框距离为 150 ~ 200 mm，智能开关距地面高度约为 1 300 mm。

（2）智能开关面板应紧贴墙面，四周无缝隙，安装牢固，表面光滑整洁。

（3）同一家庭，智能开关宜为同一品牌，避免协议不兼容影响正常使用。

4）智能插座安装应符合下列规定

（1）智能插座安装高度距离地面 300 mm。

（2）地插面板与墙面平齐，电气连接可靠，盖板固定牢靠，横平竖直。

（3）智能插座与智能开关必须为同一品牌，便于统一控制，也便于家庭场景的建立。图 6-7 所示为智能家居开关、插座安装位置示意图。

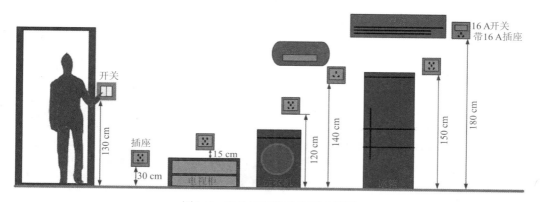

图6-7　开关插座安装位置示意图

3. 智能开关、智能插座的安装步骤

（1）智能开关、智能插座的安装必须由持证专业电工完成，在安装时首先对底盒进行清理，将灰尘杂质清理干净，如图6-8所示。

（2）将底盒内的导线按顺时针方向盘绕，剥线长度合适，不能划伤线芯，要求安装后，线芯不得外露，如图6-9所示。

（3）正确接线。插座上L为相线接口，N为中性线接口，⏚为接地线。接线位置必须保持正确，不得接错，如图6-10所示。

（4）接线完成后，将预留的电线有序压入底盒中，将面板安装在底盒上，保持面板与墙面平齐，如图6-11所示。

图6-8　底盒清理　　　图6-9　电源线处理　　　图6-10　接线　　　图6-11　固定安装

6.2.2　灯具安装

智能家居的灯具多种多样，一般由专业电工安装。这里以吸顶灯为例，只做简单介绍。

（1）选好安装区域，画出位置标记。吸顶灯一般安装在楼板下，选择安装区域时，注意避让暗埋的线管。

（2）拆除吸顶灯部件。如图6-12所示，首先把灯罩取下来，然后再取下灯管，避免安装过程中损坏灯管。

图6-12　拆除吸顶灯部件

（3）安装灯座。首先将灯座放在安装位置，通过安装孔用铅笔做好标记，然后拿走灯座。最后钻孔，安装膨胀螺栓，固定灯座，如图6-13所示。

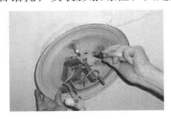  

图6-13　安装底座

（4）连接电线。将电源线与吸顶灯的接线座进行连接，接线牢固，电气连接可靠，如图6-14所示。

（5）安装灯罩。接线完成后，通电测试，确保灯珠正常亮灭，然后安装灯罩，如图6-15所示。

 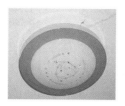

图6-14　连接电线　　　　　　　　　　图6-15　安装灯罩

6.2.3　家用电器安装

1. 空调安装

空调安装一般都会涉及高空作业，因此必须由专业人员安装。

（1）室外机的噪声及冷（热）风、冷凝水不能影响他人的工作、学习和生活。

（2）室外机应尽量偏离阳光直射的地方。

（3）室外机与室内机之间的距离应小于5 m。

（4）室外机与室内机之间的高度差距离应小于3 m，否则会降低空调器的制冷能力，增大压缩机负荷，引起过载启动。

（5）安装过程如下：

① 选择安装位置，固定安装板，如图 6-16 所示。

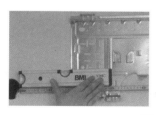 

图6-16　固定安装板

② 打过墙孔，如图 6-17 所示。注意内侧孔应比外侧高一点，便于排水。

③ 安装连接管，如图 6-18 和图 6-19 所示。

   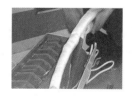

图6-17　穿墙打孔　　　　　　　图6-18　连接管　　　图6-19　包扎连接管线

④ 悬挂室内机和室外机，如图 6-20 所示。

图6-20　悬挂室内机和室外机

2. 电热水器的安装

电热水器的安装涉及电工知识和管道连接方法等，需要持证电工和专业人员安装。应该遵守下列规定：

（1）电线线径必须满足要求。按照国家标准，电源应采用单相三线 50 Hz、220 V 交流电，相线、中性线、地线连接正确，接地良好，绝缘保护完好，电线线径满足容量负荷要求。

（2）单独设置供电线路。对于储水式电热水器应单独设置供电线路，不要与其他大功率电器共用一条电源线，要单独增加漏电、过载、过流等保护装置，保护的额定电流大于实际使用电流的 2 倍。

（3）电源线符合规定。电源配线的功率应比电器的额定最大用电功率大 50% 或以上。

功率 1 320 W ～ 2 200 W 时，电流为 6 ～ 10 A，电源线横截面积 $\geqslant$ 1 mm^2。

功率 2 200 W ～ 3 520 W 时，电流为 10 ～ 16 A，电源线横截面积 $\geqslant$ 1.5 mm^2。

功率 3 520 W ～ 5 500 W 时，电流为 16 ～ 25 A，电源线横截面积 $\geqslant$ 2.5 mm^2。

电源线绝缘外护套应防水、耐磨，接头处电气连接牢固。

（4）电源插座与插头配套。电源插座必须与电热水器插头相配套，建议使用 16 A 插座。

电源插座使用防水式，防止水或水蒸气进入插头和插座内。

电源插座垂直安装，应尽量远离水源或喷头处。

电源插座应安装牢固，电气连接可靠，防止电源引线拉动、触碰时产生电火花。

（5）水路进水端安装角阀。电热水器安装时，必须在进水端安装角阀，方便后续维修。电热水器的出水管道宜小于等于 3 m。电热水器不要采用多路供水。必须多路供水时，使用后要先关电后关水，避免干烧或超温。

（6）电热水器安装高度一般为 1.65 ～ 1.75 m。

（7）安全检查合格。

电热水器安装完毕，必须进行水电安全检测，确保无漏电、无漏水现象，安全检查合格后才能通水通电使用。

6.2.4 环境监控类设备安装

一般来说，冬天室内舒适的温度宜为 18 ～ 25 ℃，湿度为 30% ～ 80%，夏天室内舒适的温度宜为 23 ～ 28 ℃，湿度 30% ～ 60%。在空调室内，室温为 19 ～ 24 ℃，湿度为 40% ～ 50% 时最舒适，如果考虑温度、湿度对人的思维活动的影响，最适宜的室内温度是 18℃，湿度为 40% ～ 60%，此时，人的精神状态好，工作效率高，思考问题最为敏捷。

1. 温湿度传感器

（1）在最需要测量温湿度的位置，安装传感器。

（2）室内温湿度传感器不能直接安装在发热、制冷物体上，也不能直接安装在蒸汽、水雾环境中，要远离风口、门口和窗口，避免日晒雨淋，保证传感器不能受潮或者浸水。

（3）安装高度一般为 2.5 ～ 3 m，便于安装、调试和维护。

（4）安装步骤

第一步：取下探测器固定件，将固定件用自攻螺丝安装牢固，位置合理。

第二步：装入电池，将探测器安装到固定件上，安装完毕。

2. 室外风光雨传感器

风光雨传感器能够自动感应检测风力强度、光线强度、雨量大小，并且将信号传递给智能主机，通过主机对电动遮阳蓬、开窗器等自动化控制，保持家居环境舒适。

（1）风光雨传感器的探头一般安装在屋顶或者窗户外面。

（2）接收机一般安装在室内合适位置。

注意：风光雨感应探头和接收机之间的距离不易太大，以随机自带的线长度为宜。

3. 电动开窗器

（1）安装前的检查。电动开窗器到货后应进行开箱检查，检查项目如下：

① 电动开窗器的检测报告及合格证应齐全。

② 电动开窗器型号规格、数量应符合工程设计要求，附件应齐全。

③ 电动开窗器应外观完好，无损伤。

④ 电动开窗器应放在干燥通风场所。

（2）施工准备。包括技术准备、材料准备、工具准备、作业条件准备等。

① 技术准备。主要包括熟悉施工图纸，统计数量规格表，技术交底会，标准规范准备等。

② 材料准备。主要包括设备型号、规格符合设计要求，产品合格证等资料齐全。安装前功能测试合格。绝缘胶带、安装螺丝等辅助材料齐全，没有漏项。

③ 工具准备。主要包括剥线钳、螺钉旋具等安装工具，卷尺、水平尺等测量工具，梯子、安全绳等登高作业工具。

④ 作业条件。主要包括线缆布线检查合格，墙面抹灰、油漆等装修工作完成，窗户安装到位等。

（3）安装要求：

① 开窗器在安装前，必须先通电检测，至少完成1个往返行程，检测合格。

② 检测窗户安装合格，开启顺畅，特别要求窗户行程必须大于开窗器行程。

③ 开窗器运行时，不要将手放在窗框与窗扇之间，防止发生夹手的危险。

（4）链条式开窗器安装步骤如下：

第一步：检查链条式开窗器配件是否齐全。图6-21所示为链条式开窗器配件图。

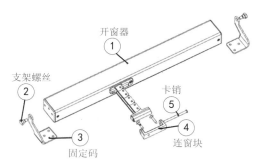

图6-21　链条式开窗器配件图

第二步：图6-22所示为固定开窗器支架。一个支架安装在窗框，另一个支架安装窗扇。

第三步：如图6-23所示，安装电动机，规定牢固。

第四步：如图6-24所示，安装链条，完成开窗器的安装。

图6-22　固定开窗器支架　　　　图6-23　固定电动机　　　　图6-24　开窗器安装完成

图6-25所示为8种常见的链条式开窗器的安装效果图。

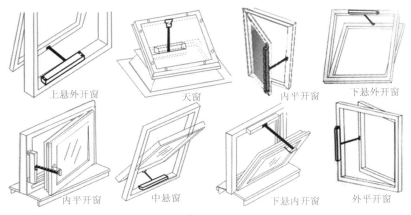

上悬外开窗　　　　天窗　　　　内平开窗　　　　下悬外开窗

内平开窗　　　　中悬窗　　　　下悬内开窗　　　　外平开窗

图6-25　链条式开窗器安装效果图

6.3　典型案例：电工配线端接实训装置

6.3.1　典型案例简介

为了使读者快速地掌握智能家居系统工程安装与施工基本操作技能，以西元电工配线端接实训装置为典型案例，介绍工程中施工各种常见的线缆端接和压接方法，让读者从实践中掌握各类线缆端接和压接的能力。图 6-26 所示为西元电工配线端接实训装置正面和背面图，该产品为全钢结构机架，落地安装，立式操作，仿真典型工程现场。

西元电工配线端接实训装置主要配置有电工端接实训装置、电工压接实训装置、音视频线制作与测试装置、电工电子端接实训装置、电气配电箱等，产品主要技术参数如表 6-1 所示。

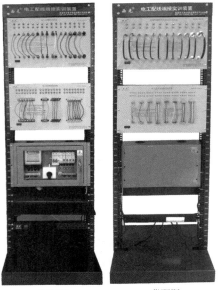

正面图　　　　背面图

图6-26　西元电工配线端接实训装置图

表6-1　西元电工配线端接实训装置的技术规格与参数表

序　号	类　别	技术规格		
1	产品型号	KYZNH–21	产品重量	75 kg
2	实训课时	10课时	电压/功率	220 V/50 W
3	实训人数	每台设备能够满足2～4人同时实训		
4	产品尺寸	长600 mm，宽530 mm，高1 800 mm		
5	配套设备	（1）19寸7U电工端接实训装置1台； （2）19寸7U电工压接实训装置1台； （3）19寸7U电工电子端接实训装置1台； （4）19寸7U音视频线制作与测试实训装置1台； （5）19寸7U电气配电箱1台； （6）19寸38U开放式机架1套； （7）19寸工具盒1个； （8）19寸8位PDU电源插座1个。		

6.3.2　电工配线端接实训装置

电工配线端接实训装置主要包括电工端接实训装置1台、电工压线实训装置1台、音视频线制作与测试实训装置1台、电工电子端接实训装置1台，电气配电箱1台等，其中电气配电箱为整个装置供电。

1. 电工端接实训装置

电工端接实训装置如图6-27所示，外形尺寸为19寸7U，安装在机架的正面2U～9U位置。该装置涵盖工程中常用的电工端接技术，可完成各种线径的软线和硬线端接，培养学生电工端接技能。

电工端接实训装置为国家专利产品，配置有独立的开关，16组绿色指示灯与16组接线柱，每组2个，上下对应为一组，每组接线柱对应一组指示灯。能够同时端接和测试16根电线，通过指示灯检测端接的电线是否可靠。例如，每根电线端接可靠且位置正确时，上下对应的指示灯同时反复闪烁；当任何一端端接开路时，上下对应的指示灯不亮；某根电线端接位置错误时，上下错位的指示灯反复闪烁。

2. 电工压接实训装置

电工压接实训装置如图6-28所示，外形尺寸为19寸7U，安装在机架的正面10U～17U位置。该装置涵盖工程中常用的电工压接技术，可完成各种线径的软线和硬线压接，培养学生电工压接技能。

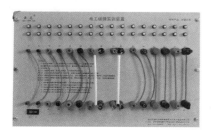
图6-27　电工端接实训装置

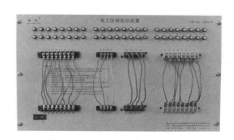
图6-28　电工压接实训装置

电工压接实训装置为国家专利产品，配置有独立的开关，24 组绿色指示灯与 24 组 4 种不同的接线端子，每组 2 个，上下对应为 1 组。能够同时端接和测试 24 根电线，通过指示灯检测压接的电线是否可靠。例如，每根电线压接可靠且位置正确时，上下对应的指示灯同时反复闪烁；当电线任何一端压接开路时，上下对应的指示灯不亮；某根电线压接位置错误时，上下错位的指示灯反复闪烁。

3. 音视频线制作与测试实训装置

音视频线制作与测试实训装置如图 6-29 所示，外形尺寸为 19 寸 7U，安装在机架的背面 10U ~ 17U 位置。该装置涵盖工程中常用的音视频接头焊接和安装技术，包括各种同轴电缆使用的 RCA 接头和 BNC 接头的电烙铁焊接和安装，可完成音视频线的制作和端接，培养学生音视频线的制作和端接技能。

音视频线制作与测试实训装置为国家专利产品，配置有独立开关，12 组绿色指示灯与 12 组 RCA、BNC 插头，每组 2 个，上下对应为 1 组。能够同时端接和测试 12 根音视频线，通过指示灯检测焊接的音视频线是否可靠。例如，将做好的音视频线插在上下对应的 RCA 或 BNC 插座，音视频线接头端接可靠且插接位置正确时，上下对应的一组指示灯同时反复闪烁；音视频线任何一端开路时，上下对应的一组指示灯不亮；音视频线插接错位时，上下指示灯按照实际错位的顺序反复闪烁。

4. 电工电子端接实训装置

电工电子端接实训装置如图 6-30 所示，外形尺寸为 19 寸 7U，安装在机架的背面 2U ~ 9U 位置。该装置涵盖常用的 PCB 电路板上各种微型接线端子的接线和安装技术，包括各种微型螺丝安装和免螺丝安装技术，可完成电子 PCB 基板的端接，培养学生 PCB 基板端接的基本操作技能。

电工电子端接实训装置为国家专利产品，配置有独立的开关，32 组绿色指示灯，每组 2 个，上下对应为 1 组，8 组 PCB 基板接线端子，每组为 4 路，上下对应为 1 组。能够同时端接和测试 32 根电线，通过指示灯检测压接的电线是否可靠。例如，每根电线压接可靠且位置正确时，上下对应的指示灯同时反复闪烁；当电线任何一端压接开路时，上下对应的指示灯不亮；某根电线压接位置错误时，上下错位的指示灯反复闪烁。

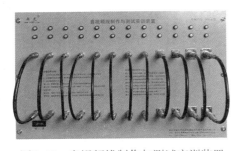

图6-29　音视频线制作与测试实训装置

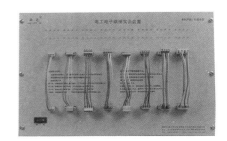

图6-30　电工电子端接实训装置

5. 电气配电箱

电气配电箱如图 6-31 所示，外形尺寸为 19 寸 7U，安装在机架的正面 18U ~ 25U 位置，为整个装置供电，真实模拟了综合布线系统工程中所用的低压配电系统，符合国家标准 GB 7251，直观展示出低压配电系统的原理及应用方法。设备为交流 220 V 电源输入，配电箱内所用电表、断路器、指示灯、电源插座及接线端子的工作电压均为 220 V 交流电。

图6-31　电气配电箱

6.3.3　产品特点

（1）专利产品。国家专利产品，全仿真模拟智能系统工程中的各种设备电气端接技术。

（2）操作安全。全部设备操作面板工作电压为≤7 V直流电压，操作安全。

（3）直观显示。指示灯能够直观和持续显示电气线路的跨接、反接、短路、断路等各种常见故障。

（4）材料齐全。配置各种专门的实训材料包，方便教学与实训组织。

（5）工学结合。涵盖安装工程中常用的电工端接和安装技术，包括各种线径的软线和硬线的端接，也包括各种线径的接线鼻子压接。

（6）专业供电系统。安装有专业的电气配电箱和PDU电源插座，包括电度表、空气开关、漏电保护器、接地端子和接零端子等常用电气配件。

6.3.4　产品功能实训与课时

该产品具有如下4个实训项目，共计10个课时，具体如下：

实训30：电工端接实训（2课时）。

实训31：电工压接实训（2课时）。

实训32：音视频线制作与测试技术实训（3课时）。

实训33：电子PCB基板端接技术实训（3课时）。

6.4　实　　　训

实训30　电工端接实训

1．实训目的

（1）了解电工端接的设备。

（2）掌握电工端接的方法和技巧。

2．实训要求和课时

（1）完成电工端接实训装置的16条线路端接。

（2）2人1组，2课时完成。

3．实训设备、材料和工具

1）实训设备

西元电工配线端接实训装置，型号KYZNH-21。

2）实训材料

电工配线端接实训材料包A，型号ZNCLB-21A。

3）实训工具

西元智能化系统工具箱，型号 KYGJX-16。在本实训中用到的工具有电工剥线钳、电工刀、尖嘴钳。

4. 实训步骤

图 6-27 所示为电工端接实训装置，输入电压为交流电 220 V，接线柱和指示灯的工作电压为 ≤ 7 V 直流安全电压。

1）多芯软电线（RV 线）端接

（1）裁线。取出多芯软电线，裁剪 200 mm 的电线。

（2）用电工剥线钳，剥去电线两端的护套，如图 6-32 所示。注意不要划透护套，避免损伤线芯（剥除护套长度宜为 6 mm）。

（3）将多线芯用手沿顺时针方向拧紧成一股，如图 6-33 所示。

（4）将软线两端分别在接线柱上缠绕 1 周以上，缠绕方向为顺时针，然后拧紧接线柱，如图 6-34 所示。

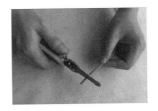
图6-32　剥护套

图6-33　拧线

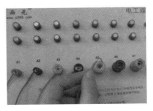
图6-34　缠绕并拧紧

2）单芯硬线（BV 线）端接

（1）裁线。取出单芯硬电线，裁剪 200 mm 的电线。

（2）用电工剥线钳或电工刀，剥去电线两端的护套。注意不要划透护套，避免损伤线芯，注:剥除护套长度宜为 6 mm。

（3）用尖嘴钳弯曲电线接头，将线头向左折，然后紧靠螺杆顺时针方向向右弯。

（4）将电线接头在螺杆上弯成环状，然后拧紧接线柱。

3）香蕉插头端接

（1）拧掉香蕉插头的绝缘套，将固定螺丝松动。

（2）用电工剥线钳，剥去电线两端的护套，将多线芯沿顺时针方向拧紧成一股。注意不要划透护套，避免损伤线芯（剥除护套长度宜为 6 mm）。

（3）将电线接头穿入香蕉插头尾部接线孔，如图 6-35 所示，拧紧固定螺丝，装上绝缘套，如图 6-36 所示。

（4）将接好的香蕉插头插入上下对应的接线柱香蕉插座中，如图 6-37 所示。

图6-35　安装香蕉插头

图6-36　安装插头绝缘套

图6-37　插入香蕉插座

4）端接测试

（1）每根电线端接可靠和位置正确时，上下对应的接线柱指示灯同时反复闪烁。

（2）电线一端端接开路时，上下对应的接线柱指示灯不亮。

（3）某根电线端接位置错误时，上下错位的接线柱指示灯同时反复闪烁。

（4）某根电线与其他电线并联时，上下对应的接线柱指示灯反复闪烁。

（5）某根电线与其他电线串联时，上下对应的接线柱指示灯反复闪烁。

5. 实训报告

（1）描述多芯软线（RV 线）端接、单芯硬线（BV 线）端接、香蕉插头端接的操作步骤与方法。（参考"4. 实训步骤中的 1）~ 3）"）

（2）描述端接测试可能出现的 5 种情况以及原因。（参考"4. 实训步骤中的 4）"）

（3）记录每条端接线路通断情况。

（4）描述实操感受，并给出 2 张实操照片，其中 1 张为本人出镜照片。

实训31　电工压接实训

1. 实训目的

（1）了解电工压接所用设备。

（2）掌握电工压接方法和技巧。

2. 实训要求和课时

（1）完成电工压接实训装置的 24 条线路压接。

（2）2 人 1 组，2 课时完成。

3. 实训设备、材料和工具

1）实训设备

西元电工配线端接实训装置，型号 KYZNH–21。

2）实训材料

电工配线端接实训材料包 B，型号 ZNCLB–21B。

3）实训工具

西元智能化系统工具箱，型号 KYGJX–16。在本实训中用到的工具有电工剥线钳、电工刀、尖嘴钳。

4. 实训步骤

图 6-28 所示为电工压接实训装置，输入电压为交流电 220 V，接线柱和指示灯的工作电压为 ≤ 7 V 直流安全电压。

1）多芯软电线的压接

（1）裁线。取出多芯软电线，裁剪 200 mm 的电线。

（2）剥除护套。用电工剥线钳，剥去电线两端的护套，如图 6-38 所示，注意不要划透护套，避免损伤线芯（剥除护套长度宜为 6 mm）。

（3）将剥开的多芯软电线用手沿顺时针方向拧紧，套上冷压端子，如图 6-39 和图 6-40 所示。

图6-38 用剥线钳剥除护套

图6-39 套冷压端子

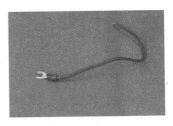
图6-40 套接完毕

（4）用电工压线钳将冷压端子与导线压接牢靠，如图6-41所示。

（5）制作压接另一端冷压端子。重复上述步骤，完成另一端电线的压接。

（6）将两端压接好冷压端子的电线接在面板上相应的接线端子中，拧紧螺丝，如图6-42所示。

图6-41 压接冷压端子

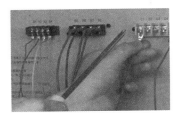
图6-42 将电线接在接线端子上

说明：① 实训中针对不同直径的电线，应选用剥线钳不同的豁口进行剥线操作。

② 实训中针对绝缘和非绝缘冷压端子，应采用不同的专用冷压钳压接。

（7）确认压接的电线安装位置正确，冷压端子安装牢靠，与接线端子可靠接触，观察上下对应指示灯闪烁情况。

2）压接测试

（1）每根电线压接可靠位置正确时，上下对应的接线端子指示灯同时反复闪烁。

（2）电线其中一端，压接开路时，上下对应的接线端子指示灯不亮。

（3）某根电线压接的位置错误时，上下错位的接线端子指示灯同时反复闪烁。

（4）某根电线与其他电线并联时，上下对应的接线端子指示灯反复闪烁。

5. 实训报告

（1）描述压接电线的步骤与方法。（参考"1）多芯软电线压接"）

（2）描述压接测试可能出现的4种情况以及原因。（参考"2）压接测试"）

（3）记录每条压接线路通断情况。

（4）描述实操感受，并给出2张实操照片，其中1张为本人出镜照片。

实训32 音视频线制作与测试技术实训

1. 实训目的

（1）了解音视频线测试的设备。

（2）掌握音视频线的制作及接头焊接的方法。

2. 实训要求和课时

（1）完成12条音视频线的接头焊接。

（2）完成音视频制作与测试实训装置的12条线路压接。

（3）2人1组，3课时完成。

3. 实训设备、材料和工具

1）实训设备

西元电工配线端接实训装置，型号 KYZNH–21。

2）实训材料

电工配线端接实训材料包 D，型号 ZNCLB–21D。

3）实训工具

西元智能化系统工具箱，型号 KYGJX–16。在本实训中用到的工具有电工剥线钳、尖嘴钳、剥线器、电烙铁、焊锡。

4. 实训步骤

图 6–29 所示为音视频线制作与测试实训装置，输入电压为交流电 220 V，接线柱和指示灯的工作电压为 ≤ 12 V 直流安全电压。

1）音视频线的制作

RCA 接头和 BNC 接头的制作方法相同，以 BNC 接头音视频线的制作为例进行介绍。

（1）裁线。取出音视频电线，裁剪 250 mm 的电线。

（2）将接头尾套、弹簧和绝缘套穿入线缆中，如图 6–43 所示。

（3）用旋转剥线器剥去线缆外套，保留屏蔽网，如图 6–44 所示。

（4）将屏蔽网整理到一侧，同时拧成一股，如图 6–45 所示。

图6-43 穿入线缆　　图6-44 剥去线缆外套　　图6-45 整理屏蔽网

（5）用剥线钳剥去绝缘皮，露出线芯 30 mm，如图 6–46 所示。

（6）将屏蔽网穿入线夹孔，线芯插入探针孔中。

（7）依次焊接线芯与探针孔，焊接屏蔽网与线夹孔，如图 6–47 所示。

图6-46 剥去绝缘皮　　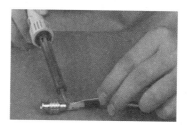图6-47 焊接线芯和屏蔽网

（8）用尖嘴钳把线夹和绝缘皮夹紧，如图 6–48 所示。

（9）将绝缘套移到焊接位置，然后拧紧尾套，如图 6–49 所示。图 6–50 所示为焊接完成的两个焊点。

（10）将做好接头的线缆安装在上下对应的 BNC 插座。

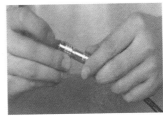

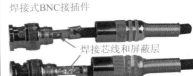
焊接式BNC接插件

焊接芯线和屏蔽层

图6-48　夹紧线夹和绝缘皮　　　图6-49　拧紧尾套　　　图6-50　焊接完成的两个焊点

2）音视频线测试

（1）线缆接头端接可靠和插接位置正确时，上下对应的一组指示灯同时反复闪烁。

（2）线缆一端开路时，上下对应的一组指示灯不亮。

（3）线缆插接位置错位时，上下指示灯按照实际错位的顺序反复闪烁。

5．实训报告

（1）描述音频线制作与测试的步骤与方法。（参考"1）音视频线的制作"）

（2）描述音视频线端接可能出现的 3 种情况以及原因。（参考"2）音视频线测试"）

（3）记录每条音视频线端接的通断情况。

（4）描述实操感受，并给出 2 张实操照片，其中 1 张为本人出镜照片。

实训33　电子PCB基板端接技术实训

1．实训目的

（1）了解 PCB 基板端接实训设备。

（2）掌握 PCB 基板端接的方法。

2．实训要求和课时

（1）完成 12 条电线的 PCB 基板端接。

（2）2 人 1 组，3 课时完成。

3．实训设备、材料和工具

1）实训设备

西元电工配线端接实训装置，型号 KYZNH-21。

2）实训材料

电工配线端接实训材料包 C，型号 ZNCLB-21C。

3）实训工具

西元智能化系统工具箱，型号 KYGJX-16。在本实训中用到的工具有电工剥线钳、尖嘴钳、剥线器、电烙铁、焊锡。

4．实训步骤

图 6-30 所示为电工电子端接实训装置，输入电压为交流电 220 V，接线柱和指示灯的工作电压为 ≤ 12 V 直流安全电压。

1）电子 PCB 端子接线端接方法

（1）裁线。取出多芯软电线，裁剪 200 mm 的电线。

（2）用电工剥线钳，剥去电线两端的护套，如图 6-51 所示。注意不要划透护套，避免损伤线芯（剥除护套长度宜为 6 mm）。剥好的电线如图 6-52 所示。

（3）将剥开的多芯软电线用手沿顺时针方向拧紧，如图6-53所示。

图6-51　用剥线钳剥除护套

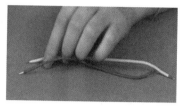

图6-52　剥好的电线

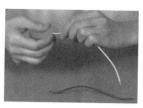

图6-53　顺时针方向拧紧多芯软电线

（4）用电烙铁给线芯两端烫锡，如图6-54所示。

（5）端接。

① 螺丝式端接方法。将线芯插入接线孔内，拧紧螺丝，如图6-55所示。

② 免螺丝式端接方法。用一字头螺钉旋具将压扣开关按下，把线芯插入接线孔中，然后松开压扣开关即可，如图6-56所示。

图6-54　用电烙铁给线芯两端烫锡

图6-55　螺丝式端接

图6-56　免螺丝式端接

说明：实训中针对不同直径的线缆，应选用剥线钳不同的豁口进行剥线操作。

2）端接测试

（1）线缆端接可靠和位置正确时，上下对应的一组指示灯同时反复闪烁。

（2）线缆任何一端开路时，上下对应的一组指示灯不亮。

（3）线缆任何一端并联时，上下对应的指示灯反复闪烁。

（4）线缆端接错位时，上下指示灯按照实际错位的顺序反复闪烁。

5. 实训报告

（1）描述PCB基板端接与测试的步骤与方法。（参考"1）电子PCB端子接线端接方法"）

（2）描述PCB基板端接可能出现的4种情况以及原因。（参考"2）端接测试"）

（3）记录每条电线端接的通断情况。

（4）描述实操感受，并给出2张实操照片，其中1张为本人出镜照片。

习　题

一、填空题（10题，每题2分，合计20分）

1. _____智能家居系统的线路敷设中，最基本的要求就是严禁_____和_____在同一线管内敷设。（参考6.1节的知识点）

2. _____进行线缆标记时，需按照_____规定，用标签纸在线缆_____的一端做上编号。

3. _____线缆外护套宜用_____，优选_____的线缆。（参考6.1.1节的知识点）

4. 量取线缆时，若采取多箱取线的方法，则应该在线箱上做好标记，待线缆敷设完成后，再在_____做相对应的标记，标记距线端约_____，用胶带缠绕牢固，防止在敷设时脱落。（参考 6.1.2 节的知识点）

5. 在智能家居系统的设备安装前要进行施工技术准备，包括_____、安装施工前应进行技术交底、整理和熟悉相关_____。（参考 6.2.1 节的知识点）

6. 智能开关、智能插座等设备安装前应再次复查型号、规格，必须符合设计要求，_____并有_____和_____。（参考 6.2.1 节的知识点）

7. 单相三孔的智能插座的接线遵循左孔接_____，右孔接_____，上孔为接地线。（参考 6.2.1 节的知识点）

8. 电热水器的出水管道宜_____，电热水器的安装高度一般为_____。（参考 6.2.3 节的知识点）

9. _____风光雨传感器能够自动感应检测_____、_____。（参考 6.2.3 节的知识点）

10. _____电动开窗器安装前要进行施工准备，准备工作包括有技术准备、材料准备、_____、_____等。（参考 6.2.3 节的知识点）

二、选择题（10题，每题3分，合计30分）

1. 智能家居系统中用到的线缆主要有（　　）。（参考 6.1.1 节的知识点）
A. 网络双绞线和同轴电缆　　　　　　B. 网络双绞线和电源线
C. 电源线和同轴电缆　　　　　　　　D. 电源线和信号线

2. 常用来传送数字信号的线不包括（　　）。（参考 6.1.1 节的知识点）
A. 串行数据总线　　B. 视频电缆　　C. 并行数据总线　　D. 网络双绞线

3. 在线槽内进行线缆布设，将双绞线从线槽穿入底盒，需要在底盒内预留（　　）毫米线缆。（参考 6.1.2 节的知识点）
A. 50～120　　　　B. 120～200　　　C. 200～250　　　D. 250～300

4. 安装智能开关应选取合适的位置，一般要求智能开关边缘距门框距离为（　　），智能开关距地面高度约为（　　）毫米。（参考 6.2.1 节的知识点）
A. 100～120　　　B. 120～200　　　C. 1 200　　　　D. 1 300

5. 对于储水式电热水器应单独设置供电线路，不能与其他大功率电器共用一条电源线，要单独增加漏电、过载、过流等保护装置，保护的额定电流应大于实际使用电流的（　　）倍。（参见 6.2.1 节的知识点）
A. 1.5　　　　　　B. 2　　　　　　　C. 2.5　　　　　　D. 3

6. 在拉线过程中，线缆宜与管中心线尽量（　　），保证线缆没有拐弯，整根线缆保持（　　）的曲率半径。（参考 6.1.2 节的知识点）
A. 同轴　　　　　　B. 垂直　　　　　C. 较小　　　　　　D. 较大

7. 智能插座安装高度距离地面（　　）毫米，智能开关和智能插座安装布线的过程中，将底盒内的导线按（　　）方向盘绕。（参考 6.2 节的知识点）
A. 300　　　　　　B. 350　　　　　　C. 顺时针　　　　　D. 逆时针

8. 插座上 L 表示（　　），N 表示（　　），⏚ 表示接地线。（参考 6.2 节的知识点）
A. 相线接口　　　　B. 中性线接口　　C. 相线　　　　　　D. 中性线

9. 按照国家标准，电源应采用单相三线（　　）电。（参考 6.2.3 节的知识点）
A. 50 Hz，380 V直流　　　　　　　　B. 50 Hz，220 V交流

C. 50 Hz，380 V交流 　　　　　　　　　　D. 50 Hz，220 V直流

10. 电源线符合规定的电源线，一般情况下，功率 1 320 W ～ 2 200 W 时，电流为（　　　）安培，功率 2 200 ～ 3 520 W 时，电流为（　　　）安培，功率 3 520 W ～ 5 500 W 时，电流为（　　　）安培。（参考 6.2.3 节的知识点）

A. 6～10　　　　　　B. 10～16　　　　　　C. 16～25　　　　　　D. 26～35

三、简答题（5题，每题10分，合计50分）

1. 简述智能家居系统中线缆的分类及各线缆的作用。（参考 6.1 节的知识点）

2. 简述安装技术的准备要求。（参考 6.2.1 节的知识点）

3. 简述智能开关和智能插座的安装要求。（参考 6.2.1 节的知识点）

4. 简述空调安装过程中的要点以及注意事项。（参考节的 6.2.3 节的知识点）

5. 简述电热水器安装过程中的要点以及注意事项。（参考 6.2.3 节的知识点）

单元 7

智能家居系统工程的调试与验收

智能家居系统工程必须经过调试和验收，只有完成调试和检验，才能进行工程的最终验收和使用，调试和验收直接决定工程的质量和稳定性。本单元将重点介绍智能家居系统工程调试与验收的关键内容和主要方法。

学习目标：

- 掌握智能家居系统工程调试的主要内容和方法。
- 掌握智能家居系统工程验收的主要步骤和表格等内容。

7.1 智能家居系统工程调试

7.1.1 智能家居系统工程调试准备工作和要求

智能家居系统工程的调试工作应由施工方负责，项目负责人或具有工程师（技师）资格的专业技术人员主持，必须提前进行调试前的准备工作。

1. 调试前的准备工作

（1）编制调试大纲，包括调试的主要内容、开始和结束时间、参加人员与分工等。

（2）编制竣工图，作为竣工资料长期保存，包括系统图、施工图。

（3）编制竣工技术文件，作为竣工资料长期保存，如监控点数表、报警防区编号表等。

（4）整理隐蔽工程照片，编写隐蔽工程验收单等。

2. 调试前的自检要求

（1）按照设计图纸和施工安装要求，全面检查和处理遗留质量问题。例如，接线错误、虚焊、未可靠接地、开路、临时绑扎的处理等。

（2）按设计文件的规定，检查已经安装设备的安装位置、安装方式等是否正确。

（3）按设计文件的规定，检查已经安装设备的规格、型号、数量、配件等是否正确。

（4）在系统通电前，必须再次检查供电设备的输入电压、极性等。

（5）检查吸顶安装、吊装、壁装的各类设备是否安装牢固，保证安全。

3. 调试内容

智能家居系统调试前，应对有源设备逐台、逐个、逐点分别进行通电检查，发现问题及时解决，保证每台设备通电检查正常后，才能对整个系统进行通电调试。

智能家居系统调试内容，主要包括系统中单台设备的调试和联动控制的调试。图 7-1 所示为工程师现场调试设备。

图7-1 设备调试

单台设备的调试主要包括系统中各类单台设备的基本功能和控制方式的逐台逐项调试，具体如下：

（1）照明系统灯具的开关与调光功能等的调试。

（2）电器控制系统每台电器的本地控制与远程控制等的调试。

（3）报警系统的探测器角度、灵敏度等的调试。

（4）监控系统的摄像机监控角度、监控范围、录像、云台控制等的调试。

（5）可视对讲系统的对讲、留言、监视、布/撤防、呼叫管理机等的调试。

（6）音响系统的音箱音量、音质等内容等的调试。

（7）环境监测系统的温湿度传感器、风光雨探测器等的调试。

（8）窗户与窗帘控制系统的电动窗、卷帘等的调试。

（9）其他智能控制系统的调试。

联动控制调试主要是对上述单个系统内的联动控制调试和多个系统间的联动控制调试，如门禁系统、入侵报警系统、视频监控系统的联动控制调试，室内温湿度探测器、电动窗、电动窗帘、风光雨探测器的联动控制调试等。

4. 供电、防雷与接地设施的检查

（1）检查系统的主电源和备用电源。应根据系统的供电消耗，按总系统额定功率的 1.5 倍设置主电源容量。

（2）检查系统运行状况，应能正常工作。

（3）检查系统的防雷与接地设施，确保接地电阻合格。

5. 填写调试报告

在智能家居系统调试过程和结束后，应根据调试记录，按表 7-1 的要求如实填写调试报告。调试报告经业主签字认可后，才能进入试运行。

表7-1 智能家居系统调试报告

工程单位（业主姓名）		工程地址				
使用单位（业主姓名）		联系人		电话		
调试单位		联系人		电话		
设计单位		施工单位				
主要设备	设备名称、型号	数量	编号	出厂年月	生产厂	备注

遗留问题记录		施工联系人		电话	
调试情况记录					
调试单位人员 （签字）		建设单位（业主）人员（签字）			
施工单位负责人 （签字）		建设单位（业主）负责人（签字）			
填表日期					

7.1.2　调试常见故障与处理方法

1. 设备电源的问题

当智能家居系统内设备出现不工作情况时，建议首先检查设备的供电电压是否合格，例如工作电压太低，主要原因可能是供电线路太长；例如超过 100 m，或者导线线径太小，或者电线质量差、电阻值高等，在供电线路产生较大的电压差，导致设备工作电压低于设备输入电压要求，设备不能正常工作。

2. 设备供电线路的问题

在施工安装中，必须认真规范地接线，保证接线正确，如果操作不当或者不规范，很容易产生短路、断路、线间绝缘不良，甚至误接线等状况，这些电气接线故障将造成设备性能下降，或者会直接导致设备的损坏。

在智能家居系统中，各种设备连线较多，如音视频线、控制线、电源线等，如果接线不正确或者插接不牢固时，就会出现故障。例如，报警探测器接线螺丝一般为 M3、M4 等小螺丝，必须使用仪表螺钉旋具安装，并且不能用力过大，否则就会发生滑丝，产生虚接。

3. 设备的旋钮或开关的设置问题

智能家居系统的开关或者旋钮，请按照说明书的操作方法和使用要求，进行正确的设置和调整。如果发现质量问题，及时更换产品。

4. 设备与设备之间的连接问题

（1）通信接口或通信方式不对应。

（2）驱动能力不够或超出规定设备连接数量。

7.2　智能家居系统工程的检验

智能家居系统在竣工验收前，需要对全部设备和性能进行检验，保证后续顺利验收，这些检验包括设备安装位置、安装质量、系统功能、运行性能等项目。

7.2.1　一般规定

（1）智能家居系统中所使用的产品、材料应符合国家相应的法律、法规和现行标准的要求，并与正式设计文件、工程合同的内容相符合。

（2）检验仪器仪表必须经法定计量部门检定合格，性能稳定可靠，如测线器、万用表等。

（3）检验程序应符合下列规定：

① 提出检验申请，并提交主要技术文件、资料。技术文件应包括设计文件、施工文件、系

统配置表、系统原理图、系统配置参数清单、产品说明书、隐蔽工程随工验收单等。

②检验机构在实施工程检验前，应根据相关规范和上述工程技术文件，制定检验实施细则。检验实施细则应包括检验目的、检验依据、检验内容和方法、使用仪器、检验步骤、测试方案、检测数据记录及数据处理方法等。

③实施检验，编制检验报告，对检验结果进行评述。

（4）由于智能家居系统中设备数量较少，因此对该系统中设备的检验应100%检验。

（5）检验中有不合格项时，允许改正后进行复测，复测仍不合格则判该项不合格。

7.2.2　设备安装检验

（1）检查设备的数量、型号、品牌、安装位置，应与工程合同、设计文件、设备清单相符合，设备清单及安装位置变更后应有变更审核单。

（2）检查安装质量，要求安装牢固，横平竖直，位置正确，其余符合相关标准的规定。

7.2.3　线缆及敷设检验

（1）检查全部线缆的型号、规格、数量，应与设计文件、设备清单相符合。

（2）检查综合布线的施工记录或监理报告，应符合相关施工规定。

（3）检查隐蔽工程随工验收单，要求内容完整、准确。

7.2.4　系统功能与主要性能检验

对于智能家居系统工程，必须进行系统功能和主要性能的检验，一般按照相关国家标准的规定进行。智能家居系统检验项目、要求及测试方法应符合表7-2的要求。

表7-2　智能家居系统检验项目、检验要求及测试方法

序　号	项　目		检验方法及测试方法
1	系统控制功能检验	本地控制	能够对系统内设备进行学习，并将学习的设备数据传输到本地服务器，实现对所有前端设备的本地控制
		远程控制	能够将系统内已学习完成的设备数据传输到云服务器，实现对所有前端设备的远程控制
2	情景编辑		通过本地或远程服务器，能够编辑与设置适用于多种场景的情景模式
3	联动功能		通过本地或远程服务器，可实现系统内前端设备联动工作
4	自动控制功能		系统内前端设备具备主动探测、主动报警、主动控制的功能

7.3　智能家居系统的工程验收

7.3.1　验收项目

验收是对工程的综合评价，也是乙方向甲方移交工程的主要依据之一。智能家居系统的工程验收应包括下列内容：

（1）施工安装质量。

（2）系统功能性能的检测。

（3）图纸文件等竣工资料的移交。

7.3.2 验收依据的主要标准

GB 50339—2013　智能建筑工程质量验收规范。

GB/T 35136—2017　智能家居自动控制设备通用技术要求。

DL/T 1398—2014　智能家居系统　第 3-1 部分：家庭能源网关技术规范。

DL/T 1398.32—2014　智能家居系统　第 3-2 部分：智能交互终端技术规范。

DL/T 1398.33—2014　智能家居系统　第 3-3 部分：智能插座技术规范。

DL/T 1398.2—2014　智能家居系统　第 2 部分：功能规范。

QX/T 331—2016　智能建筑防雷设计规范。

7.3.3 设备验收要求

在智能家居系统工程验收中，需要对以下设备进行外观验收和功能验收，主要包括中央控制设备、场景控制设备、移动控制设备、照明灯具类设备、家用电器类设备、视频监控设备、可视对讲设备、报警探测类设备红外转发设备、智能插座类设备和传感检测设备等。

1. 中央控制设备验收要求

（1）设备应具有详细的操作说明。

（2）设备应具有简体中文操作与交互界面。

（3）设备可进行设备发现、控制和系统事件发布等操作。

（4）设备可进行多回路自动控制的操作。

（5）设备可进行时间条件触发控制的操作。

（6）设备可进行传感检测设备状态触发控制、接入智能家居服务云和用户习惯学习的智能控制的操作。

2. 场景控制设备验收要求

（1）设备应有相应的生产许可证、质量认证以及安全认证。

（2）设备应具有详细的说明书、保修卡以及合格证。

（3）设备安装位置正确，安装牢固，符合工程设计相关要求。

（4）设备可进行场景编辑的操作。

（5）设备支持图标和名称的显示，并且名称可由用户编辑。

3. 移动控制设备验收要求

（1）设备应具有详细的操作说明。

（2）设备应具有简体中文操作与交互界面。

（3）设备可显示智能家居系统工作状态和电能。

（4）设备可设置智能家居系统工作模式。

（5）设备可控制智能家居系统电源通断。

4. 照明灯具类设备验收要求

（1）灯具的数量、型号和规格应符合设备清单。

（2）灯具应有相应的说明书、保修卡、合格证、生产许可证、质量认证以及安全认证。例如，灯具具备安全认证标志。

（3）灯具外观无缺损，配件齐全。例如，灯罩涂层应无划痕。

（4）灯具安装位置正确，安装牢固，符合工程设计相关要求。例如，卡装类灯具需要检查卡扣数量和安装的位置是否符合要求。

（5）灯具可进行三色调光或无极调光的操作，满足家庭照明与装饰需求。

5．家用电器类设备验收要求

（1）电器的数量、型号和规格应符合设备清单。

（2）电器应有相应的说明书、保修卡、合格证。

（3）电器外观无缺损，配件齐全。例如，电器类设备外壳应无划痕和裂痕，空调、电热水器等设备配件应齐全。

（4）电器安装位置正确，安装牢固，符合工程设计相关要求。例如，空调和电热水器的安装应符合设备安装要求，安装正确。

（5）电器可自动控制。例如，空调可根据室内温度，自动调节风速。

6．视频监控设备验收要求

（1）摄像机数量、型号和规格应符合设备清单。

（2）摄像机应有相应的说明书、保修卡、合格证。

（3）摄像机外观无缺损，配件齐全。例如，摄像机护罩涂层与镜头应无划痕，枪式摄像机安装支架与配套螺丝应齐全。

（4）摄像机安装位置正确，安装牢固，符合工程设计相关要求。例如，吸顶安装的摄像机应安装牢固无松动，摄像机监控角度应符合设计要求。

（5）摄像机采集的视频信息应包括图像来源的文字、日期、时间等。

（6）摄像机可进行录像和录像回放的操作。

（7）摄像机具备视频监控报警和视频丢失报警的功能。

（8）带云台摄像机可进行云台控制等操作。

7．可视对讲设备验收要求

（1）设备应有相应的说明书、保修卡、合格证。

（2）设备应具有简体中文操作与交互界面。

（3）设备外观无缺损，配件齐全。例如，室内机和室外机的外壳与显示屏应无划痕，配套的门禁电源、开门按钮等设备齐全。

（4）室内机可控制智能家居系统，可进行布/撤防，可查询防区状态和报警信息。

8．报警探测类设备验收要求

（1）设备的数量、型号和规格应符合设备清单。

（2）设备外观无缺损，配件齐全。

（3）设备可进行入侵、火灾和燃气泄漏等报警的触发。

（4）设备可进行本地布/撤防，也可进行远程布/撤防。

（5）设备可联动其他智能设备共同防范入侵。

（6）设备可进行小孩和老人异常行为的报警。

9．红外转发设备验收要求

（1）设备的数量、型号和规格应符合设备清单。

（2）设备外观无缺损，配件齐全。

（3）设备具有以太网和 RS–485 接口。

（4）设备支持 POE 供电。

（5）设备还可进行红外信号的学习，内含常用家电红外码库。

10. 智能插座类设备验收要求

（1）插座的数量、型号和规格应符合设备清单。

（2）插座外观无缺损，配件齐全。

（3）插座可显示电流、电压、电能等参数。

（4）插座支持累计电能、累计使用时间参数的配置。

（5）当电流高于设定值时，插座可自动断电并上报信息。

11. 传感检测设备验收要求

（1）设备的数量、型号和规格应符合设备清单。

（2）设备外观无缺损，配件齐全。

（3）电池供电的传感器，能进行剩余电量发布的操作。

（4）传感器显示屏的应支持交互，并可实时显示探测到的环境参数。

（5）空气质量传感器能进行空气质量等级评定，并且可存储数据和记忆峰值。

12. 智能家居设备功能验收要求

（1）具有 Wi-Fi、以太网、RS-485、低速无线、电力载波中的任意一种通信接口。

（2）产品应具备上报故障、报警、基本功能等信息的能力。

（3）产品应具备设备开 / 关机、档位等功能控制接口。

（4）产品宜支持远程诊断的云服务，如故障提示、故障分析、故障诊断。

7.3.4 工程的施工安装质量验收

工程的施工安装质量应按设计要求进行验收，检查的项目和内容应符合表7-2 的规定。图7-2 所示为工程验收现场照片。

图7-2 工程验收

（1）智能家居系统中的同类设备应逐一逐台检查安装质量，包括安装位置和安装方式是否符合设计要求，吊顶安装和壁装设备是否牢固。图 7-3 所示为设备安装位置和安装方式，图 7-4 所示为设计图纸。

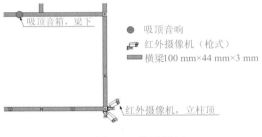

图7-3 安装位置和安装方式　　　　　　　　图7-4 设计图纸

（2）线缆敷设完毕后，根据实际情况进行检查，主要检查线缆规格是否符合设计要求和设备用电要求，检查线标是否清晰完整，如图7-5所示。

（3）需要接地的设备应逐台检查接地情况，确保接地良好，保证用电安全，如图7-6所示。

图7-5　线标　　　　　　　　　　　　　　　图7-6　接地

（4）工程明确约定的其他施工质量要求，应列入验收内容。包括合同、协议等约定。表7-3所示为施工质量检查项目和内容。

表7-3　施工质量检查项目和内容

项　目	内　容	抽查百分数
照明控制系统	灯具和开关的安装位置、安装方式、稳定性	100%
电器控制系统	设备安装位置、插座安装位置和稳定性	100%
监控系统	配套设备安装位置和安装方式、摄像机安装的稳定性	100%
门禁系统	配套设备安装方式和布线路由、壁装设备的稳定性	100%
报警系统	配套设备安装位置和安装方式、探测器安装的稳定性	100%
环境控制系统	系统配件安装位置和安装方式、传感器安装的稳定性	100%
背景音乐系统	音乐主机和音箱的安装位置和安装方式以及稳定性	100%
家庭影院系统	配套设备安装位置和布线路由、幕布安装的稳定性	100%
线缆及网线的敷设	检查线缆的规格、线标	30%
接地	检查必须接地的设备是否合理接地	100%
其他要求		100%

7.3.5　工程系统性能的检测验收

对工程系统性能应进行检测，应符合下列具体要求：

（1）统一的通信方式。智能设备的通信协议很多，除了规定设备自带的通信方式，也可通过红外转发器和通信协议转化器，建立可统一控制的智能家居系统。

（2）可定制性。智能家居系统所面向的客户是个人，所以智能家居系统的软件平台，特别是人机交互必须是高度可定制的，便于二次开发人员为客户定制个性化的智能家居管理平台。

（3）扩展性。由于每个家庭对智能家居的需求不一样，要求智能家居系统，可以根据家庭的需要随意模块化地组合各种智能家居设备，实现智能家居管理平台和硬件的无缝配合。

（4）多对多的控制。智能系统应满足在任何一个地方实现相同的控制功能，这种控制方式也称集中控制。

（5）其他设计要求。

7.3.6 工程各项功能的检查验收

对工程的各项功能应按照各个子系统进行检测，应符合下列具体要求：

（1）照明系统：

① 照明系统能够实现对全宅灯光的智能管理，包括智能遥控方式，手动开关控制方式，"居家"、"离家"等一键式情景控制方式，实现照明系统的调光、开、关等功能。

② 照明系统的控制方式有多种，主要有本地控制、遥控控制、场景控制、远程控制和多点控制等，还可设置定时控制、延时控制等多种自动控制方式。

③ 照明系统与窗帘控制系统结合，实现室内自动调光。

（2）电器控制系统：

① 电器控制系统控制方式有多种，主要有本地控制、手机控制、场景控制、遥控控制、计算机远程控制等，还可设置定时控制、延时控制、循环控制等多种自动控制方式。

② 通过智能检测器，可以对家里的温度、湿度、亮度进行检测，并启动设备自动工作。

③ 对空调、电热水器等电器进行定时或者远程控制，系统可自动开启或关闭电路，避免不必要的浪费。

（3）安防监控系统：

① 门禁系统可实现非法进门报警，远程开关门功能，可通过手机或者门口控制器进行布防和撤防。

② 视频监控系统可以让用户通过网络时时查看家里的情况。

③ 入侵报警系统可以对陌生人入侵、煤气泄漏、火灾等情况及时发现并通知主人。

④ 安防监控系统能实时分析、判别监控对象，并在异常事件发生时提示、上报。

⑤ 安防监控系统具备联动功能，当探测到当前环境异常时，可联动系统中其他设备做出相应的动作来减弱或消除这种异常。

（4）场景系统。每个人对于智能家居的需求不尽相同，因此，智能家居系统必须具备自定义场景编辑的功能，可以根据自己的喜好设置各种模式，只要一键确认，就可以完成设置好的动作，如"回家"模式、"工作"模式、"休息"模式和"离家"模式等。

"回家"模式启动后，可实现门厅开灯、客厅灯光和客厅窗帘打开、客厅空调开启、电视开启等操作，同时家庭安防报警系统自动撤防。

"工作"模式启动后，可实现书房灯光开启、书房窗帘打开、书房空调开启、加湿器启动、书房背景音乐开启等操作，其余房间可根据需求设置合适的场景模式。

"休息"模式启动后，可实现全屋灯光关闭、全屋窗帘闭合、卧室空调调整为睡眠模式、饮水机自动断电等操作。

"离家"模式启动后，可实现全屋灯光关闭、全屋窗帘闭合、除冰箱外的其余电器设备自动断电等操作。同时，家庭安防报警系统自动布防。

（5）其他各个子系统的功能检测。

（6）其他设计要求等。

（7）工程的系统性能和功能检测记录，如表7-4所示。

表7-4 工程的系统性能和功能检测记录表

检测项目		设计要求	设备序号				
			1	2	3	4	5
统一的通信方式		有线和无线结合					
可定制性		可支持定制个性化平台					
高度拓展性		支持系统功能的拓展					
多对多控制		各系统均可实现集中控制					
照明系统	控制	支持本地、远程、集中控制					
	安全	开关具备过载保护功能					
	方便	支持一键控制					
电器控制系统	预控制	支持本地、远程、集中控制					
	安全	插座具备过载保护功能					
安防监控系统	实用	实时监测、抗干扰能力强					
	安全	具备防拆功能					
	可靠	报警信息准备无误					
环境控制系统	实用	实时监测、抗干扰能力强					
	安全	具备防拆功能					
	方便	数字显示,支持远程控制					
影音娱乐系统	控制	支持本地、远程、集中控制					
	实用	可设置多种模式,老少皆宜					
检测结论							

7.3.7 工程竣工文件编写

1. 竣工验收文件编写

在工程竣工验收前,施工单位应编制竣工验收文件。竣工验收主要文件如下:

(1)工程设计图。

(2)施工安装图。

(3)系统原理图。

(4)设备参数配置表。

(5)系统布线图。

(6)设备说明书和合格证。

(7)施工质量检查项目和内容表。

(8)工程的系统性能和功能检测记录表。

(9)隐蔽工程验收文件。

2. 文档移交

智能家居工程的文档资料首先包括上述竣工验收文件,还应包括质保书等其他资料。

1)设计图纸及施工图纸的移交

设计图纸应标明系统名称、建设规模、设备名称和数量、主要设备的尺寸和安装点位、设备之间的电气连接、供电方式及电源要求及接地要求等。

2）产品说明书及使用手册的移交

产品说明书及使用手册是智能家居系统的技术资料，不同厂家的产品、同一厂家不同型号的产品都可能会在工作原理、机械结构、电气联络和使用功能上存在差异。因此，住户应妥善保管说明书和使用手册。

3）保修资料的移交

保修协议签订后，出现质量问题，属于协议范围的，由工程商负责。因此，住户需要妥善保管保修单据。

7.4　智能家居系统工程的设备维护

用户在使用智能家居设备时，应按照设备操作手册使用，避免因操作不当引起设备故障或直接损坏设备。例如，对环境温度和湿度有要求的家居设备，使用时应注意当前环境温度和空气湿度，温度过热或过冷、湿度过大或过小都将影响设备的正常使用。同时，用户还应定期检查和维护智能家居设备，具体包括设备外壳的检查和维护、设备线缆的检查和维护以及设备功能的检查和维护。

（1）定期检查智能家居设备的外壳是否破损，及时更换或修补破损的灯罩，避免飞虫和灰尘进入设备内部。另外，还应定期清理设备外壳上的灰尘和水渍。

（2）定期检查智能家居设备的线缆接头是否连接良好，拧紧线缆连接处的螺丝，避免因接触不良造成设备工作故障。需要注意的是，检查和维护设备线缆时，设备应处于断电状态。

（3）定期检查照明灯具、家电设备、智能开关和智能插座、摄像机、报警探测器、背景音乐主机、投影仪、音箱能否正常工作。若出现故障，应根据故障大小或故障成因，选择合适的故障排除方式。故障较小或故障成因较明显时，用户可自行排除故障。例如，空调过滤网灰尘的清理等，故障较大或故障成因不明时，应及时联系专业维修人员排除故障。

常见故障如下：

（1）灯具故障。灯具亮度不足、灯光闪烁、不能进行调光、工作时有较大电流声等。

（2）家电故障。电视无法正常开关机或开机后无节目、空调无法制冷或制热、热水器无法上水和出水、加湿器雾量太小、饮水机无法加热或制冷水等。

（3）智能开关和智能插座故障。无法实现定时开关、延时开关、状态与电能显示等功能。

（4）摄像机故障。图像过暗或过亮、不能进行录像、云台无法控制、图像延迟较大、非正常报警等。

（5）探测器故障。探测指示灯不亮、探测范围不足、灵敏度降低、探测延时过大等。

（6）音乐主机故障。无法开机、无法播放曲目等。

（7）投影机故障。无法开机、不能正常投影等。

（8）音箱故障。没有声音、音量过低、有杂音等。

7.5   典型案例：智能电器控制系统实训装置

7.5.1   典型案例简介

为了使读者快速地掌握智能家居系统工程调试与验收，以西元智能电器控制系统实训装置为典型案例，介绍工程中常见设备的调试与验收，让读者从实践中掌握工程实践技能。图7-7和7-8所示为西元智能电器控制系统实训装置正面图和背面图，该产品为全钢结构机架，落地安装，立式操作，稳定实用，节约空间。

图7-7   西元智能电器控制系统实训装置正面图

图7-8   西元智能电器控制系统实训装置背面图

西元智能电器控制系统实训装置配套有电视机、加湿器、电饭煲、电动窗帘等电器，还有路由器、智能插座、控制器等控制设备，形成了一套完整的智能家居电器控制系统。产品的主要技术规格与参数如表 7-5 所示。

表7-5   西元智能电器控制系统实训装置的技术规格与参数表

序 号	类 别	技术规格		
1	产品型号	KYJJ-521	外形尺寸	400 mm × 900 mm × 2 000 mm
2	产品重量	60 kg	电压/功率	220 V/800 W
3	配套主要设备	（1）开放式机架+琴键台1套； （2）液晶电视1台； （3）电饭煲1台； （4）加湿器1台； （5）电动卷帘系统1套； （6）智能插座3个		（7）智能遥控主机1台； （8）红外控制盒2台； （9）路由器1台； （10）电工压接实训装置1台； （11）电工电子端接实训装置1台； （12）PDU电源插座1个
4	实训人数	每台设备能够满足2～4人同时实训		

7.5.2   智能家居电器控制系统

1. 电工压接实训装置

电工压接实训装置如图 7-9 所示，外形尺寸为 19 寸 7U，安装在机架的正面 10U ～ 17U 位置。

该装置涵盖工程中常用的电工压接技术，可完成各种线径的软线和硬线压接，培养读者电工压接技能。

电工压接实训装置为国家专利产品，配置有独立的开关，24组绿色指示灯与24组4种不同的接线端子，每组2个，上下对应为1组。能够同时端接和测试24根电线，通过指示灯检测压接的电线是否可靠。例如，每根电线压接可靠且位置正确时，上下对应的指示灯同时反复闪烁；当电线任何一端压接开路时，上下对应的指示灯不亮；某根电线压接位置错误时，上下错位的指示灯反复闪烁。

2. 电工电子端接实训装置

电工电子端接实训装置如图7-10所示，外形尺寸为19寸7U，安装在机架的背面2U ~ 9U位置。该装置涵盖常用的PCB电路板上各种微型接线端子的接线和安装技术，包括各种微型螺丝安装和免螺丝安装技术，可完成电子PCB基板的端接，培养PCB基板端接的基本操作技能。

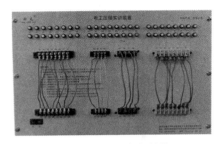 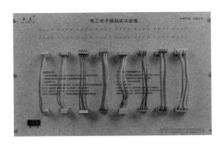

图7-9　电工压接实训装置　　　　　图7-10　电工电子端接实训装置

电工电子端接实训装置为国家专利产品，配置有独立的开关，32组绿色指示灯，每组2个，上下对应为1组，8组PCB基板接线端子，每组为4路，上下对应为1组。能够同时端接和测试32根电线，通过指示灯检测压接的电线是否可靠。例如，每根电线压接可靠且位置正确时，上下对应的指示灯同时反复闪烁；当电线任何一端压接开路时，上下对应的指示灯不亮；某根电线压接位置错误时，上下错位的指示灯反复闪烁。

3. 电动卷帘控制模块

电动卷帘控制模块主要包括智能遥控主机、遥控器、无线路由器、卷帘布、卷帘电动机、卷帘电动机接收器。电动卷帘如图7-11所示，安装在机架背面23U位置。

电动卷帘的有线控制工作方式为：卷帘电动机接收器通过电源线给卷帘电动机供电，通过卷帘电动机接收器面板上的"开启"、"关闭"和"停止"按钮，控制卷帘电动机进行正转、反转、停止3个动作，进而控制卷帘的开合，当电动机正转时卷帘打开，电动机反转卷帘关闭。例如，轻按"开启"按钮，电动机正转，卷帘打开，卷帘布向上卷动。

电动卷帘的无线控制工作方式为：遥控器与卷帘电动机接收器完成对码学习后，可发射无线射频信号控制卷帘电动机，进而控制卷帘的开合。

电动卷帘的网络控制工作方式为：在无线路由器搭建Wi-Fi网络环境中，智能手机的控制信号通过智能遥控主机传输到卷帘电动机接收器中，从而控制卷帘电动机完成相应动作。

4. 遥控控制模块

遥控控制模块主要包括液晶电视机、智能遥控主机、无线路由器、智能手机。液晶电视机放置在机架正面10U位置的棚板上，如图7-12所示。智能遥控主机与智能手机接入无线路由器搭建的网络中，将液晶电视的遥控器添加到控制软件中，就能通过智能手机实现对液晶电视的控制。例如，在智能手机的操作界面上点击"开机"按钮，液晶电视会立即打开。

　　5. 智能插座控制模块

　　智能插座控制模块主要包括电饭煲、加湿器、智能插座、智能遥控主机、无线路由器、智能手机。其中电饭煲与加湿器放置在机架正面 20U 位置的棚板上，智能插座安装在机架正面 17U 处，如图 7-13 所示。智能遥控主机与智能手机接入无线路由器搭建的网络中，将智能插座添加到控制软件中，就能通过智能手机实现对智能插座的控制，进而控制插接在智能插座上的家电设备。

图7-11　电动卷帘　　　　　图7-12　液晶电视　　　　图7-13　家用电器模块

7.5.3　产品特点

　　（1）配置丰富。该产品配置丰富，包括电视机、加湿器、电饭煲、电动窗帘等终端电器，还有路由器、智能插座、控制器等控制设备，形成了一套完整的智能家居电器控制系统。

　　（2）控制多样。该产品控制多样，既能通过手动控制、遥控器控制，又能通过手机对系统设备进行本地和远程控制。

　　（3）典型案例。该实训装置集成了智能家居电器控制的先进技术和典型行业应用，具有行业代表性。

　　（4）原理演示。该实训装置集中安装了多种电器设备，通电后就能正常工作，满足器材认知与技术原理演示要求。

　　（5）理实一体。该实训装置可结合实际应用环境操作，可在真实的应用环境中进行硬件安装和软件配置与调试操作，进行理实一体化实训操作。

　　（6）设计合理。该实训装置为开放式机架结构，落地安装，立式操作，稳定实用，节约空间，同时可容纳 2 ~ 4 人同时实训操作。

7.5.4　产品功能实训与课时

　　该产品具有如下 3 个实训项目，共计 6 个课时，具体如下：

　　实训34：智能电器控制系统工作原理认知（2 课时）

　　实训35：遥控控制模块调试与操作（2 课时）

　　实训36：智能插座控制模块的调试与操作（2 课时）

7.6　实　训　一

实训34　智能电器控制系统工作原理认知

　　1. 实训目的

　　掌握智能电器控制系统实训装置的工作原理。

2. 实训要求和课时

（1）认知智能电器系统的相关器材，了解器材名称、工作原理。

（2）根据实训内容学习掌握电器控制系统的工作原理。

（3）2人1组，2课时完成。

3. 实训设备

智能电器控制系统实训装置，型号 KYJJ-521。

4. 实训步骤

1）系统相关器材的认知

（1）智能遥控主机。图 7-14 所示为智能遥控主机，具有以下多种功能：

① 智能遥控。支持红外、射频遥控，信号稳定，覆盖面广。

② 定时遥控。支持多种定时方式。

③ 场景模式。可设置多种场景，一键联动。

（2）红外控制盒。图 7-15 所示为红外控制盒，该控制盒可实现对红外信号的智能遥控，兼容市面上主流的红外家电，可实现多组定时，一键启动等功能，支持自主学习。

（3）智能插座。图 7-16 所示为智能插座，该智能插座为插拔式插座，可直接插接在系统配置的普通电源插座上，实现对电器设备的智能控制，可设置多组定时，科学管理电器的使用时间。

图7-14　智能遥控主机　　　　图7-15　红外控制盒　　　　图7-16　智能插座

（4）电动卷帘。该实训装置所用电动卷帘与智能电动窗与窗帘实训装置相同，这里不做重复介绍。

（5）无线路由器。该实训装置所用无线路由器与智能电动窗与窗帘实训装置相同，这里不做重复介绍。

2）智能电器控制系统的工作原理

图7-17所示为智能电器控制系统原理图。

（1）如图 7-17 所示，在无线路由器搭建的 Wi-Fi 网络环境中，智能手机与智能插座之间可进行相关控制信息的传输，进而控制插接在智能插座上的电器设备，如加湿器、电饭煲等。

（2）如图 7-17 所示，在无线路由器搭建的 Wi-Fi 网络环境中，智能遥控主机将智能手机发送的控制信号转发到液晶电视上，进而控制液晶电视的开关、频道选择和音量调节。

（3）如图 7-17 所示，在无线路由器搭建的 Wi-Fi 网络环境中，智能遥控主机将智能手机发送的控制信号转发到电动卷帘接收器，进而控制电动卷帘的开合。

5. 实训报告

（1）描述智能电器系统相关器材的名称、功能、工作原理。（参考"1）系统相关器材的认知"）

（2）描述智能电器系统的工作原理。（参考"2）智能电器控制系统的工作原理"）

（3）绘制智能电器系统的工作原理图。（参考图 7-17）

图7-17　智能电器控制系统原理图

实训35　遥控控制模块调试与操作

1. **实训目的**

学习遥控控制模块的调试与操作。

2. **实训要求和课时**

（1）掌握遥控控制模块的调试与操作。

（2）2人1组，2课时完成。

3. **实训设备与工具**

1）实训设备

智能电器控制系统实训装置，型号 KYJJ-521。

2）实训工具

智能手机一部。

4. **实训步骤**

（1）给实训装置通电，检查并确认设备通电都正常。

（2）手机连接路由器建立的 Wi-Fi，打开"易控"APP，进主控界面。

（3）点击控制界面右上角的"+"按钮选择"添加遥控"，如图 7-18 所示。

（4）在图 7-19 所示的遥控类型界面中，点击"电视"按钮，进入电视模拟遥控界面，如图 7-20 所示。

（5）点击控制界面中的"电源键"，在弹出的对话框中选择"学习"，如图 7-21 所示。

（6）根据图 7-22 的提示，按下电视机遥控器的电源按键，此时模拟遥控界面显示保存成功，即完成"电源键"的学习，此时控制界面的电源按键标志由浅灰色变为深色，如图 7-23 所示。

图7-18　添加遥控

图7-19　遥控类型界面

图7-20　电视模拟遥控界面

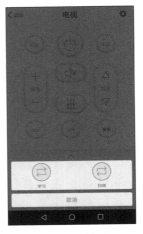

图7-21　学习

图7-22　按下遥控器按键

图7-23　按键学习完成

（7）根据图7-20所示，按照上述步骤，依次点击学习电视机遥控器的对应功能键，学习完成后，手机模拟遥控界面对应的按钮均变为深色。

（8）由于市面上电视机遥控器种类繁多，图7-20中主要配置了电视机遥控器常用的功能按钮，如需学习电视机遥控器其他功能按钮，可点击图7-20中的"更多"按钮。例如，学习遥控器的信号源功能键时，主要操作如下：

①按键学习。依次点击"更多"→"自定义"→"单键学习"→"学习"按钮，如图7-24~图7-26所示，按下遥控器的信号源按键完成学习。

②修改按键名称。长按完成学习的"自定义"按键，在弹出的对话框中，点击"编辑"按钮，如图7-27所示。修改名称为"信号源"，点击"保存"按钮即可，如图7-28和图7-29所示。

（9）完成模拟遥控界面按钮学习后，可用手机代替遥控器来控制液晶电视。

（10）定时设置，以定时开启电视为例：

①在电视控制界面点击"设置"按钮，选择"定时"，如图7-30所示。

②点击"+"按钮，选择"电视"；点击"电源键"按钮，进入"添加定时"设置界面，如图7-31所示。

③设置时间点，重复方式，修改名称为"开启电视"，点击"保存"按钮，如图7-32所示，即表示在每天19：00打开电视。

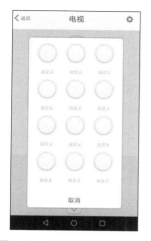

图7-24　长按"自定义"按钮

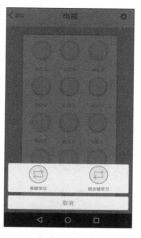

图7-25　点击"单键学习"按钮

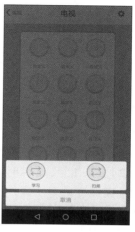

图7-26　点击"学习"按钮

图7-27　点击"编辑"按钮

图7-28　修改名称

图7-29　点击"保存"按钮

图7-30　选择定时

图7-31　添加定时

图7-32　定时任务

5. 实训报告

（1）给出添加遥控器及遥控按键功能设置的操作步骤。（参考"4.实训步骤的（1）~（8）"）

（2）给出液晶电视定时控制的设置步骤。（参考"4.实训步骤的（10）"）

（3）给出实操过程的 2 张照片，其中 1 张为本人出镜的照片。

实训36　智能插座控制模块的调试与操作

1. 实训目的

学习智能插座控制模块的调试与操作。

2. 实训要求和课时

（1）掌握智能插座控制模块的调试与操作。

（2）2 人 1 组，2 课时完成。

3. 实训设备与工具

1）实训设备

智能电器控制系统实训装置，型号 KYJJ-521。

2）实训工具

智能手机一部。

4. 实训步骤

（1）将智能插座插接在插座面板上，将电饭煲及加湿器的电源插头插接在智能插座上。

（2）手机连接路由器建立的 Wi-Fi，打开"易控"APP，进入主控界面。

（3）智能插座接通电源后，若指示灯处于快闪状态，则表示该智能插座处于配对模式，若智能插座不处于配对模式，可长按"开关"按钮 6 s 以上，直至指示灯快闪。图 7-33 所示为智能插座的示意图。

（4）点击控制界面右上角的"+"按钮，选择"添加设备"，如图 7-34 所示。进入图 7-35 所示的配置界面后，输入 Wi-Fi 密码。点击"配置"按钮，配置完成后，会出现图 7-36 所示的界面，若出现 Wi-Fi 标识，表示此智能插座与路由器建立的无线网络完成配置,并且设备处于在线状态。

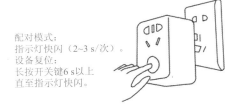

配对模式：
指示灯快闪（2~3 s/次）。
设备复位：
长按开关键6 s以上
直至指示灯快闪。

图7-33　智能插座的示意图

（5）点击"Wi-Fi 插座"按钮，进入插座控制界面，如图 7-37 所示；点击"设置"按钮，选择"Wi-Fi 插座"，进入"设备编辑"界面，可对设备的图像和名称进行修改，如图 7-38 所示。

（6）修改名称为"电饭煲"，点击"保存"按钮，返回控制界面，此时插座名称变为电饭煲，如图 7-39 所示。

（7）控制操作。

① 手动控制。手动按下智能插座的"开关"按钮，控制智能插座的通断，进而实现对电饭煲通断电的控制。

② 手机控制。在电饭煲控制界面中，点击"开关"按钮，即可控制智能插座的通断，进而实现对电饭煲通断电的控制，如图 7-40 和图 7-41 所示。

（8）定时操作。在电饭煲控制界面，依次点击"定时器"→"添加"按钮，可设置图 7-42 所示的 3 种定时操作，实现对电饭煲的延时、定时和循环开关控制。

图7-34 添加设备

图7-35 点击"配置"按钮

图7-36 配置成功

图7-37 插座控制界面

图7-38 修改名称

图7-39 电饭煲控制界面

图7-40 开启

图7-41 关闭

图7-42 定时器

①添加延时。点击"添加延时"按钮，进入延时设置界面，如图7-43所示，可设置执行命令为"开"或者"关"，设置时间为0~24h，设置完成后，点击"存储"按钮即可。延时即设定一段时间，过了这段时间执行设置的开关命令。

②添加定时。点击"添加定时"按钮，进入定时设置界面，如图7-44所示，可设置智能插座的"开""关"操作时间及重复方式，设置完成后，点击"存储"按钮即可。定时即设一个时间点，到了这个时间点即执行设置的开关命令。

③添加循环。点击"添加循环"按钮，进入循环设置界面，如图7-45所示，可设置循环执行的时间段、连续开关的时长及重复方式，设置完成后，点击"存储"按钮即可。循环即设置一段时间、设置开与关的时长，在这段时间内按照设置好的时长交替开、关。

图7-43 添加延时

图7-44 添加定时

图7-45 添加循环

5. 实训报告

（1）给出添加智能插座操作步骤以及操作要点。（参考"4.实训步骤的（1）~（6）"）

（2）描述手动控制和手机控制的操作方法。（参考"4.实训步骤的（7）"）

（3）给出定时操作的方法与操作步骤。（参考"4.实训步骤的（8）"）

（4）给出实操过程的2张照片，其中1张为本人出镜照片。

7.7 典型案例：智能电热水器实训装置

7.7.1 典型案例简介

为了使读者快速地掌握智能家居系统工程调试与验收，以西元智能电热水器实训装置为典型案例，介绍工程中常见设备的调试与验收，让读者从实践中掌握工程技能。图7-46和图7-47所示为西元智能电热水器实训装置正面图和右侧面图，该产品为全钢结构机架，落地安装，立式操作，稳定实用，节约空间。

图7-46 智能电热水器实训装置正面图　　　　图7-47 智能电热水器实训装置右侧面图

西元智能电热水器实训装置配套有配电系统、智能电热水器、水循环系统、管道系统、无线控制系统。产品主要技术规格与参数如表7-6所示。

表7-6 西元智能电热水器实训装置技术规格与参数表

序　号	类　别	技术规格		
1	产品型号	KYJJ-551	外形尺寸	720 mm × 550 mm × 2400 mm
2	产品重量	120 kg	电压/功率	220 V/400 W
3	实训人数	每台设备能够满足2～4人同时实训		

7.7.2 电热水器控制系统

西元智能家居电热水器控制系统包括配电系统、智能电热水器、水循环系统、管道系统、无线控制系统，下面逐一来介绍。

1. 配电系统

配电系统主要包括2个220 V/10 A的5孔插座、1个220 V/16 A的3孔插座、2路φ20 PVC管。其中3个插座安装在热水器左下侧，五孔插座用于给水泵和路由器供电，3孔插座用于给电热水器供电，φ20 PVC管安装在孔板背面，用于供电线路与网络线路的穿管走线。

2. 智能电热水器

智能电热水器作为整个系统的执行设备，如图7-48所示，安装在支架上部位置，外形尺寸为 720 mm × 442 mm，容量 60 L，可实现本地控制和远程控制。

本地控制：通过智能电热水器控制面板上的"天猫精灵键"、"调减键"、"调增键"和"开关键"4 个控制键位，调节热水器的工作状态。

图7-48　智能电热水器

远程控制：智能手机接入无线路由器搭建的网络环境中，通过控制软件与智能电热水器进行组网，组网成功后可通过智能手机控制热水器，包括开 / 关机、预约定时、水温设置等。

3．水循环系统

水循环系统包括自控水泵、水箱、水槽、水龙头、花洒、混水阀，其中自控水泵作为本系统的动力源，水箱为系统提供水源。

4．管道系统

管道系统主要包括工程中常见的镀锌钢管、变径直接、90°弯头、正三通、活接、内丝直接、过滤阀、角阀、管卡等，用于水流管路的搭建。

5．无线控制系统

无线控制系统主要包括无线路由器和智能手机，其中无线路由器用于搭建无线网络环境，智能手机作为控制终端，对智能电热水器进行远程控制。

7.7.3　产品特点

（1）典型案例。实训装置集成了智能家居电热水器的先进技术和典型行业应用，具有行业代表性。

（2）原理演示。实训装置集成安装了一套完整的电热水器控制系统，通电后就能正常工作，满足器材认知与技术原理演示要求。

（3）理实一体。实训装置精选了全新的智能电热水器设备，可实现智能控制；搭建真实的应用场景，可在真实的应用场景中进行硬件安装、软件配置与调试等实训操作。

（4）智能控制。实训装置配备的智能电热水器，组网成功后支持本地和远程智能控制，所有功能的设置均可在智能手机上操作完成，具有智能保温、防冻结保护、e+ 增容、变频速热、ECO 节能、机器学习、自主记忆等功能。

（5）一体化设计。该智能电热水器实训装置采用一体化设计思路，将所有设备全部集成安装在支架内部，功能完整，结构精简。

（6）结构合理。实训装置为开放式框架结构，落地安装，稳定实用，立式操作，节约空间，底部安装有万向脚轮，移动灵活，便于日常教学和管理维护。

7.7.4　产品功能实训与课时

该产品具有如下 2 个实训项目，共计 4 个课时，具体如下：

实训 37：智能电热水器控制系统设备器材认知（2 课时）。

实训 38：电热水器远程控制的调试与操作（2 课时）。

7.8　实　训　二

实训37　智能电热水器控制系统设备器材认知

1. 实训目的

快速认知智能电热水器控制系统相关器材。

2. 实训要求和课时

（1）认知智能电热水器控制系统的相关器材，了解器材名称、工作原理。

（2）学习掌握智能电热水器控制系统的工作原理。

（3）2人1组，2课时完成。

3. 实训设备

智能电热水器实训装置，型号KYJJ-551。

4. 实训步骤

智能电热水器控制系统包括智能电热水器、水泵、水箱、水槽、水龙头、混水阀、花洒、无线路由器、给排水管路。

（1）智能电热水器。智能电热水器采用电加热的方式将冷水加热后排出，是整个系统热水的来源。由控制面板、热水出口、冷水出口、外壳、桶身组成，如图7-49所示。桶身内部有大功率加热管，可快速将冷水加热至设定温度。

控制面板上设有"天猫精灵键"、"调减键"、"调增键"和"开关键"4个控制键位，用于热水器工作状态和工作参数的设置，如图7-50所示。

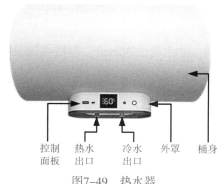

图7-49　热水器

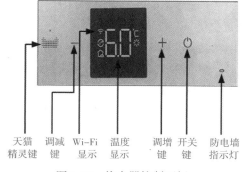

图7-50　热水器控制面板

（2）水泵。水泵是整个系统的动力源，本实训装置采用无塔结构，直接通过自控水泵将水供给系统各部分使用。

水泵主要组成部分有：固定底座，泵体，泵头，压力罐。如图7-51所示，固定底座用于水泵的安装和固定，泵体是水泵工作的核心部件，包括保护罩、机身、电动机、叶轮、叶轮封罩、放水螺丝，通过叶轮高速旋转所产生的离心力作用，将水提向高处，泵头包括进水口、出水口、注水口、压力开关，是水泵的进、出水口和压力控制部分，压力罐用于恒压缓冲，稳定水压。

（3）水箱。水箱用于储存水源，如图7-52所示。本实训装置采用的蓝色塑料循环水箱，一方面为水泵提供水源，另一方面回收花洒、水槽排出的废水，经过滤后循环再利用。

（4）水槽和水龙头。水槽和水龙头是洗漱设备，如图7-53所示。本实训装置采用不锈钢水槽，包括水槽，大弯水龙头，冷、热给水软管，下水管和接头。

（5）混水阀和花洒。混水阀将冷、热水混合，经花洒排出温度适宜的温水，用于淋浴，如图7-54和图7-55所示。

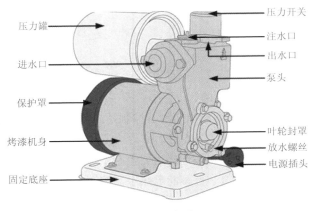

图7-51　水泵

混水阀包括带有热水进口、冷水进口和混合水出口的阀体，在阀体中部的交汇处设有阀芯，阀芯的阀杆上固定有调节水温的手柄，花洒包括软管、支架、喷头。

图7-52　水箱

图7-53　水槽

图7-54　混水阀

图7-55　花洒

（6）无线路由器，采用2.4 GHz频段无线路由器，4个RJ-45口，工作电压为DC 9 V供电，为系统提供Wi-Fi网络环境。

（7）给排水管路采用镀锌钢管搭建，是整个系统冷、热水的输送通道，包括镀锌钢管、变径直接、90°弯头、正三通、正四通、活接等器材。

5．实训报告

（1）描述智能电热水器控制系统的设备和器材名称，并与实物一一对应。

（2）描述水泵所包括的部件以及水泵的工作原理。（参考"1）智能电热水器"）

（3）按压智能电热水器功能按键，描述操作感受。

实训38　电热水器远程控制的调试与操作

1．实训目的

掌握智能电热水器的软件调试技能。

2．实训要求和课时

（1）能够独立调试智能电热水器。

（2）2人1组，2课时完成。

3．实训设备、材料和工具

1）实训设备

智能电热水器实训装置，型号KYJJ-551。

2）实训工具

智能手机一部。

4. 实训步骤

1）热水器配网

（1）下载安装"美居"APP，根据页面提示完成注册。

（2）利用网线将路由器接入互联网，手机连接其 Wi-Fi 网络。

（3）打开"美居"APP，在 APP 界面点击"+"按钮，选择"添加设备"，点击"扫描二维码添加"按钮添加设备，也可以在"品类"选择热水器的型号，进入配网流程，如图 7-56 和图 7-57 所示。

（4）将电热水器通电，同时按下"+"和"-"键 3 s 以上，热水器发出"滴"声，并进入配网模式。

（5）选择当前 Wi-Fi 网络，输入连接密码，点击"组网"按钮即可，如图 7-58 所示。

图7-56　APP主页

图7-57　添加设备

图7-58　设备组网

2）热水器智能控制

组网完成后，在电热水器控制界面即可完成相关智能控制操作，包括开、关机，预约定时，水温设置等。智能电热水器控制原理图如图 7-59 所示。

控制说明：
1.本地控制
设备配网完成后，可拔掉路由器的外接网线，只须手机连接 Wi-Fi 网络，即可实现对电热水器的智能控制。
2.远程控制
不在设备附近，手机不能连接该路由器 Wi-Fi 网络时，保持路由器与互联网的连接，手机只须能够上网，即可实现对电热水器的远程智能控制。

图7-59　智能电热水器控制原理图

5. 实训报告

（1）描述热水器配网的操作步骤。（参考"1）热水器配网"）

（2）描述手机远程操控的感受。

（3）给出实训过程中的2张照片，其中1张为本人出镜照片。

习　题

一、填空题（10题，每题2分，合计20分）

1. 智能家居系统调试内容主要包括系统中_____的调试和_____的调试。（参考7.1.1节的知识点）

2. 调试产品前必须进行自检，在全系统通电前，必须再次检查供电设备的_____、_____等，防止损坏设备。（参考7.1.1节的知识点）

3. 当智能家居系统内设备出现不工作情况时，建议首先检查设备的_____是否合格，常见的电源问题是受控设备的_____。（参考7.1.2节的知识点）

4. 在施工安装中，电气接线故障将造成_____，或者会直接导致_____。（参考7.1.2节的知识点）

5. 设备与设备之间连接的常见问题有_____不对应，_____或超出规定设备连接数量。（参考7.1.2节的知识点）

6. 智能家居系统工程在竣工验收前，需要对全部设备和性能进行检验，保证后续顺利验收，这些检验包括设备安装位置、_____、_____、运行性能等项目。（参考7.2节的知识点）

7. 检查安装质量时，要求_____、_____且位置正确，其余符合相关标准的规定。（参考7.2.2节的知识点）

8. 对智能家居系统工程进行检验时，必须对_____和_____的检验，一般按照相关国家标准的规定进行。（参考7.2.3节的知识点）

9. 设计图纸应标明系统名称、_____、_____、主要设备的尺寸和安装点位、设备之间的电气连接、供电方式及电源要求及接地要求等。（参考7.3.3节的知识点）

10. 智能家居工程的文档资料应包括_____、施工图纸、_____和产品保修卡。（参考7.3.3节的知识点）

二、选择题（10题，每题3分，合计30分）

1. 智能家居系统工程的调试工作应由（　　）负责。

A. 供应商　　　　B. 第三方　　　　C. 施工方　　　　D. 监理

2. 在智能家居系统工程调试中，单台设备的调试主要包括系统中各设备的（　　）和（　　）调试。（参考7.1.1节的知识点）

A. 基本功能　　　B. 拓展功能　　　C. 布线方式　　　D. 控制方式

3. 选用系统的主电源和备用电源时，应根据系统的供电消耗，按总系统额定功率的（　　）倍设置主电源容量。（参考7.1.1节的知识点）

A. 1　　　　　　B. 1.5　　　　　C. 2　　　　　　D. 3

4. 安防监控系统的探测器接线螺丝一般为（　　）等小螺丝，必须使用（　　）安装。（参考7.1.1节的知识点）

A．M3、M4   B．M4、M5   C．T型螺钉旋具   D．仪表螺钉旋具

5．照明系统的控制方式有多种，主要有本地控制、遥控控制、场景控制、（   ）和（   ）等，还可设置定时控制、延时控制等多种自动控制方式。（参考7.3.3节的知识点）

A．手动控制   B．被动控制   C．远程控制   D．多点控制

6．视频监控设备验收要求中规定，摄像机可进行录像和（   ）的操作。（参考7.3.3节的知识点）

A．语音对讲   B．录像回放   C．人脸识别   D．越界侦测

7．电（光）缆敷设完毕，可根据实际情况定期抽查部分线缆，主要检查线缆规格是否符合设计要求和（   ）要求，检查（   ）是否清晰完整。（参考7.3.3节的知识点）

A．设备用电   B．系统供电   C．线标   D．商标印字

8．智能设备的通信协议和方式多种多样，除了规定设备自带的通信方式，也可通过红外转发器和（   ）搭建可统一控制的智能家居系统。（参考7.3.3节的知识点）

A．智能网关   B．通信协议转化器   C．协调器   D．无线路由器

9．（   ）与（   ）结合，实现室内自动调光。（参考7.3.3节的知识点）

A．门禁系统   B．照明系统   C．视频监控   D．窗帘控制系统

10．检查和维护设备线缆时，设备应处于（   ）状态。（参考7.4节的知识点）

A．运行   B．待机   C．断电   D．通电

三、简答题（5题，每题10分，合计50分）

1．简述智能家居系统工程调试前的准备工作有哪些？（参考7.1.1节的知识点）

2．简述智能家居系统的工程调试内容。（参考7.3.1节的知识点）

3．智能家居系统工程验收依据的主要标准有哪些？（参考7.3.2节的知识点）

4．简述智能家居系统工程的施工安装质量验收内容。（参考7.3.3节的知识点）

5．在工程竣工验收前，施工单位应按要求编制竣工验收文件，竣工验收文件包括哪些内容？给出5个内容即可。（参考7.3.3节的知识点）

附录

习题参考答案

单元1 认识智能家居系统

一、填空题

1. 智能住宅，Smart Home
2. 微电子技术，集成或控制
3. 计算机网络技术，互联互通
4. 数字技术，网络技术
5. 灯光遥控控制，电动窗帘控制
6. 智能单品阶段，产品联动阶段
7. 业务平台，智能家居系统
8. 信息共享服务平台，技术创新与研发平台
9. 云计算，大数据处理
10. 重铸行业形态，构建生态圈

二、选择题

1. C
2. A、C
3. D
4. B、C
5. B、C
6. A、C
7. A、C
8. A
9. C
10. C

三、简答题（5题，每题10分，合计50分）

1. 简要阐述家庭网络的概念。（参考1.1.2节的知识点）

家庭网络是指集家庭控制网络和多媒体信息网络于一体的家庭信息化平台，能在家庭范围内实现信息设备、通信设备、娱乐设备、家用电器、自动化设备、照明设备、安保装置、监控装置及水电气热表设备、家庭求助报警设备的互联和管理，并且进行数据和多媒体信息的共享。

2. 简要阐述智能家居的定义。（参考1.1.2节的知识点）

目前通常把智能家居系统定义为利用计算机、网络和综合布线技术，通过物联网技术将家中的多种设备，如照明设备、音视频设备、家用电器、安防监控设备、窗帘设备等连接到一起，并提供多种智能控制方式的管理系统。

3. 简要阐述国内外智能家居的发展现状。（参考1.2.2节的知识点）

国外智能家居发展现状：运营商整合捆绑自有业务；终端企业发挥优势力推平台化运作；互联网企业加速布局。

国内智能家居发展现状：布局缓慢，重量级产品种类少；企业打造智能家居平台；传统家居业推出各类产品；陕西省智能建筑产教融合科技创新服务平台。

4. 简要阐述智能家居的发展策略。（参考1.2.4节的知识点）

智能家居产品技术创新；建立智能家居产业生态圈；统一产品和市场规范标准；有效利用大数据和云计算；积极响应政策扶持。

5. 简要阐述智能家居的特点和主要应用系统。（参考1.3.1和1.3.2节的知识点）

智能家居的特点：控制系统多样化，操作管理方便，控制功能丰富，资源共享，安装方便，以家庭网络为基础，以设备互操作为条件，以提升家居生活质量为目的。

智能家居主要应用系统：网络综合布线系统、智能照明系统、安防监控系统、背景音乐系统、家庭影院系统、电器控制系统、环境控制系统和智能控制系统。

单元2 智能家居系统常用通信协议

一、填空题（10题，每题2分，合计20分）

1. 通信规程，数据传送控制
2. 平衡式发送，差分式接收
3. 现场总线，分布式控制系统
4. 不分主从，多机备份
5. 局部操作网络，集散式监控系统
6. 固定设备和移动设备，楼宇个人域网
7. 网络成员，结构站点
8. 短距离、低功耗，自动控制和远程控制
9. 远程控制，低功耗
10. 智能网络设备，控制和无线监测

二、选择题（10题，每题3分，合计30分）

1. D 2. C 3. B 4. B，C
5. C 6. A，D 7. C 8. A
9. B，D 10. A，C

三、简答题（5题，每题10分，合计50分）

1. 什么叫做通信协议？（参考2.1节的知识点）

通信协议又称通信规程，是指通信双方对数据传送控制的一种约定。约定中包括对数据格式、同步方式、传送速度、传送步骤、检纠错方式以及控制字符定义等问题做出统一规定，通信双方必须共同遵守，它也称链路控制规程。

2. 简述RS-485总线协议在智能家居系统中的应用。（参考2.2.4节的知识点）

（1）空调集成对接。

（2）新风系统对接。

（3）电动窗帘的对接。

（4）摄像机对接。

3. 简述CAN总线协议的组成结构。（参考2.3.3节的知识点）

CAN总线的物理层从结构上可分为三层，分别是物理信号层、物理介质附件层和介质从属接口层。

CAN总线网络上的节点不分主从，任一节点均可在任意时刻主动地向网络上其他节点发送信息，CAN总线上的节点数主要取决于总线驱动电路，目前可达110个，报文标识符可达2032种，而扩展标准的报文标识符几乎不受限制。

CAN总线核心内容是数据链路层，其中逻辑链路控制完成过滤、过载通知和管理恢复等操作，媒体访问控制子层完成数据打包/解包、帧编码、媒体访问管理、错误检测、错误信令、应答、串并转换等操作。

4. 简述典型RFID的组成及各部分的功能。（参考2.5.2节的知识点）

典型的RFID系统主要由阅读器、电子标签、中间件和应用系统组成。

阅读器又称读写器，主要负责与电子标签的双向通信，同时接收来自主机系统的控制指令。

电子标签也称智能标签，是由IC芯片和无线通信天线组成的微型标签，其内置的射频天线用于和阅读器进行通信。

中间件是一种独立的系统软件或服务程序，分布式应用软件借助中间件在不同的技术之间共享资源。

应用系统一般可分为电感耦合系统和电磁反向散射耦合系统，电感耦合一般适用于中、低频工作的近距离RFID系统，电磁反向散射耦合一般适用于高频、微波工作的远距离RFID系统。

5. 简述Wi-Fi的网络协议。（参考2.7.2节的知识点）

网络成员和结构站点是Wi-Fi网络最基本的组成部分。

基本服务单元是网络最基本的服务单元。

分配系统用于连接不同的基本服务单元。

接入点既有普通站点的身份，又有接入到分配系统的功能。

扩展服务单元由分配系统和基本服务单元组合而成。

关口是一个逻辑成分，用于将无线局域网和有线局域网或其他网络联系起来。

单元3　智能家居系统工程常用标准

一、填空题（10题，每题2分，合计20分）

1. 图纸，标准
2. 智能家居网络，智能家居网关
3. 基本符号，常用设备符号
4. 管理和监控，全部功能和服务信息
5. System对象、Device对象
6. 上限和下限，连续值
7. 基础数据和运行数据，设备编码规则
8. 设备类型，0001-0010（十进制）
9. 设备标识（ID号），产品数据
10. 安防监控类，影音娱乐类

二、选择题（10题，每题3分，合计30分）

1. A
2. B

3.

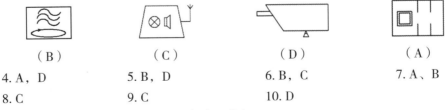

（B）　　　（C）　　　（D）　　　（A）

4. A，D　　5. B，D　　6. B，C　　7. A、B

8. C　　9. C　　10. D

三、简答题（5题，每题10分，合计50分）

1. 什么是物联网智能家居？（参考3.2.3节的知识点）

以住宅为平台，融合建筑、网络通信、智能家居设备、服务平台，集系统、服务、管理为一体的高效、舒适、安全、便利、环保的居住环境。

2. 简述智能家居图形符号的分类。（参考3.2.4节的知识点）

智能家居系统图形符号可分为智能家用电器类、安防监控类、环境监控类、公共服务类、网络设备类、影音娱乐类和通信协议类。

3. 简述《物联网智能家居　设备描述方法》标准的适用范围。（参考3.3.1节的知识点）

该标准适用于智能家居系统中的所有家居设备，包括家用电器、照明系统、水电气热计量

表、安全及报警系统和计算机信息设备、通信设备、智能社区公共安全防范系统、公共设备监控系统、家庭信息采集及设备控制系统以及所有面向家居设备的应用、服务的各种控制网络系统中的有关设备。

4. 简述设备描述语言对象的分类。（参考3.3.8节的知识点）

（1）总则。系统功能对象包括System对象、Device对象以及File对象，并由相应的System类、Device类、File类实现数据描述。

（2）System对象。System对象描述了设备的基本工作模式，定义了设备统一的访问接口和访问方式，实现了与通信协议和通信设备无关的家庭网络设备的发现和注册功能。同时，System对象描述了设备注册后对设备状态的查询及控制功能。

（3）Device对象。Device对象描述了设备本身的详细信息。

（4）File对象。File对象描述了设备与系统间的数据传输过程。

5. 简述设备运行数据及序号定义。（参考3.4.4节的知识点）

（1）通用运行数据变量编码序号范围为0011～0200。

（2）智能家用电器类产品运行数据变量编码序号范围为0201～1000。

（3）安防监控类产品运行数据变量编码序号范围为1001～l600。

（4）环境控制类产品运行数据变量编码序号范围为1601～2200。

（5）公共服务表类产品运行数据变量编码序号范围为2201～2800。

（6）影音设备类运行数据变量编码序号范围为2801～3200。

单元4　智能家居系统工程常用器材和工具

一、填空题（10题，每题2分，合计20分）

1. 变压和整流，额定电压和电流

2. 无线传输与控制类，红外信号和射频信号

3. 三网融合，无线转发和接收

4. 路径器，路由

5. 嵌入式物联网，互通核心

6. 微计算机芯片，自动控制

7. 即热式电热水器，贮水式电热水器

8. 报警主机，前端探测器

9. 电动机驱动，内置式和外置式

10. 网络设备的复位，总线设备的接线

二、选择题（10题，每题3分，合计30分）

1. A，B　　　　2. C　　　　3. D　　　　4. A
5. A，D　　　　6. A，D　　　　7. A、C　　　8. A，D
9. C　　　　　10. A

三、简答题（5题，每题10分，合计50分）

1. 简述路由器在不同领域的应用。（参考4.1.1节的知识点）

接入路由器主要用于连接家庭或ISP内的小型企业客户；

企业或校园级路由器连接许多终端系统，其主要目标是实现多端点互连，并且保证服务质量；

骨干级路由器主要用于实现企业级网络的互联，对它的要求是高传输速率和高可靠性；

太比特路由器技术现在还主要处于开发实验阶段；

双WAN路由器具有物理上的2个WAN口作为外网接入，当前双WAN路由器主要有"带宽汇聚"和"一网双线"的应用优势。

2. 智能开关主要分为哪几类？并给出人体红外开关的工作原理。（参考4.1.1节的知识点）

智能开关的种类繁多，主要分为电力载波开关、无线智能开关、有线智能开关、单相线控制开关和人体红外感应开关等。

人体红外感应开关工作原理：人体发射的红外线通过菲涅尔滤光片，增强后聚集到红外感应源上，红外感应源通常采用热释电元件，这种元件在接收到人体红外辐射，温度发生变化时就会打破电荷平衡状态，向外释放电荷，后续电路经检测处理后触发开关动作，人不离开感应范围，开关将持续接通，人离开后或在感应区域内长时间无动作，开关将自动延时关闭负载。

3. 简述智能锁的应用。（参考4.1.3节的知识点）

家用智能锁应用于家庭，可以对输入指纹进行权限管理，而且可以有效阻止盗贼的暴力破坏和技术性开启，当锁具遭遇非法开启时，智能锁将自动在现场发出警笛声并同时发送报警信息，连接控制中心，第一时间通知主人。

智能锁应用于小区公寓后，只有通过授权的指纹或卡才可以开启通道门进入各单元，保障了业主的安全，规范了小区的管理，同时它具备密码开锁功能，在密码输入时支持添加虚位，可防止被偷窥和记录。

酒店智能锁应用于酒店宾馆中，可提供多种入住及开门模式，而且，通过感应卡可直接读取客人信息，避免客人在停车场内与相关工作人员办理复杂手续的困扰。

玻璃门智能锁应用于多种办公场所，如银行、酒店、商铺、政府部门或者是写字楼的玻璃门上，都会应用到玻璃门智能锁，玻璃门智能锁的使用，可以为其提供很多的便利。

4. 智能家居系统工程常用器材有哪些？（参考4.1节的知识点）

智能家居照明系统常用器材包括电源适配器、智能遥控主机、智能网关、无线路由器、智能开关、智能灯泡等。

智能家居家电控制系统常用器材包括智能插座、智能音箱、智能机顶盒、智能电饭煲、智能加湿器、智能空调、智能电热水器等。

安防监控系统常用器材包括智能摄像机、智能门禁控制器、智能锁、智能报警主机及各类报警探测器等。

环境控制系统常用器材包括电动窗帘、电动开窗器、智能窗（帘）接收器、遥控器、风光雨探测器、温湿度探测器等。

家庭影音系统常用器材包括功放、均衡器、音箱、微型投影仪等。

5. 智能家居系统工程常用工具有哪些？并简要说明这些工具的作用。（参考4.2节的知识点）

万用表是一种多功能、多量程的便携式仪表，是智能家居系统工程布线和安装维护不可缺少的检测仪表。一般万用表主要用以测量电子元器件或电路内的电压、电阻、电流等数据，方便对电子元器件和电路的分析诊断。

电烙铁是电子制作和电器维修的必备工具，主要用途是焊接元件及导线，一般使用中应放置在烙铁架上。

仪表螺钉旋具是由三把不同规格的十字和三把不同规格的一字螺钉旋具组成的套装，主要用于网络设备的复位以及总线设备的接线。

该剥线钳集剪线、剥线和压线三个功能于一体。主要用于0.6/0.8/1.0/1.3/1.6/2.0/2.6 CM线的剥剪，较少的用于压线。

尖嘴钳，一般为加强绝缘尖嘴钳。主要用于仪表、电信器材等电器的安装及维修等。

螺钉旋具，是紧固或拆卸螺钉的工具，是电工必备的工具之一。螺钉旋具的种类和规格有很多，按头部形状的不同主要可分为一字、十字两种。

测电笔也称试电笔，简称"电笔"，是电工的必需品，用于测量物体是否带电。按测量电压高低可分为高压测电笔、低压测电笔、弱电测电笔；按接触方式分为接触式测电笔和感应式测电笔。

单元5　智能家居系统工程设计

一、填空题（10题，每题2分，合计20分）

1. 稳定性，扩展性
2. 分控模块，线路结构
3. 自动控制和系统集成，现代化
4. 网络模块、电话模块
5. 家庭影音系统，影音传输与播放
6. 网络双绞线和同轴电缆，音视频线
7. SYWV，SYV
8. 控制中心，数据交换
9. 提高照明系统控制水平，节约能源
10. 红外转发模块，FRID模块

二、选择题（10题，每题2分，合计20分）

1.

HUB	TCP/IP	HC	VP
（B）	（C）	（A）	（D）

2. A
3. A，D
4. B，C
5. A，B
6. D
7. B
8. C
9. B，D
10. A

三、简答题（5题，每题10分，合计50分）

1. 简述智能家居系统布线设计原则。（参考5.3.1节的知识点）

（1）综合性

（2）模块化

（3）兼容性和扩展性

（4）经济性和可靠性

2. 简要说明家庭照明不同场所的设计要求。（参考5.4.2节的知识点）

（1）客厅的照明应以明亮、实用和美观为主。

（2）卧室的光线应该以柔和为主，避免眩光和杂散光，装饰灯主要用来烘托气氛。

（3）书房的灯光照射要从保护视力的角度出发。

（4）白天卫生间应以整洁、清新、明亮的基调为主，晚上要以轻松、安静的基调为主。

（5）餐厅灯光色调应以柔和、宁静为主。

（6）厨房需要无阴影的照明环境。

3. 简述在智能家电控制系统工程设计时，如何选择通信方式？（参考5.5.3节的知识点）

在通信协议方面需要结合数据量的大小来筛选合适的协议，一般情况下控制命令、查询状态以及检测数据并不需要太大的数据量，可利用红外、无线传感、ZigBee等协议进行通信。

综合考量各种协议与智能家电控制系统匹配程度，选择低成本、低功耗、并且能够满足系统数据传输的协议。

外部通信即可采用有线通信也可利用无线Wi-Fi、RFID以及GPRS等，结合内部通信协议，合理选择外部通信协议，以满足系统进行有效交互并对系统进行控制的功能。

4．简述智能家居安防监控系统设计要求。（参考5.6.1节的知识点）

（1）能够提供报警设备接入平台服务，能与原有报警系统无缝对接。

（2）具备报警联动功能、设备异常掉线报警、联动抓拍、联动录像等。

（3）能够提供实时视频查看功能。

（4）能够支持移动手机业务，用户可通过手机浏览视频，接收短信报警信息，并具有手机远程布/撤防功能。

（5）具备监控客户端，当报警事件发生时，通过监控客户端能确定报警位置，并向工作人员提供现场信息。

（6）具备一定量的存储空间，能存储3～5年的报警信息，方便查看。

（7）能够利用运营商级服务平台，节省系统的报警通信费用。

（8）PC、手机客户端能绑定用户手机，并且需要具备验证码功能。

5．简述智能家庭影院系统设计原则。（参考5.8.2节的知识点）

（1）根据遮光条件选择投影机或者电视机。

（2）按照视听面积选择音箱和电视。

（3）房间比例合适。

（4）遵循声学原则。

（5）精心设计和调试。

（6）选择优质线缆。

（7）搭配合理。

单元6　智能家居系统工程施工与安装

一、填空题（10题，每题2分，合计20分）

1．电力线缆，信号线缆

2．设计图纸和信息点编号表，底盒内预留

3．阻燃材料，绝缘性能好、抗干扰、耐腐蚀

4．线缆另一端，0.5 m

5．熟悉施工图纸，施工质量验收规范

6．产品合格证，"CCC"认证标识

7．中性线，相线

8．≤3 m，1.65～1.75 m

9．风力强度，光线强度和雨量大小

10．工具准备，作业条件准备

二、选择题（10题，每题3分，合计30分）

1．D　　　2．B　　　3．B　　　4．B，D

5．B　　　6．A，D　　　7．A，C　　　8．A，B

9．B　　　10．A，B，C

三、简答题（5题，每题10分，合计50分）

1．简述智能家居系统中线缆的分类及各线缆的作用。（参考6.1节的知识点）

智能家居系统中用到的线缆主要有电源线和信号线两大类，电源线包括交流电力线、直流

低电压电源线、接地线等。信号线包括用来传送模拟信号的视频电缆、模拟传感器（变送器）信号线，用来传送数字信号的串行数据总线、并行数据总线、网络双绞线，以及用来进行远距离传输的电话线、专线等。

2．简述安装技术准备要求。（参考6.2.1节的知识点）

（1）安装前检查项目和要求。

（2）安装施工技术准备。

（3）安装施工材料准备。

（4）主要工具准备。

（5）作业条件检查和准备。

3．简述智能开关和智能插座的安装要求。（参考6.2.1节的知识点）

（1）智能开关安装要求

①智能开关安装位置便于操作，智能开关边缘距门框距离为150～200 mm，智能开关距地面高度约为1 300 mm。

②智能开关面板应紧贴墙面，四周无缝隙，安装牢固，表面光滑整洁。

③同一家庭，智能开关宜为同一品牌，避免协议不兼容影响正常使用。

（2）智能插座安装要求

①智能插座安装高度距离地面300 mm。

②地插面板与墙面平齐，电气连接可靠，盖板固定牢靠，横平竖直。

③智能插座与智能开关必须为同一品牌，便于统一控制，也便于家庭场景的建立。

4．简述空调安装过程中的要点以及注意事项。（参考节的知识点6.2.3）

（1）室外机的噪声及冷（热）风、冷凝水不能影响他人的工作、学习和生活。

（2）室外机应尽量偏离阳光直射的地方。

（3）室外机与室内机之间的距离应小于5 m。

（4）室外机与室内机之间的高度差距离应小于3 m，否则会降低空调器的制冷能力，增大压缩机负荷，引起过载启动。

5．简述电热水器安装过程中的要点以及注意事项。（参考6.2.3节的知识点）

（1）电线线径必须满足要求。

（2）单独设置供电线路。

（3）电源线符合规定。

（4）电源插座与插头配套。

（5）水路进水端安装角阀。

（6）电热水器安装高度一般为1.65～1.75 m。

（7）安全检查合格。

单元7　智能家居系统工程的调试与验收

一、填空题（10题，每题2分，合计20分）

1．单台设备，联动控制

2．输入电压，极性，

3．供电电压，工作电压太低

4．设备性能下降，设备的损坏

5．通信接口或通信方式，驱动能力不够

6．安装质量，系统功能

7. 安装牢固，横平竖直

8. 系统功能，主要性能

9. 建设规模，设备名称和数量

10. 设计图纸，产品说明书及使用手册

二、选择题（10题，每题2分，合计20分）

1. C   2. A，D   3. B   4. A，D

5. C，D   6. B   7. A，C   8. B

9. B，D   10. C

三、简答题（5题，每题10分，合计50分）

1. 简述智能家居系统工程调试前的准备工作有哪些？（参考7.1.1节的知识点）

（1）编制调试大纲，包括调试的主要内容、开始和结束时间、参加人员与分工等。

（2）编制竣工图，作为竣工资料长期保存，包括系统图、施工图。

（3）编制竣工技术文件，作为竣工资料长期保存，例如监控点数表、报警防区编号表等。

（4）整理隐蔽工程照片，编写隐蔽工程验收单。

2. 简述智能家居系统的工程调试内容。（参考7.3.1节的知识点）

智能家居系统调试内容主要包括系统中单个设备的调试和联动控制的调试。单个设备的调试主要包括系统中各设备的基本功能和控制方式的调试；联动控制调试主要包括多个系统间的联动控制调试和单个系统内的联动控制调试。

3. 智能家居系统工程验收依据的主要标准有哪些？（参考7.3.2节的知识点）

（1）《智能建筑工程质量验收规范》GB 50339—2017。

（2）《智能家居自动控制设备通用技术要求》GB/T 35136—2014。

（3）《智能家居系统　第3-1部分：家庭能源网关技术规范》DL/T 1398—2014。

（4）《智能家居系统　第3-2部分：智能交互终端技术规范》DL/T 1398.32—2014。

（5）《智能家居系统　第3-3部分：智能插座技术规范》DL/T 1398.33—2014。

（6）《智能家居系统　第2部分：功能规范》DL/T 1398.2—2014。

（7）《智能建筑防雷设计规范》QX/T 331—2016。

4. 简述智能家居系统工程的施工安装质量验收内容。（参考7.3.3节的知识点）

（1）检查设备安装位置和安装方式是否符合设计要求，吊顶安装和壁装设备是否牢固。

（2）检查线缆规格是否符合设计要求和设备用电要求，检查线标是否清晰完整。

（3）需要接地的设备应逐台检查接地情况，确保接地良好，确保用电安全。

（4）系统工程明确约定的其他施工质量要求，应列入验收内容。

5. 在工程竣工验收前，施工单位应按要求编制竣工验收文件，竣工验收文件包括哪些内容？给出5个内容即可。（参考7.3.3节的知识点）

（1）工程设计图。

（2）施工安装图。

（3）系统原理图。

（4）设备参数配置表。

（5）系统布线图。

（6）设备说明书和合格证。

（7）施工质量检查项目和内容表。

（8）工程的系统性能和功能检测记录表。

（9）隐蔽工程验收文件。